THE DAWN OF HUMAN CULTURE

5万年前に人類に何が起きたか？

意識のビッグバン

リチャード・G・クライン、ブレイク・エドガー＝著
鈴木淑美＝訳

新書館

5万年前に人類に何が起きたか？——意識のビッグバン　目次

まえがき　4
第1章　「黄昏洞窟」の曙　10
第2章　最初の一歩　29
第3章　一七〇万年前の藪の中　67
第4章　第三の事件――ヒト、登場する　98

第5章　ヒトの発展——現生人、ユーラシアへ　144
第6章　ネアンデルタール人はどこへ？　183
第7章　身体の進化、行動の進化　237
第8章　曙光がさす瞬間　280
付録——年代測定法について　300
参考文献　303
訳者あとがき　314

まえがき

人間はもともと人類の起源を探りたくなるものだ。どの文化も、それぞれ「起源説」を考え出してきた。たいてい超自然的な創造主が中心に据えられ、その説明を受け入れるかどうかは信仰の問題とされる。しかし科学は、それとは違う種類の物語を生み出した。大地から、あるいはヒトゲノム内部から得た証拠をもって、正しいかどうか客観的に検査できる。この物語ならば、認めるのも否定するのも読み手の自由だ。

一五〇年以上の間、人類の進化を科学的に示す証拠が積み重ねられてきたが、その多くはわずかこの一〇年で挙げられている。こうした証拠が集められた結果、今後どれほどの年月がたってもくつがえらないと思われる概略図が描けるようになった。いま次のようにいっても、おそらく間違いないだろう。「二足歩行の習慣をもつ」と定義づけられる人類は、およそ六〇〇万年前、あるアフリカの類人猿から進化したこと。六〇〇万～二五〇万年前までに二足歩行するものが複数種現われたこと。これら初期の人類は、脳のサイズや上半身の形が類人猿によく似ていたこと。二五〇万年前、ヒトのなかで、たぶん初めて大きさが類人猿のレベルを超える脳をそなえた種が、石器製作を発明したこと。最初に石器を作ったヒトがその道具を使ったおかげで、植物中心の食事に動物の肉と骨髄が加わったこと。二〇〇万年前以降、初めてアフリカからユーラシアに広がったこと。一〇〇万年前までに、ヒトの身体は大陸ごとそれぞれの型に変わり始めたこと。現生人はアフリカだけで進化したこと。現生アフリカ人は五万年前頃ユーラシアに広がり、そこで、ネアンデルタール人やほかのユーラシアの非現生人を圧倒し、まったとって代わったこと。化石や人工遺物、遺伝子が以上の結論をはっきりと証言する。本書ではそのひとつひとつを追いかける。とくに現生人のアフリカ起源説が正しいことがどのように証明されるかをお話ししていきたい。

考古学では、現生人が世界に拡大したことが、道具、社会組織、概念を発明する高度な能力に、つまり文化を築く、完全な現代人たる能力に関連ありとされる。私たちとしては、この能力は遺伝子の変異によってもたらされ、ここから五万年前あたりにアフリカで完全な現生人の脳が促進された、とみる。しかし遺伝子が変異したことを示すのは状況証拠でしかない。もっと根本的なポイントは、現生人の拡大が現在の私たちの文化の「曙」に結びついている、ということだ。有史以前に起こった事件のなかでおそらくこの曙は、考古学者にとって最も重要な瞬間であっただろう。それ以前、ヒトの解剖学的構造と行動はどちらも非常にゆっくりと、ほぼ同時に前進していた。文化の曙以降ずっと、身体の形は驚くほど安定しているのに対し、行動上の変化は劇的に加速している。四万年弱の間、文化的「革命」がかつてないほど次々に起こり、ヒトは比較的珍しい大型哺乳動物という立場から、自然環境そのものを大きく変える力をもつものとなった。

化石と人工遺物はヒトの進化を示す確かな証拠となるが、時間軸で順序立てられなければ、ほとんど役には立つまい。近年、ヒトの進化に対する理解が進んだのは、新たな化石や考古学的発見がなされたからというだけでなく、それと同じくらい、年代測定方法が進んだおかげでもある。本書では主要な年代測定方法について随時述べているが、ページがあちこちに分散しているため、巻末の付録にまとめた。付録を読みながら本文でのさらに詳しい記述に戻れるようになっている。

本書の構想はピーター・N・ネヴローモントによる。もとになったのは、ヒトの進化についてより専門的に論じた拙著だった。実際にはブレイク・エドガーが最初の草稿をおこし、それを私が書き直して現在の形にした。ジム・ビショフ、フランク・ブラウン、デイヴィッド・デガスタ、ジム・オコンネル、キャスリン・クルーズ＝ウリーベ、ドン・グレイソン、テレサ・スティール、ティム・ウィーバーの各氏にはそれぞれ数章読んでいただき、コメントを頂戴した。なかでもキャスリン・クルーズ＝ウリーベは最終原稿にきめ細かく手をいれ、話の筋がはっきりと通るようにしてくださった。さらに、化石と人工遺物に関する記述をわかりやすくする挿絵を多数描いていただいた。以下の方々にはアイディアや情報をたまわり、また本書のいろいろなトピックについてディスカッションをしたりインタビューをお願いしたりした。ブレイク・エドガーから感謝申し上げる。スタンリー・アンブローズ、スーザン・アントン、オフエル・バル＝ヨーセフ、アリソン・ブルックス、マイケル・チャザン、スティーヴ・チャーチル、マーガレット・コンキー、イアン・ダビッドソン、ブルース・ディクソン、ニナ・ジャブロンスキー、アンソニー・マークス、エイプリル・ノウェル、ジョン・シー、フレッド・スミス、イアン・タッタソール、ニック・トス、アラン・ウォーカー、ティム・ホワイト、バーナード・ウッド、トム・ウィン。最後になるが、私たちの推論が基盤とするデータやアイディアをもたらしてこられたあまたの古人類学者たちに深謝したい。これら科学者諸兄諸姉の多くについては、本文および参考文献リストで名前を挙げさせてもらった。

スタンフォード（カリフォルニア）にて
リチャード・G・クライン

5万年前に人類に何が起きたか？

——意識のビッグバン

第1章　「黄昏洞窟」の曙

　東アフリカのグレート・リフト・ヴァレー。谷底に青い水をたたえたナイバシャ湖西岸からはるか上方、マウ断層崖に小さな岩陰がある。中央ケニアの同地域をかつて占領していたマサイの牧畜民は、この場所をエンカプネ・ヤ・ムト（「黄昏洞窟」）と呼んだ。この洞窟には、人々が長きにわたり生活していた。洞窟の堆積物には、ここ二〇〇〇～三〇〇〇年間の文化における重大な変化が記録されている。初めてこの場所で農業や、ヒツジやヤギの家畜化を試みたこともそのひとつだ。しかしエンカプネ・ヤ・ムトの砂、シルト、ローム層の深さ三メートルを超えたところには、先史時代のさらに早い時期にもっと重要な出来事があったことを示す痕跡が埋められていた。数万もの黒曜石の破片は、はるか昔、鋭い刃のついた指の長さのナイフ、親指の爪大のスクレイパーといった石器に形を変えていたものだ。太古の昔、作業場であったこの場所で作られていた。しかし考古学者スタンレー・アンブローズが何より注目したのは、約六〇〇〇個のダチョウの卵の殻の破片だった。そのなかの一三個は、直径六ミリメートル大の盤状のビーズに仕上げられていた（図1－1）。四万年前、ヒトがひとりで、あるいは数人集まって、エンカプネ・ヤ・ムトの入り口近くにうずくまる。ダチョウの卵の殻の角張った破片に穴を開け、一個一個、周囲をこすり落として、精巧なリングにしていく。石のドリルが強すぎたり、こすりすぎたりして半分に割れてしまう場合も少なくない。すると割れた破片は捨て、また新しい殻で作業を始める。

エンカプネ・ヤ・ムトの住人たちには、食糧採集のような、生きるためのもっと本質的な活動をする必要があったはずだ。そのための時間を削って、なぜ一握りのビーズ作りにこれほど長い時間をかけたのだろうか。この問いはとりわけ重要な意味をもつ。一見して謎めいたこのたぐいの作業をしていたのは彼らだけではなかったからだ。三万年以上も前の石器時代、タンザニアのムンバ岩陰とキセス2号岩陰、南アフリカのボーダー洞窟とボームプラース洞窟に住んでいたヒトもまた、ダチョウの卵の殻で注意深くビーズを作っていた。

アンブローズによれば、これら古代のビーズは、作ったヒトと家族の生き残り戦略上、重要な役割を果たしていた。ボツワナのカラハリ砂漠で生活する、クンサン狩猟採集民にはホサロという贈与交換《ギフト》システムがある。たとえば食糧などは、クンの人々の間ですぐ共有されるのに、ギフトとして交換されない。あらゆる場合に最もふさわしいギフトが、ダチョウの卵の殻で作ったビーズの鎖なのだ。ギフトを表す一般的な語は、そのままビーズ細工をさすクンの言葉と同じである。遊動生活をするクンは個人の所有物をぎりぎり最小限しか持ち歩かないのに、卵の殻のビーズ作りに相当の時間とエネルギーを注いでいたのである。

ビーズはシンボルとして用いられ、近隣の、あるいは遠隔地のバンド（共同体）どうしに互助関係があったことを表わす。干魃など、天候や環境が突然変化して食糧が底をつくと、人々はほかのバンドの領地に移る。そこでかねてからホサロで結びついていた現地の人から援助を受けるのだ。クンの人々にとって、ビーズは互いの恩恵を示す、軽量で運搬可能なしるしであり、長期間・長距離にわたる社会安全システムの通貨でもある。イリノイ大学（アーバナ）教授アンブローズは、こう述べる。「ある意味で、健康保険を積み立てているというわけだ。お互いに保険をかけあっているようなもの」

エンカプネ・ヤ・ムトなどアフリカの古代遺跡で道具を作っていた人たちが、ダチョウの卵の殻のビーズを社会的ギフトと思っていたかどうかはわからない。しかし、もしこのビーズに、クンの場合と同様、シンボルとしての意味が与えられていたならば、黄昏洞窟は現生人の行動における曙光を記録するといえるだろう。シンボルを用いてコミュニケーションをはかることは、私たち現生人の特徴にほかならない。ヒトの進化という大きな視野でみると、シンボルを用いる行動は、ごく最近に起こった新機軸である。謎めいた幾何学模様や、象牙の人間や動物の小立像（フィギュリン）、ビーズなどの装飾品という形をとってシンボルが考古学的記録にあらわれると、そのとたん私たちは「自分と似ている」と思う。彼らは高度な認識能力をもち、洗練された道具・武器を発明して、社会で入り組んだ相互安全ネットワークを作っている。さ

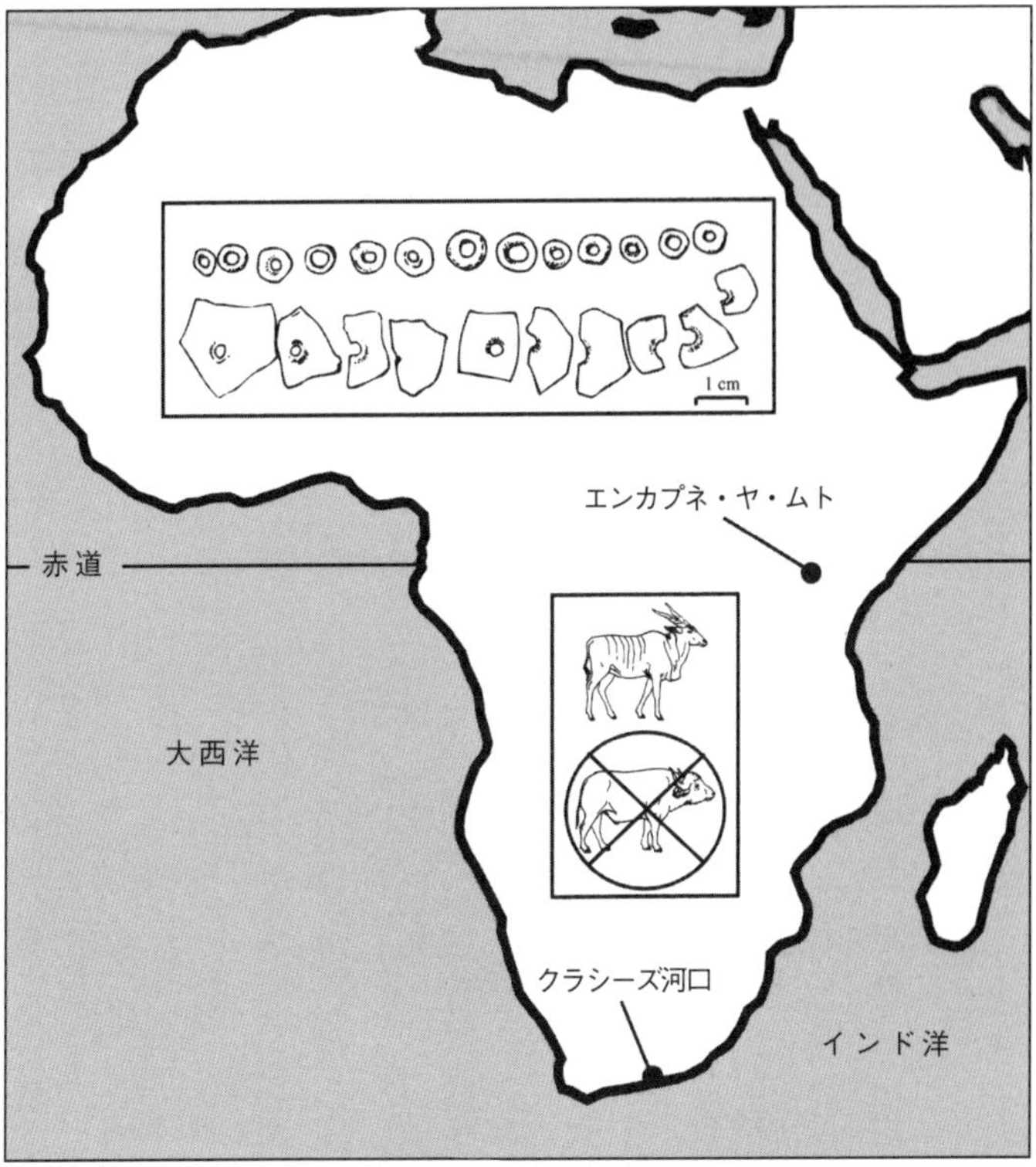

図1-1
エンカプネ・ヤ・ムトでは、未完成品も含め、ダチョウの卵の殻でできたビーズ（約4万年前のものとされる）が出土している。クラシーズ河口遺跡を調べると、12万～6万年前頃のヒトは多くの場合、獰猛なスイギュウよりもおとなしいレイヨウを狩りの標的としたことがわかる。

らには、自然の複雑さ、自然界に占める自分の位置の難しさに驚異をおぼえることもある。自己認識していたといえるだろう。

エンカプネ・ヤ・ムトのビーズが古いものであることは、まず間違いない。堆積物の最深部分に埋もれたダチョウの卵の殻で作ったビーズと製作中のビーズが、それより上の層に比べて一立方メートルあたり一〇倍も多いことにアンブローズは気づいた。初期居住者たちが、ビーズ作りを重んじていたということになる。またビーズが実は新しく、年月がたち動物に掘り返されるうちに、より深く古い堆積物の中に入り込んでいったという可能性も薄くなる。アンブローズの議論によれば、今日カラハリの人たちは卵の殻に社会的価値をおくが、それにはまたシンボルとしての意味も深く根ざしている。はるか昔、南・東アフリカ各地に狩猟採集民のバンドが散在していた時代から、この意味は数万年にわたって脈々と伝えられてきたのである。

アンブローズはこう推量する。エンカプネ・ヤ・ムトのビーズのおかげで厳しい環境にあっても生き延びる確証が手に入ったとすれば、初期現生人は、より危険な環境に――おそらくアフリカの先にまで、大胆に踏み出していったのではないか。「こうした社会的安全ネットワークがあれば、シンボルを用いて永続する互助関係を築くことができなかった人たちよりも、サバイバルしやすかっただろう。集団間にライフラインを織り上げるようなものだ。そう、ビーズの鎖はライフラインなのである」

エンカプネ・ヤ・ムトから出土した他の人工遺物は、五万年前以降のアフリカにおける完全な現代人のみがもつ石器技術の初期形態を示す。しかし、洗練されたいかなる石器技術よりも、この単純なビーズこそ――ダチョウの卵の殻から作るのはさぞ骨が折れただろう――、当時の東アフリカのヒトが、それまでアフリカ内外に登場したヒトのレベルをしのぐ認識能力に到達したことを物語っている。私たちヒトはうまく進化でき、年月をかけてさまざまな文化を豊かに築いてきた。これは身体的資質や武器の脅威のおかげというよりも、シンボルを用いて考え、創造し、コミュニケートする知的能力によるものだといえよう。エンカプネ・ヤ・ムトなどの遺跡から出土した証拠は、それまでのヒトの行動からの大いなる飛躍を予言している。その理由を考えるため、もう少しさかのぼって、アフリカにおけるヒトの過去を見てみよう。めざすは、アフリカ大陸南端である。

ヒトには食人習慣があった

エンカプネ・ヤ・ムトの南西四〇〇〇キロメートル、インド洋の大波がアフリカの南海岸に容赦なく打ち寄せ、白い波頭を立てる。切り立った断崖を波が洗い、石器時代に人々が雨風を避けたと思われる洞窟があらわになっている。最も有名な洞窟はケープ・セントフランシスの西四〇キロメートル、ケープタウンの東七〇〇キロメートルあたりに集中している。一キロメートルにわたって海岸線が続き、いつも水の流れているクラシーズ川が海に注ぎ込む(図1-1)。これらの洞窟は一括してクラシーズ河口遺跡と呼ばれている。洞窟の堆積物からは、初期現生人とその直前のヒトの化石が、石器や炉、また彼らが食べた哺乳動物、鳥、貝・甲殻類の化石とともに発見されている。

この洞窟群から出土したおよそ二〇ものヒトの化石は実は破片にすぎず、数もごくわずかだ。が、ここには彼らが解剖学的構造上、どんなに現代的だったかを明らかにする頭蓋骨の主要部分が含まれる。たとえば、約一〇万年前の下あごは完全に近く、ここから、顔が現生人のように、縦が短く、幅広でひらべったいことがわかる。同時代にヨーロッパに住んでいたネアンデルタール人の、縦に長く幅は狭く、前に突出した顔とはまったく違う。片方の眼窩上の骨片には、初期のヒト頭蓋骨の特徴である眼窩上隆起がない（骨のこの部分には石器によるカットマークがあり、頭蓋骨が胴から切断されたことをうかがわせる。たぶん食糧にしたのだろう。他に叩き切られ、燃やされた人骨片もある。ヒトの身体が一部レイヨウやアザラシのように加工処理される場合もあったというわけだ。ここから科学者は、クラシーズ人には時折、有史時代のある民族のように食人習慣があったとみる）。

クラシーズ化石は大きさこそまちまちだが、基本的な形は紛れもなく現生人を思わせる。この人たちは有史時代のアフリカ、あるいは全地域の人類にとっての祖先といっていい。彼らの骨は一二万年前のものと測定される。時々少し間をおきながらも、彼らは一二万年前からクラシーズ河口で生活していた。六万年前に厳しい乾燥化が始まると、その後数万年間、この地を離れざるをえなかったのだろう。

クラシーズ洞窟を初めて発掘したのはシカゴ大学のロナルド・シンガーとジョン・ワイマーだった。近年では、ステレンボッシュ大学のヒラリー・ディーコンが作業をおこなっているが、この遺跡には住人たちの生ゴミがたくさん残されている。今なお干潮時には近くで採集できるイガイ、カサガイなど貝類の殻も含まれ、クラシーズ人は現在知られている最古のシーフードグルメといえるだろう。この洞窟には動物骨片も多く、また海岸で集めた丸石で作った石器も多い。貝や動物骨は焼けており、料理をしていたことがうかがえる。炉もあちこちにあるから、望むときいつでも火をおこすことができたとみられる。炉はそれぞれの家族がみな集まる炉辺であって、この人たちは今日の核家族からなる狩猟採集民に似ている、とディーコンは考えた。他方、クラシーズ洞窟ではエンカプネ・ヤ・ムトのようなダチョウの卵の殻製ビーズは見つかっていない。はっきりとシンボル性があると思われるものも出土していない。

動物骨には無数のカットマークがあり、骨髄を取り出すために折られたものも多かった。クラシーズ人は、アザラシやペンギンのほか、ケープ・グリスボックのような小さい（グレイハウンドくらいの）レイヨウから、スイギュウやエランドといった、大型の獲物までいろいろな動物を食べていたことがわかる。石器によるカットマークの数と位置から、また肉食動物の歯型がめったについていないことからも、ライオンやハイエナから死肉あさりをするだけではなかったようだ。スイギュウやエランドのような大型哺乳動物の死体をみると、よく他の動物より先んじてあさろうとしたらしい。

しかしこれらの骨はまた、当時の人々が、数は多いが危険なスイギュウとの対決を避け、それほど多くはないもののおとなしいレイヨウやエランドを頻々と獲物にしたことをも物語る。スイギュウもエランドも体が大きいのは同じだが、スイギュウが自分を捕えようとする者に立ち向かい抵抗するのに対して、エランドは危険を察知すると動揺して逃げ出す。実際のところ、クラシーズ人はスイギュウ狩りをしていた。絶滅した、長い角をもつ巨大スイギュウの椎骨に、石器の尖端片が埋まっている。スイギュウの群のなかでも、彼らが狙ったのは危険性が低い老幼メンバーだった。クラシーズで発見された石器の尖端（ポイント）は、槍で突き刺す部分につけたのだろう。しかし距離をおいたところから攻撃できる飛び道具を示すものは何もない。エランドならば追いかけて疲れ果てさせたり、わなに落としたりできるから、この群れに集中して個人のリスクをできるだけ抑えていたのではないか。クラシーズ地層中の無数のエランド骨は、一般にひとつの群れにいる成年エランドとおよそ同じ割合である。つまり、事故や伝染病の犠牲になったのでなく（それならば、子どもや年寄りばかりが死ぬはずだ）、あらゆる年齢層に同じく降りかかる災いに遭遇したことになる。堆積物を調べても、大洪水や火山爆発、伝染病が起こった証拠はない。エランドにいわせれば、この災いとは、近くの断崖から群れ全体を追い落としてしまうヒトそのものだろう。

クラシーズ河口と対照的に、もっと年代が新しいネルソンベイ洞窟などの遺跡では、スイギュウやイノシシといった危険動物の骨がおおいに増え、エランドはぐっと減る。当時、二万年前頃までには弓矢のような飛び道具を作って、離れたところから危険動物を攻撃し、個人のリスクも減ったのだろう。この利点は相当大きい。なぜならば、先史時代も有史時代も環境は大ざっぱにいって似ており、おそらくスイギュウやイノシシの数が近くのエランドをはるかに上回ったからだ。

クラシーズの人たちは最も危険な獲物を避けたが、幅広く手に入るはずの資源も見のがしていた。クラシーズ堆積物におけるアザラシの年代を調べると、人々は内陸のほうが資源が豊かだったときも含め、年間通して海岸にいたことがわかっている。対照的に、ネルソンベイ洞窟の住人などもっと後の時代になると、晩秋・初冬に海岸に行くと決めていた。この季節ならば、海岸で生後九ヵ月〜一一ヵ月のアザラシを文字通り「収穫」できるから、そのあと資源豊富な内陸へと移っていくわけだ。後の人たちが効果的な季節戦略をおこなえたのは、ダチョウの卵の殻という食器のおかげでもあっただろう。こうした器の破片には、水を切り空気を取り込めるよう考えられた穴があけられていた。しかしクラシーズ河口など五万年以上前の遺跡ではこのたぐいの器は発見されていない。クラシーズの住人は水を運ぶすべがなかったため、年中川のそばにいる必要があったのではないか。

いつでもクラシーズ河口近くの沖には魚が多かった。人のいないとき洞窟に避難したウが、時々小魚を運んできた。しかし人工遺物や炉によって人間が住んでいたことを示す地層からは、魚骨がほとんど出ていない。南アフリカ海岸の比較的古いほかの遺跡でも、魚骨が出土することはきわめてまれだ。海から目の鼻の先程度しか離れていない場所でも、である。一方で、ネルソンベイ洞窟のようにずっと時代の下った考古学遺跡では、食糧の屑のなかで魚骨が最も多い。この違いはおそらく、技術の差を反映しているのだろう。石に溝を刻んで、網や釣り糸のおもりにする。また、つまようじ大の骨片の形を注意深く整えて糸の先につけ、餌にしたりする。こういった魚撈道具が出土するのは、比較的最近の遺跡だけだ。簡単にいえば、現在のヒトしか、魚撈技術をもたなかったのである。

古代クラシーズの人たちは鳥をほとんど指をくわえて見ているだけだった。のろまで飛ばないペンギンは別で、海岸で捕まえたりペンギンの死肉あさりをしたりしたようだ。カモメやウなど、空を飛ぶ鳥も近くにたくさんいたはずだが、ずっと最近になるまで、ヒトの遺跡からは鳥の骨はほとんど出ていない。多数の鳥の骨が出土する場合は、矢のシャフト部分と思われる骨製のさおや、矢の先につけた細石器が共伴する。狩猟の際、しばしば弓矢を使って鳥を撃ち落したといえる。つまり遺物と動物の骨の証拠をあわせて考えると、五万年前に生きていた南アフリカの狩猟採集民は、後の人たちに比べて狩猟採集の効率が悪かった。遺物からみて、効率がよく完全に現代的な狩猟採集が登場するのは、五万年前以降、エンカプネ・ヤ・ムトでダチョウの卵の殻からビーズを作っていた人々の時代になってからだ。

ヒトの文化は五万年前に劇的に進化した

エンカプネ・ヤ・ムトとクラシーズ河口の遺跡は距離にして四〇〇〇キロメートル、時間で七万年近く離れているが、現生人がいつどのようにして、どこで進化したかを理解するうえで重要な鍵が隠されている。クラシーズ河口などアフリカの遺跡や、アフリカと隣り合うイスラエルの遺跡から出土したヒト化石は、解剖学的構造が今日の私たちと似たヒトが一〇万年前にはアフリカに出現していたことを教えてくれる。しかしながらその現生人ふうの外見にかかわらず、彼らが残した人工遺物や動物化石をみると、行動面で完全に現生人的とはいえない。行動面で進化が追いついたのは五万年前以後でしかない。五万年前以降、ヒトは初めて解剖学的構造でも行動でも、現生人となったのである。

五万年前以前は、ヒトの解剖学的構造と行動は、比較的ゆっくりと、ほぼ同時に進化してきたと思われる。五万年前以降、解剖学的構造の進化は一段落し、それに対して行動面での進化が劇的に加速した。ここで初めて、ヒトはものごとを革新するというほぼ無限の能力に基づき、本格的に文化を築くことができるようになった。解剖学的構造や生理機能を通じてでなく、文化を通じて、彼らは環境に適応する独自の能力を進化させていく。文化も進化の軌道に乗り、超特急で走り出した。私たちの身体はここ五万年でほとんど変わっていないのに、文化は驚くべき割合で、かつてない加速度をつけて進化している。

本書では、五万年前以前のヒトの解剖学的構造と行動における進化のあらましを述べ、その後の行動面の革命がどのような状況で起こったのか探る。はじめに考えなければならない問いは、はっきりしている。「この革命を誘発したものは何か？」あいにく決定的な解答はない。しかし何らかの答えに行きつくため、ここで考えてみよう。最も遠い類人猿に似た祖先から、好奇心にかられ本書を手にした創造力ある今日の読者にいたる、曲がりくねった進化の途上で、さまざまな生物学的・行動学的重大変化が起こったことを考える必要がある。ヒトの進化は直線的なものではない。行きどまりにぶつかったときもあった。物語の冒頭部分は、いまだ曖昧なままだ。類人猿に似た動物が習慣的に二足歩行を始めたときがそれである。この最も重要な革新が起こったときから、ヒトの進化は、少なくとも三つ、ことによると四つの深遠な意味をもつ事件が、何も起こらない長い年月をはさみながら次々と突発的に起こったものとみることができる。

ダーウィン以来、ほとんどの科学者たちは、進化とは徐々に起こったプロセスの蓄積であり、生命史の遅々とした荘重な進展である、と捉えてきた。しかし一九七二年、アメリカ自然史博物館の進化生物学者ナイルズ・エルドリッジとハーヴァード大学のスティーヴン・ジェイ・グールドがこの見方に異論を投げかけた。過去の生物の化石に明らかなギャップがあることは長年認められてきたが、進化の速度とリズムについてここからきわめて重要な事実がわかる、というのだ。一九七二年の論考で、二人はこう書いている。「化石の記録にみられる多くの断絶は、現実に断絶があったことを示している。記録が断片的で不完全にしか残っていないのではなく、進化の起こりかたそのものが断片的なのだ」。エルドリッジとグールドは、みずからの仮説を「断続平衡」（種の変化における主要な変化は、周辺的小個体群で急速に生じ、中心の個体群となっていく。したがって、比較的安定した長い期間と急速な変化の期間とが交互にあらわれる）と呼んだ。ここで鍵を握るのは、進化的革新はそのつど間をおきながら突然あらわれる、という考え方である。こうした突然の飛躍的変化が、気候あるいは環境の激変などによって起こると、新種が発生する傾向がある。気候が大きく変われば、生態学的に新たな可能性が開けると同時に、既存の種が絶滅し、生態系は一掃され新種の登場につながる。今日の見方でいえば、化石の記録ははっきりとこう示しているのだ。長い期間不変の状態が続いたあと急な屈折が起こったこと、地質学的にいえば一瞬の時間のうちに、進化の平衡の期間を中断させるような事件が起こり、新しい種がもたらされたこと。この事件がなければ平衡期間はもっと長く続いただろう。安定した状態のほうが正常であり、新種が形成されるような変化は本来例外にすぎない。

エルドリッジとグールドの見解では、進化はジェットコースターのようなものだ。ゆっくり少しずつ上昇したかと思うと、突然猛スピードで突進したりぐっと曲がったりする。ジェットコースターで大部分は上昇部分を占めるように、進化の時間も、大半は漸進的変化である。しかし残りの突進部分が全体の動きと興奮のもととなる。

新種は、まわりから孤立した少人数個体群で発生するケースがおそらく最も多い。こういう場合、とくに遺伝子変化（突然変異）が固定し、優勢になりやすいのだ。他集団と定期的に接触している個体群では、規模の大小にかかわらず、遺伝子変化はたとえ有利な変化であってもつぶされ、偶然のうちに消えてしまう。結局、現生人の文化の曙につながった三、四の事件はどれも、現代の水準でいえば個体群の規模が小さく地理的にも限定されている場面で起こったものである。さらにおのおのの事件はアフリカで起こったとみて間違いない。今日の証拠に基づけば、生物学および行動学的大変化と符合すると考えられる。第一の事件が起こったのは二五〇万年前頃、剥片石器が初めてあらわれたときである。ヒトの文化初の証拠となったこの石器の出現は、類人猿よりも図抜けて大きい脳を初めてもったヒトの進化とおそらくぴったり重なっていた。第二の事件は一七〇万年前あたりで、このときヒトは初めて、類人猿の身体とは対照的な、完全に人間らしい身体プロポーションを備えた。そして、考古学でハンドアックスと呼ぶ、より洗練された石器を発明した。また初めてアフリカから他大陸に踏み出したのも、彼らだったかもしれない。第三の事件は最も記録が少ないが、六〇万年前頃に起こっている。脳の大きさが急速に拡大し、同時にハンドアックスなど他の石器も質が大きく変化したのがそれだ。第四の、最も時代が下ってからの事件は約五万年前のことで、とりわけ重要だといえる。このとき、文化を発明し操作する、完全に現代的能力がもたらされた。この事件をへて、それまで比較的数が少ない、地味な大型哺乳動物だったヒトは、自然環境そのものを変える力をもつものへと変身をとげた。

この第四の事件がいかにラディカルで重要な意味をもつかは遺物から明らかだが、しかし何がきっかけでこの変化に拍車がかかったかは何もわからない。私たちはここで壁にぶつかってしまう。遺伝子の突然変異によって脳がすっかり現代化したと考えれば、最も妥当であろう。突然変異はおそらく東アフリカの小さい個体群から始まった。変異のおかげで状況が有利になれば、個体群は発展、拡大したにちがいない。優位に立ったヒトが、自然からはるかに多くのエネルギーを引き出し、それを社会に注ぎ込めるからである。またこのおかげで、ヒト集団は生活しづらい環境に新しく植民することもできた。神経系における最も重大な変化とは、今日の文化と切っても切り離せない音声言語が可能になったことだ。この能力によってコミュニケーションが容易になった。それだけでなく、それにまさるとも劣らず重要なのは、複雑な自然・社会状況を完全に頭のなかで考え、組み立てることができるようになったことだ。

五万年前以降の爆発的文化の発展を神経学の立場で説明するのは、あまりに単純な生物学的決定論だ、古生物学のパラドックスを神さまが突然登場して万事解決してしまうようなものだ、と反論する人もいるかもしれない。たしかに、正確な科学的仮説の基準には合わない。証拠となりうるヒト化石を実験・検査して正否を明らかにすることもできない。ヒトの脳はそれより数十万年も前に、完全に現代人のサイズに達していたし、頭蓋骨を調べたところで、脳の機能についてては知りようがない。五万年前を境に直前・直後のヒト頭蓋骨からは、神経面で重要な変化が起こったことを示すものが何ひとつない。しかしこの神経学的仮説は、実のところ重要な科学的基準にかなっている。現在有効な考古学的証拠として、これが最も簡潔明快な説明なのだ。たしかに不完全で隙だらけとはいえ、これまでの進化の過程をあらためて組み立てるためには、この証拠に頼るしかない。

現生人的行動を引き起こした原因について他の説明を考えよう。社会や人口統計を根本からくつがえすような事件が五万年ほど前、行動における革命的変化を誘発した、という仮説がある。しかしこの説明は、控えめにいっても先の神経学的仮説と同程度の循環論法である。なぜならば、社会・人口統計における変化を示す証拠とは、そもそもこれが説明するはずの行動面の革命そのものだからだ。きわめて重大な社会・人口統計上の変化が、これより数万年前になぜ起こらなかったか、説明がつかない。しかし遺伝子の突然変異を理由に挙げれば、この「なぜ」に答えることができる。突然変異は個体にも個体群でも、つねに起こりうる。有害なもの、致命的なものもあるが、たいていはどっちつかずで、プラスでもマイナスでもない。しかし、突然変異によってその遺伝子をもったものが得をし、進化というゲームでわずかなりとも優位に立てる場合もないわけではない。この利点のおかげで、食糧を得、加工処理し、伴侶を得、生殖可能な年齢まで子どもを育てる能力が増大するならば、この変異はおそらく個体群全体に広まるはずだ。突然変異が与えるプラス面が大きければ大きいほど、広まる速度も増すだろう。完全に現生人的な脳という突然変異の利点は疑いようがない。このおかげで脳の認識・コミュニケーション能力が高まり、ヒトは内外へと向かう発見の旅を今日まで歩んでこられたのだろう。

化石、遺物、遺伝子、言語学、そのあらゆる証拠からみて、五万年前に行動面で飛躍的進歩が起こった場所はアフリカだといえる。今日の知識に基づくならば、五万年前頃、ヒトの個体群が実質上生活していたのは、東アフリカだけなのだ。アフリカの他の地域では、厳しい乾期のせいで、六万年前かそれ以前から、三万年前かその後まで、人口は激減したと考えられる。こういうわけでヒトの文化の曙を記録するのは、エンカプネ・ヤ・ムトのような東アフリカの遺跡のみということになりそうだ。しかしもっと確かなのは、ヨーロッパではこの曙光がみられなかったことである。初期のシンボリズムについて私たちが一般に抱く概念は、ショーヴェ洞窟壁に炭で描かれたサイやクマ、ラスコーの多色で彩られたウシとウマなど、ヨーロッパの輝かしい例に偏りがちだ。しかしこれはどれも、現生人的行動をとるようになり、完全に現生人となったヒトがヨーロッパに到着したあとのことである。かりに重大な突然変異がヨーロッパで初めて起こったとすれば、現生人的行動の最初の証拠はヨーロッパから出土してしかるべきだ。もしそうであればヒトの進化史を探る私たちは、ネアンデルタール人の子孫ということになる。昔アフリカには奇妙なヒトが住んでいたがその後突然消えたらしい、と目を見張っているに違いない。

文化は、環境の変化に適応するためとくに役立つ手段を提供する。文化的革新が蓄積するスピードは、遺伝子突然変異よりもはるかに早い。すぐれたアイディアは世代間で垂直に伝わるだけでなく、別の個体群へと水平にも拡大する。ヒトがアフリカのそれほど重要でない大型哺乳動物から、地球を支配する生物へと変身することができたのは、ほかでもない、こうした文化的適応戦略があってこそだ。私たちは空前の能力をのばし、ありとあらゆるさまざまな環境に適応してきた。不幸にも、取り返しがつかないほど環境を変えてしまったこともある。さらに今後も発達する可能性のある文化を武器に、最初の現生人はアフリカを出て、北は近東を経由してヨーロッパへ、東はアジアから中国、さらにその先へと散らばっていった。いまや、これまでより多くの資源が手に入り、生産量は増え、より大勢で食べていける。ヒトの個体数は、今日にいたる急勾配をたどりはじめた。どんどん今より生活が難しい環境に植民し、複雑な社会組織を発展させていく。しかし今日となっては、すべて幸いだったともいえないだろう。私たちの歴史は、すべてあのときから始まったのだ。

第2章　最初の一歩

ヒトの進化はいまだ途中段階である。はたしていずれ終わるのか、終わるとしたらどう終わるのか。私たちにはわからない。始まりのほうがそれよりは考えやすいが、それにしてもまだ全部にピントが合っているわけではない。場所はわかる。赤道付近のアフリカのどこか。年代もわかる。七〇〇万～五〇〇万年前までのいつか。このとき、ヒトにいたる進化系統が、私たちの最も近い親戚であるチンパンジーにいたる系統から切り離された。ヒト系統の最初のメンバーは類人猿に似ていて、行動も類人猿に近かった。何気なく見たならば、チンパンジーの一種だと間違えそうだ。しかしひとつ本質的な違いがある。彼らは地上に降り、二足で直立歩行するほうを好んだのである。今日の専門用語ではアウストラロピテクス類と呼ばれるが、外見と行動から「二足歩行する類人猿」といってもいい。ヒト文化の曙にとって、彼らは大きな意味をもつ。ヒトの賤しきルーツを明らかにし、あっというまにどれほど大きく変化したかを示すからだ。個人の寿命に比べると、五〇〇万～七〇〇万年というヒトの歴史は想像できないほど長く思われるかもしれない。しかし、三五億年におよぶ地球上の生命の歴史、あるいは二五〇〇万年というサルと類人猿の歴史と比べれば、ほんの短い間のことなのだ。

アウストラロピテクスの発見

二足歩行する類人猿の発見は、人類学にとってだけでなく、科学全体にとって重要な事件だった。一九二四年、今の南アフリカ共和国でそれは起こった。発見者は、ビットバーテルスランド大学（ヨハネスバーグ）の若い解剖学教授、レイモンド・ダート。医学部生に解剖学を教えるために英国から到着したばかりだった。彼は長年、進化に深い関心を寄せており、かねてから学生たちに、化石を見つけたら、学部博物館におさめるから自分のところにもってきなさいといっていた。一九二四年、ある学生が、ヒヒの頭蓋骨化石を見せた。ヨハネスバーグの南西三二〇キロメートルほどにあるタウングの石灰採取場の洞窟から出土したものだった（図2－1）。後にダートは、同じ、あるいは近くの洞窟から、化石を含む二箱分の堆積物を入手した。これには砂と骨が混じっていて、石灰質の糊で固められ、角礫岩《かくれきがん》という岩状になっていた。箱をあけると、角礫岩のブロックから無数のヒヒ化石がのぞいている。しかし彼を驚喜させるものが別にあった。一方のブロックに、高等な霊長類の頭蓋骨化石の雄型《おがた》が含まれていたのだ。雄型は頭蓋骨をみたしていた水の石灰が沈殿してできた型である。この石灰は頭蓋骨内部のレプリカになっており、そのレプリカはもう一方の角礫岩ブロックのくぼみと一致する。ダート

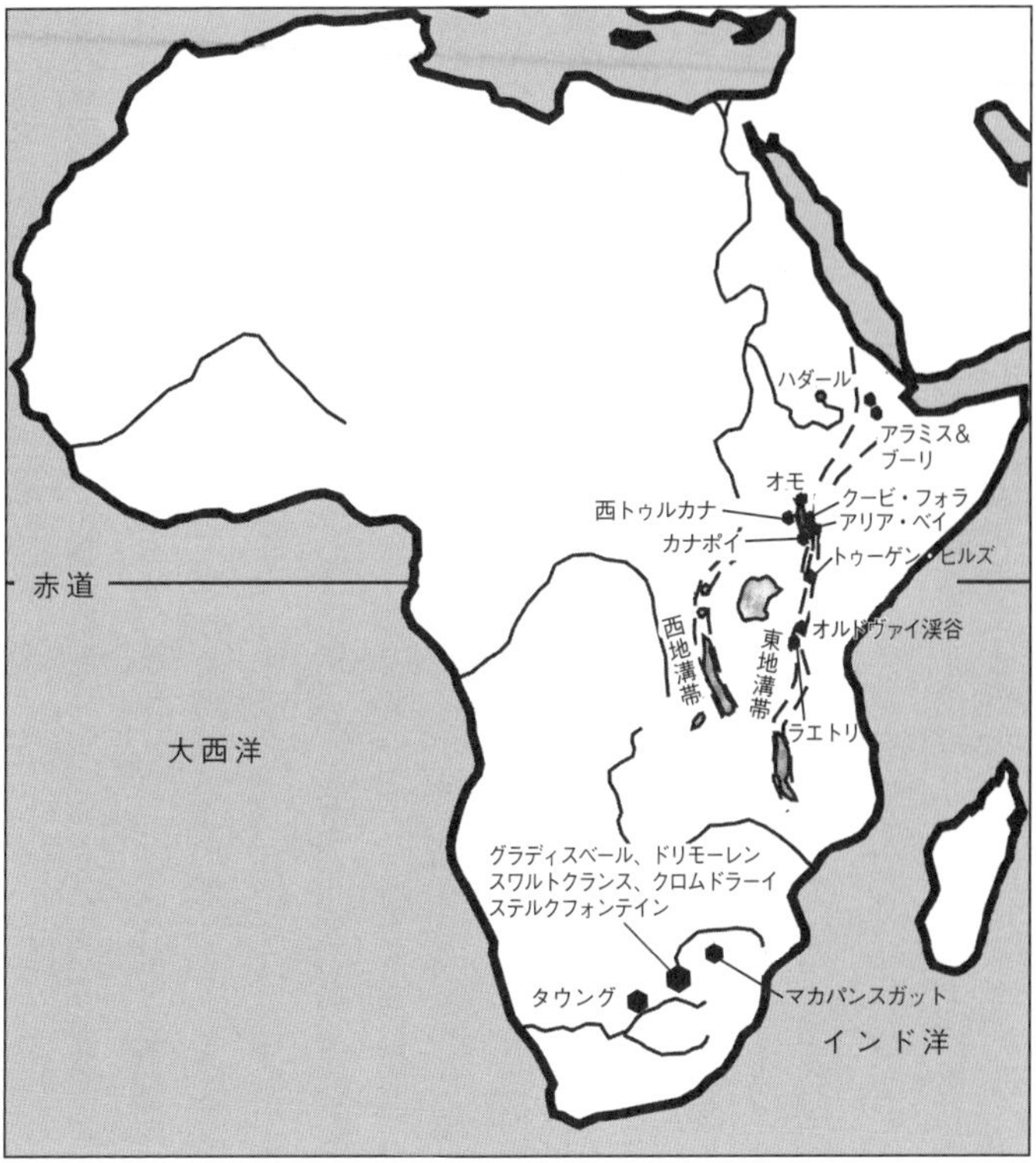

図2-1
本書で取り上げた、アウストラロピテクスの遺跡。

がくぼみの内側を覗くと、骨の痕跡が見えた。

ハンマー、のみ、先の尖った編み針を使って、ダートは角礫岩から骨を取り出しにかかった。二、三週間後、類人猿に似た生物の子どもの頭蓋骨の一部を発表した（図2-2）。亡くなったとき最初の臼歯が生えかけで、そこから四歳未満の子どもと推定される。ダートは、もしこの子どもが成年になっても脳の大きさはチンパンジーよりほんのわずか上回る程度、せいぜい現生人の三分の一にすぎない、と見積もった。また、乳犬歯はチンパンジーよりずっと小さい。しかしそれ以上に驚かされたのは、頭蓋骨の大孔、つまり頭蓋骨底部にある大きな穴がヒトと同じ位置にあることだ。大孔は脊柱と脳をつなぐもので、ヒトの場合、類人猿よりも前へ、下へと向いている。正常な姿勢で、バランスを保ちながら頭が脊柱の真上に位置しているのは人間だけである。一九二五年二月七日、ダートは名高い学会誌『ネイチャー』誌上で、この子どもの頭蓋骨について報告し、「現生類人猿とヒトの中間」にいる、これまで知られなかった種であるとした。この新種を「アウストラロピテクス・アフリカヌス」つまり「アフリカの南のサル」と名づけたものの、彼はヒトの祖先だと考えていた。アフリカヌスやその同類の種に対して、アウストラロピテクス亜科という名称が作られたのは、ずっと後のことだ。高等なヒトから正式に切り離そう、という発想だったが、この分けかたは年月とともに曖昧になった。そのため本書ではもっとゆるやかな表現であるアウストラロピテクス類を用いることにする。

学者のなかには、このタウング・チャイルドをダートの早合点だと考えるむきもあった。オ

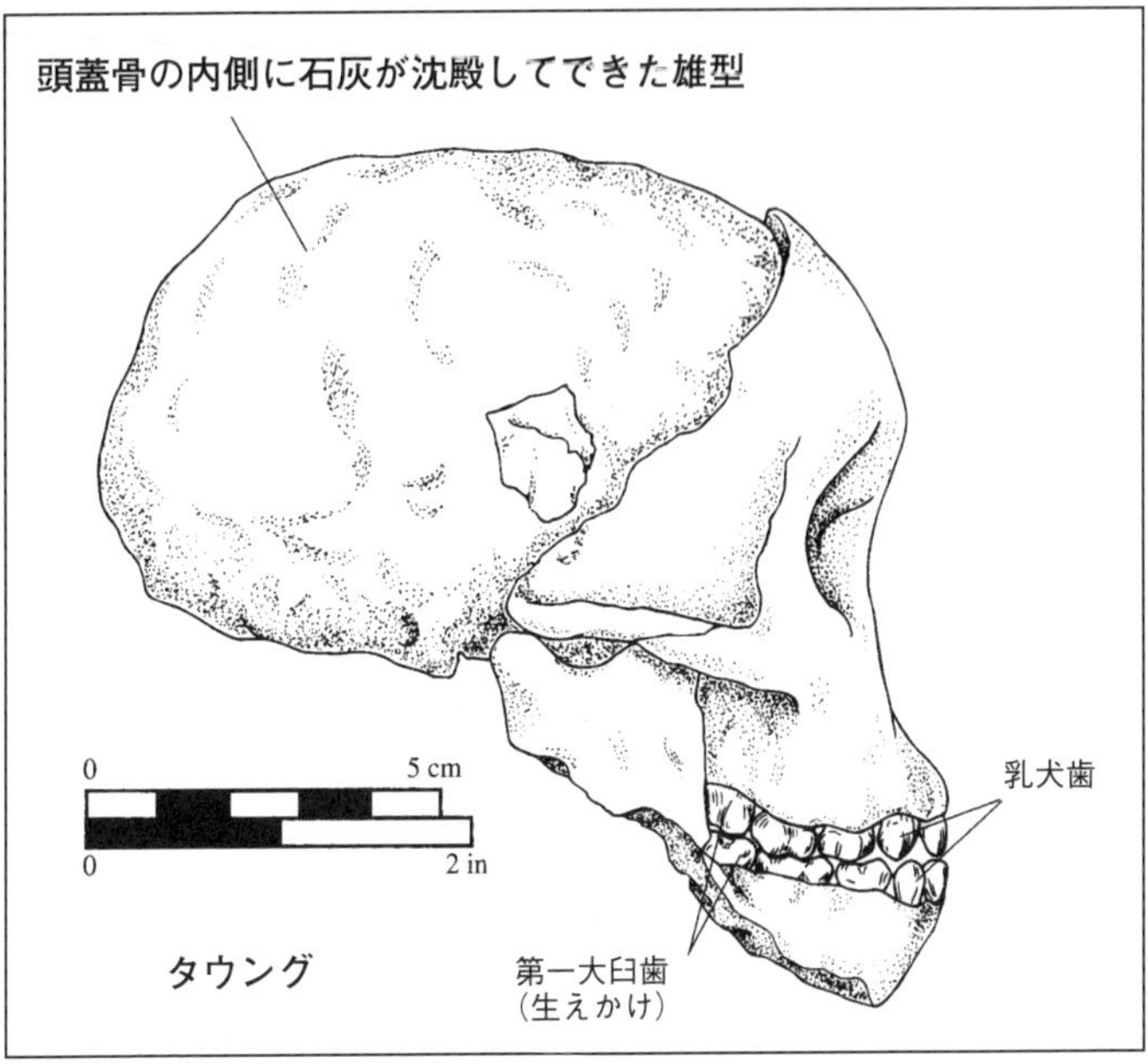

図 2-2
タウング（南アフリカ）から出土した子どもの頭蓋骨。（写真と雄型をもとにしたキャスリン・クルーズ=ウリーベによる絵）Ⓒ Kathryn Cruz-Uribe

トナになったらもっと類人猿っぽくなったかもしれないではないか、という疑問もあった。歩き方、走り方を最もよく示す足・脚の骨が出土せず、頭蓋骨から二足歩行を推測したことも批判の対象だった。「ピルトダウン人」という贋造品の一件も逆風になった。これは、一九一一〜一二年に頭蓋骨と下あごに細工をして古人骨らしく仕立てたものを本物の古生物化石と一緒にピルトダウン（英国）に埋めたといういんちきによる騒動だが、しかし一九五三年になるまで、本物だと思われていたのだ。一九二五年の時点では、ピルトダウンの「化石」がまかり通っていたおかげで、ヒトはもっと早くから脳が大きく進化していたと考えられていた。しかしアウストラロピテクス・アフリカヌスによれば反対に、二足歩行が先で、脳は後から大きくなったことになる。また、アフリカヌスが科学者に軽視された背景には、一八九一〜九二年にジャワで発見された化石から、ヒトの起源がアフリカではなくアジアだと考えられていた事情もあった。ジャワの化石は本物だったが、今日ではこれが地質学的にみてアフリカヌスよりもはるかに新しいことがわかっており、一般に、もっと進化した種であるホモ・エレクトスとされている。さらにもうひとつ、ダートがタウングの頭蓋骨の地質学的年代を推定できないのも問題だった。これがどれだけ古いのかは、今でも確定されていない。しかし他の遺跡のアウストラロピテクス化石で確定されている年代から考えると、タウング遺跡は少なくとも二〇〇万年前であろう。

　タウング頭蓋骨をめぐっては、一〇年以上も激論が続いた。晴れてダートの主張が証明されたのは、共同研究者兼支持者であったロバート・ブルームの努力のたまものだった。ブルームはスコットランド出身の医師にして爬虫類化石の権威で、ヨハネスバーグの北九〇キロメートルほどにあるプレトリアに住んでいた。タウングのオリジナル標本を科学者として最初の段階で調べ、すぐにダートの判断は正しい、と認めたが、そのまま受けいれるのでなく、証拠を固めるような別の化石を探し始めた。そして一九三六年、ヨハネスバーグの北西約二五キロメートル、クルーガースドルプ近郊のステルクフォンテイン農場にある洞窟で、角礫岩から大人の頭蓋骨の一部を発見した。それに続いて、ステルクフォンテインで大腿骨ひざ側の端を回収し、またクロムドラーイ近くの農場にある洞窟の角礫岩からは、二人めとなる大人の頭蓋骨とかかとの骨（距骨）を見つけ出した。一九三九年までには、彼の発見した頭蓋骨によって、大人のアウストラロピテクス類もタウング・チャイルドと同じく類人猿的ではないことが明らかになっていた。またその脚骨は、二足歩行を立証していた。ヒトの進化における位置がここに固まったのである。

さまざまなアウストラロピテクス類

ブルームの研究は、南アフリカにおける他の多くのアウストラロピテクス類の発見に道を開いた。今日、全体で頭蓋骨（一部も含めて）三二個、あごの骨（一部も含めて）約一〇〇個、遊離歯が数百個、脚、脊柱、骨盤は三〇以上を数える。タウング、ステルクフォンテイン、クロムドラーイのほか、スワルトクランス、グラディスヴェール、ドリモーレン（いずれもクルーガースドルプ近くに密集）の古代洞窟、北に三〇〇キロメートルほどのマカパンスガット石灰岩洞窟でも出土している（図2－1）。これからもっとたくさんの洞窟が発見され、標本は増え続けるだろう。

タウング、ステルクフォンテイン、グラディスヴェール、マカパンスガットで発見された化石はアウストラロピテクス・アフリカヌスの標本だが、しかしクロムドラーイ、スワルトクランス、ドリモーレンの化石はこれとは別の種だ。専門的には、アウストラロピテクス・ロブストスとかパラントロプス・ロブストスとか、さまざまに呼ばれる。パラントロプスとは、もともとブルームがクロムドラーイ化石につけた名前で、「ヒトに並ぶ」という意味だ。この名称を用いる場合、用いない学者に比べて、アフリカヌスとロブストスの差を強調している。

南アフリカ共和国の洞窟には年代を確定する手がかりがないため、地質学的にどれくらい古いかは、年代がわかっている東アフリカの遺跡と共通する動物化石から判断するしかない。こうした動物による年代決定の結果、アフリカヌスが南アフリカに住んでいたのは、約三〇〇万～約二五〇万年前となる（図2－3）。明らかに二五〇万～二〇〇万年前までの記録は南アフリカのどの洞窟にもないから、二〇〇万年前まで生き続けていたとも考えられる。動物による年代決定に基づくと、ロブストスは約二〇〇万年前から一〇〇万年前の直前まで存在していたのだ。

重要ないくつかの点で、アフリカヌスとロブストスはよく似ている。ともにアウストラロピ

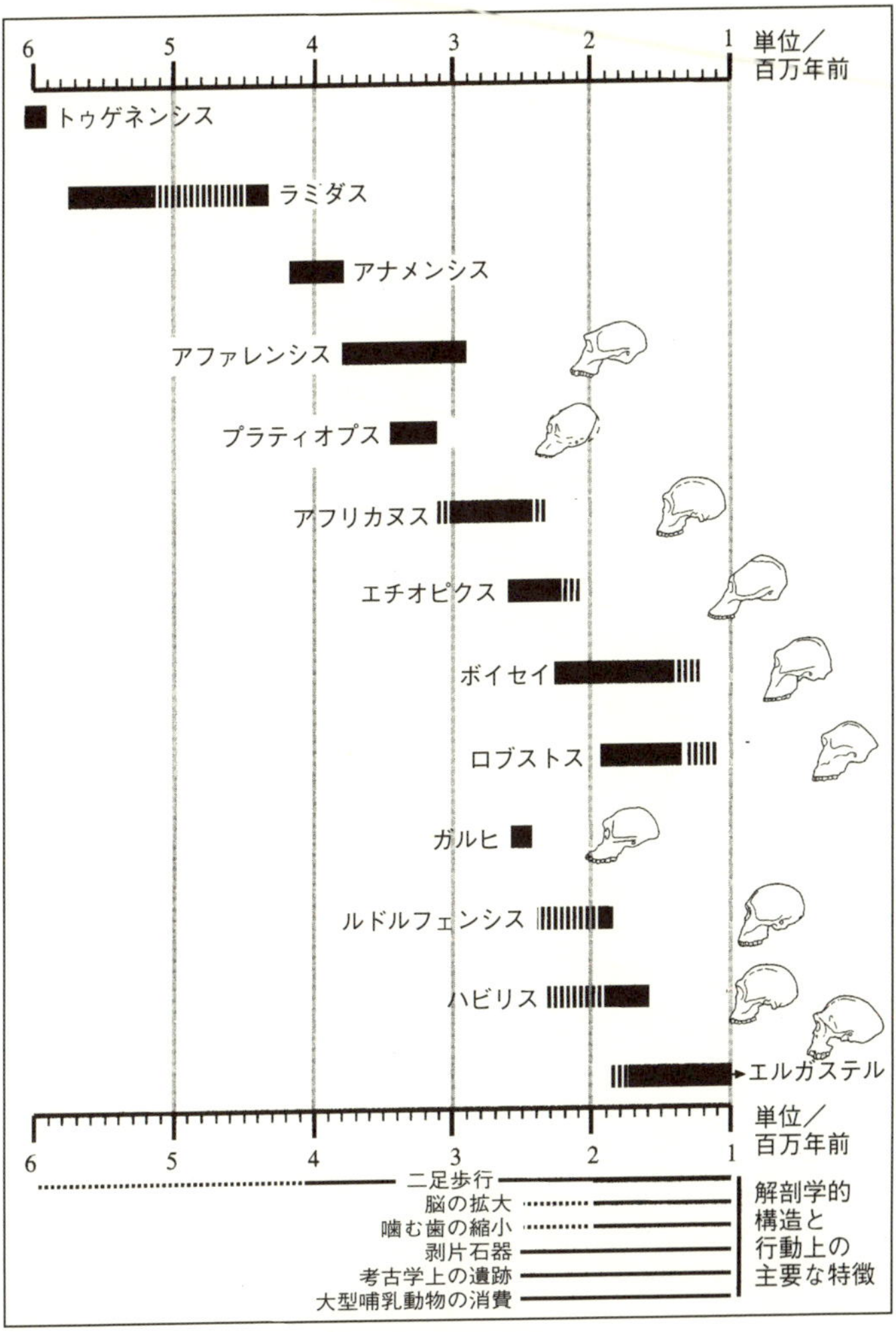

図 2-3

上：100 万年前以前に生存したヒト、おのおのの年代。

下：解剖学的構造・行動上の主要な特徴があらわれた時期。

テクス類、つまり二足歩行する類人猿の基本的性質を示す。現代の水準でいえば、両方の種とも非常に小柄だ。大きくても、おそらく身長一・五メートル足らず、体重も五〇キログラムを超えることはなかっただろう。女性は特に小作りで、男女差は現生人よりもずっと大きく(性的二型)、チンパンジーと同じくらい、あるいはそれ以上である。そこで、アフリカヌスとロブストスの社会組織はチンパンジーに似て、つまり〈男〉が性的に自分を受け入れてくれる〈女〉を手に入れるべく激しく競争する社会だったと考えられる。もしそうならば、チンパンジー社会と同様、彼らの場合も〈男〉と〈女〉はおもに別々の生活をして、食糧を分け合ったり子育てで協力したりしなかっただろう。

アフリカヌスとロブストスに共通する類人猿ふうの特徴として最も顕著なのは、脳の小ささである。どちらの種でも、大人の脳容量は平均五〇〇ccにみたない。ちなみにチンパンジーはおよそ四〇〇cc、現代人では一四〇〇ccである。アフリカヌスもロブストスも身体が小さいから平均脳容量が小さくてもバランスがとれる、といっても、私たちの脳と比べると半分にも足りない。両者とも、上半身は類人猿に似て腕が長く力強く、敏捷に木にも登れただろう。類人猿と違う大きな点は、地上で習慣的に二足歩行するべく作られた下半身と、歯である。

歯の違いが重要という理由は二つある。まず、歯とあごは長持ちするため、他の骨化石に比べて数が圧倒的に多い。四肢骨が保存されていない遺跡でも、歯をみればアウストラロピテクスだとわかる。次に、歯は食事などの行動を知る手がかりとなる。チンパンジーとゴリラは熟

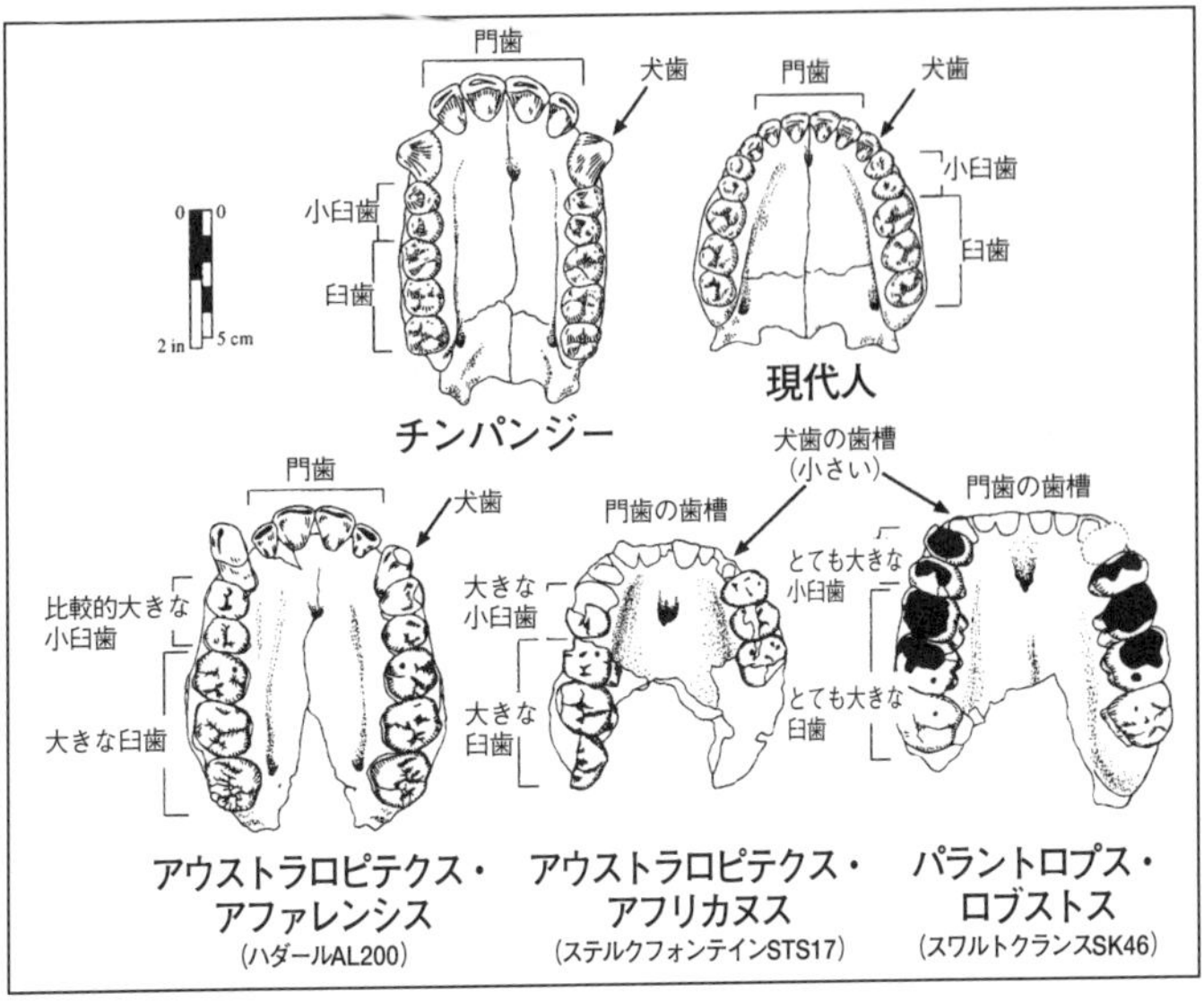

図2-4
チンパンジー、現生人類、アウストラロピテクスそれぞれの上あご。(上:D・C・ジョハンソン&M・E・エディ『ルーシー:謎の女性と人類の進化』、下:『南アフリカ科学ジャーナル』77(1981年)、T・D・ホワイト他、図9による。)

した果物や若葉のような、しっかり噛まなくていい柔らかい食物ばかり食べていた。そのため臼歯は比較的小さく、比較的薄いエナメル質で覆われているが、柔らかい食品ならすりへることもあまりない。噛むときも、口はほとんど閉じたまま、あごの両脇を動かす必要がない。だから犬歯が大きくなるわけだ。〈男〉は相手を威嚇したり、時に激しく戦ったりする際に使うため、犬歯はとくに大きい。

他方、アフリカヌスとロブストスは、臼歯が厚いエナメル質で覆われ、おおいに発達している（図2－4）。しっかり噛まなければならない硬いもの、砂まじりの、あるいは繊維質の食物をよく食べていたことがわかる。この食物のなかは、おそらく地上で見つけた種・球根や地面を掘り起こして手に入れた塊茎も含まれていた。どちらの種の場合も犬歯が小さいから、あごの動きを邪魔しなかっただろうし、逆に〈男〉の威嚇目的には使えなかっただろう。ここから、食事が変化したのみならず、〈男〉どうしの攻撃が減った、もっと一般的にいえば、社会がますます寛容になったといえるかもしれない。

アフリカヌスとロブストスのおもな違いは、ほおの内側に並ぶ小臼歯と大臼歯の大きさと、噛む筋肉の強さにある。ロブストスでは大臼歯は巨大で、小臼歯も大臼歯と同じように大きく、噛む筋肉はきわだって発達していた。もちろん筋肉そのものは残っていないが、大きな筋肉付着部が保存されている。そのひとつであるほお骨は、前方に位置し、外側に張り出している。ロブストスの多くの場合、頭蓋骨の上部はとさかのように隆起（矢状稜）している（図2－5）。噛む歯が強く頭蓋骨がじょうぶにできているため、ロブストスとそれに近い東アフリカのパラントロプス・ボイセイは「頑丈型」アウストラロピテクス類と呼ばれる。しかし身体は小さく、アフリカヌスのように小柄でさえある。脳が小さいこと、身体の形が類人猿に似ていることも含めて、解剖学的構造上、重要な点はどこをとっても典型的な二足歩行類人猿である。

類人猿はごく基本的な技術しか使わない。アウストラロピテクス類がそれ以上だったことを示す証拠はほとんどない。類人猿レベルを超えた技術的進歩を示す剥片石器が初めて登場する

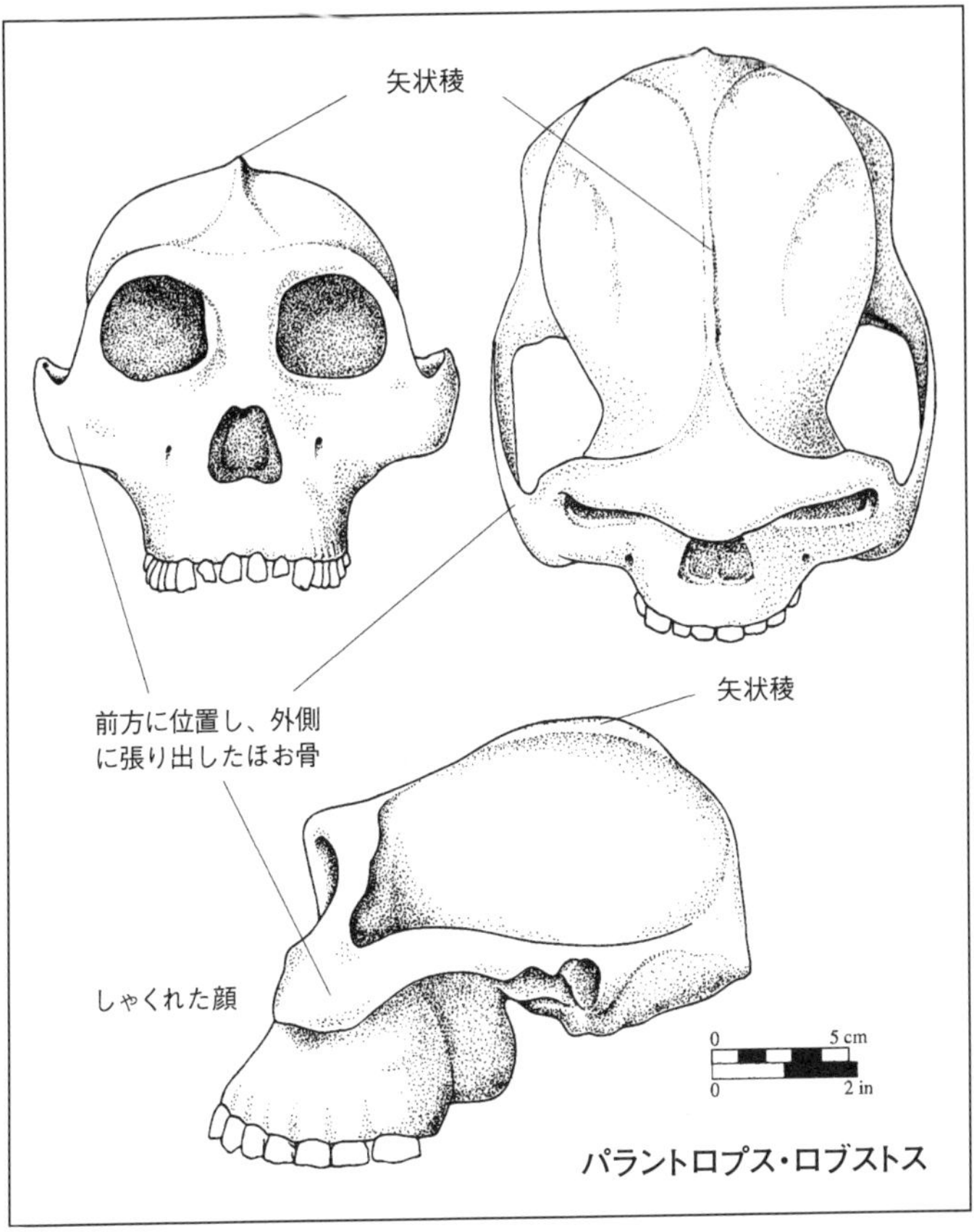

図 2-5
パラントロプス・ロブストスの頭蓋骨（復元）。（F・C・ハウエル『アフリカの哺乳動物の進化』（1978 年）所収、図 10-7 による。）

のは二五〇万年前頃のことで、頑丈型アウストラロピテクス類によるものとも考えられるが、いろいろな発見から、作ったのは初期ヒト属だろう。たぶんチンパンジーのように、アフリカヌスとロブストスも小枝に手を加えてシロアリを探したり、あるいは近くで手に入る岩や木片をそのまま使って、木の実を割ったりしただろうが、こうした道具は遺物としては残らない。道具がチンパンジーと同じくらい単純ならば、いったん使われなくなってもそのつど発明され、種全体への影響はきわめて小さかっただろう。他方、ヒトの場合、技術はどんどん蓄積される。失われたらまた一からやり直せるというものではない。いったん技術を忘れると、種が危険にさらされる。初めて石器を作ったヒトも、何かのはずみに剥片の作り方を忘れてしまったら、あっというまに姿を消していただろう。

アウストラロピテクス類は仲間の骨と他の哺乳動物の骨を南アフリカの洞窟に運びこんだ、とダートは考えた。これが本当ならば、肉と骨髄にヒトらしい興味をもっていたといえる。二〇年にわたってスワルトクランス洞窟を発掘し、注意深くその骨の研究にあたってきたC・K・ブレインは、そうではなく、大型ネコ科動物などの大型肉食動物がアウストラロピテクス類や他の動物骨を運んできた、と主張する。彼が挙げた証拠のなかで最も注意を引くのは、穿った跡のあるロブストスの頭蓋骨破片であった。その穴の形、間隔からみてヒョウの犬歯に咬まれた跡とみて間違いない。ヒヒと同じようにアウストラロピテクス類も、夜には時々洞窟に避難し、そこでヒョウや、剣のような犬歯をもつ（今は絶滅した）ネコに狙われてしまったことだろう。もしその場でこれらの動物の餌食になってしまったら、骨の多くは地面に散り、洞窟の堆積物となっただろう。たぶんチンパンジーのように、アフリカヌスとロブストスも時々サルや小型動物を追いかけただろうが、南アフリカの洞窟を調べたところでは、狩猟する側というよりも、される側になるほうが多かった。

南アフリカでアフリカヌスが生きていたのはロブストス以前だったから、その祖先だったとみてもおかしくない。アフリカヌスの歯と頭蓋骨は、いろいろな点で後のロブストスに共通する。しかし頑丈型アウストラロピテクス類の歴史は、二五〇万年前の東アフリカにさかのぼる。ここ東アフリカでは、アフリカヌスはいなかったようだが、ロブストスの祖先はおそらくここにいた。頑丈型アウストラロピテクス類は、本当の人類の祖先とはいえないだろう。その歯と頭蓋骨は特殊化しているし、二五〇万年前以降にはもっと祖先としてふさわしい別の種と共存していたからだ。頑丈型アウストラロピテクス類は、一〇〇万年前までには絶滅しつつあった。その理由は、進化するヒトと競争しても、もはやたちうちできなくなったからだろう。同時期に起こった気候の乾燥化に適応できなかったからともいえそうだ。ところが、アフリカヌスは違う。解剖学的構造から、およびヒトの前にいたことから、アフリカヌスがヒトの祖先である可能性が残っている。人類学者のなかには、祖先でないにしてもよく似ている、と考える一派もある。ではここでいったん東アフリカに目を移し、この大きな問題に取り組み、二足歩行類人猿の物語をさらに続けよう。

リーキー夫妻の「革命」

人類学者はもちろん、一般の人たちも、ヒト進化の初期段階を理解するうえで東アフリカが軸となることは知っているだろう。これはルイス・リーキーとメアリー・リーキーの並はずれた献身的研究と才能の結果、といっても過言ではない。一九三五年から、ナイロビ（ケニア）を拠点に、夫妻はタンザニア北部（独立前はタンガニーカとして知られていた）へ何度も旅行し、オルドゥヴァイ渓谷で初期ヒトの痕跡を探した。人工遺物や動物骨化石は簡単に見つかったが、重要なヒト化石にたどりついたのは一九五九年になってからだった。最初に発見したのは、青年期の「頑丈型」アウストラロピテクス類の頭蓋骨で保存状態がよかった。今ではパラントロプス（またはアウストラロピテクス）・ボイセイとしているが、ボイセイは南アフリカのパラントロプス・ロブストスの東アフリカにおける変異にすぎない可能性もある。ボイセイの骨は、北のエチオピアから南のマラウィまで、東アフリカの他の遺跡八ヵ所で発見された。

一九五九年の成功のおかげで、リーキー夫妻は充分な経済的支援を得、その後一四年間、オルドゥヴァイでそれまでの三〇年間の合計をはるかに上回る量の堆積物を発掘した。さらに証拠となるヒト化石を多数回収した夫妻は、ボイセイが南アフリカにおけるロブストスと同様、二〇〇万年前以降に初期の本当の人類と共存していたことを示した。さらに、ロブストスとボイセイが絶滅していき、本当のヒトだけが生き残って以降、ヒトがどのように進化したかを具体的に明らかにした。

リーキー夫妻の研究は、古人類学に革命をもたらした。オルドゥヴァイで主要な化石と人工遺物を発見しただけでなく、東アフリカに眠る古人類学的資源が大いに注目され活用されるようになったからだ。調査隊のリーダーはさまざまな国から来た。たとえばリーキー夫妻の息子リチャードはケニア、リチャードの妻ミーヴ、クラーク・ハウエル、ドナルド・ジョハンソン、ウィリアム・キンベル、ティム・ホワイトは合衆国から参加している。ベルハネ・アスファウ（エチオピア）、イヴ・コパンスとモーリス・タイエーブ（フランス）、諏訪元（日本）の名前もあった。調査隊が最大の成功をおさめたのは、ケニア北部とエチオピア南部にまたがるトゥルカナ湖近くと、エチオピアの北〜中央部にあるアワシュ川沿岸の遺跡であった。探索の際、調査隊はメアリー・リーキーがオルドゥヴァイおよびそれより年代の古い、近郊のラエトリ遺跡の発掘でおこなった方式にしたがった。つまりこういうことだ。古代の化石と人工遺物は層位がきちんと記録されなければ無価値に等しい、と考えた彼女は地質学者リチャード・ヘイと手を組んだ。地質学的手法を用いれば、化石出土層の正確な配列が確かめられる。また初期のヒトが生活した自然環境の復元も可能になった。同じ目的で、他の化石調査隊にも野外地質学者が必ず参加していた。リーキー夫妻にならい、堆積物の年代測定を地球化学者に、動物化石の年代推定と環境復元は古生物学者に頼った。要するに、アフリカ東部におけるヒト進化史初期に関する研究が実を結んだのは、本当の意味での学際的研究が実現したからである。そのモデルとなったのがリーキー夫妻だった。

人類進化の研究にとって、東アフリカには南アフリカより有利な点が二つある。ひとつは、東アフリカの化石は川や湖の比較的軟らかい堆積物から出土するケースが多く、こて、刷毛など考古学の一般的道具で掘り出せること。これに対して南アフリカの洞窟の角礫岩は非常に硬く、ダイナマイトや空気ドリルが不可欠だ。二つめは、東アフリカの遺跡にはよく溶岩や火山灰（溶岩の微粒子で、大気中に噴出してその後地上に落ちる）層が含まれることだ。溶岩と火山灰は、地質学的にいえば一瞬のうちに冷却され、その時期はカリウム・アルゴン年代測定法によって推定できる。これは、岩石には一般に自然発生する放射性カリウム40と娘（崩壊）物質アルゴン40が少量含まれるという観察に基づく測定法である。気体アルゴン40は溶解した岩からいったん蒸発するが、岩が冷えると、すでに知られているカリウム40の崩壊率（「半減期」）に比例して再び蓄積する。こうしてカリウム40とアルゴン40の割合から、冷却した年代がつきとめられる。この年代を用いて、今度は同じ堆積物の中にはさまれる化石と人工遺物の年代が推定できる。しかし南アフリカの洞窟の角礫岩には、溶岩も火山灰も含まれない。南アフリカのアウストラロピテクスは、付随する動物化石によって年代を推定せざるをえない。一方、東アフリカの遺跡では、この年代が確定している。

東アフリカの遺跡のこうした二つの利点は、東部グレート・リフト・ヴァレーに近いことを反映している（図2－1）。ここは本来巨大な地質学的断層で、二つの大陸プレートの境界線上にある。この断層に沿って伸張と圧縮が起こり、底面が押し下げられて側面がずり上がった結果、長さ二〇〇〇キロメートル超、幅四〇～八〇キロメートルのトラフができた。リフト・ヴァレー内と周辺で地殻変動が繰り返され、しばしば川はせきとめられて湖盆になった。ここに化石骨や人工遺物が閉じこめられ、保存される。のちに地球の動きによってこれらの湖が干上がると、植生がまばらで時たま激しい雨が降るうち、侵食が進む。そこで化石が表面にあらわれ、発見されることになる。断層はまた、火山活動を活発化させる。火山活動が起これば溶岩と火山灰が層になり、年代測定に利用できる。対照的に、南部アフリカの自然環境はヒトの進化全過程を通して安定していた。化石をとどめるような盆地も、活火山もほとんどない。結果として、洞窟の角礫岩を相手にするほかなく、発掘も年代推定も難しいのである。

「ルーシー」の発見

東アフリカにおける発見の結果、アウストラロピテクス類の地理的範囲が広がっただけでなく、四〇〇〇万年前より前に生存していたことが確かめられた（図2－3）。この年代は最終的には七〇〇万～五〇〇〇万年前までさかのぼるだろう。遺伝学者は、この時点までヒトとチンパンジーが同じ祖先を共有していた、と推論する。実際、フランスチームとエチオピア・アメリカチームはいずれも、その議論はすでに自分たちが証明済みだと互いに主張している。二〇〇〇年初冬、フランスチームは、トゥゲン丘陵（ケニア北部）の堆積物から、六〇〇〇万年前と測定される興味深い化石片一三個を発見した、と公表した。地名と、「原初の人」を意味する「オロリン」という現地のトゥゲン語から、彼らはこの化石を新種のオロリン・トゥゲネンシスとした。二〇〇一年夏、エチオピア・アメリカチームは、アジスアベバ（エチオピア）の北東三〇〇キロメートルあたり、アワシュ川中流のからからに乾いた河岸で、五八〇万〜五二〇万年前と測定される化石一一個が出土したことを発表した。エチオピア・アメリカチームはとりあえず、この化石標本を、以前より知られている種、アルディピテクス・ラミダスの古い変異体だと考えた。アラミス遺跡でのこの発見について、後述する。

ケニアの化石にも、エチオピアの化石にも、二足歩行の明白な証拠となる骨は含まれていない。チンパンジーの祖先とはおそらく対照的な初期アウストラロピテクスはどの種かという問題は、今もチームのメンバーやほかの専門家たちの議論の的だ。ひょっとするとどちらか一方が、アウストラロピテクス類とチンパンジーに共通する最後の祖先でさえあるかもしれない。もっと完全な別の化石が出ないと、これは解決できない。こうしている間、広く認められている最古のアウストラロピテクス類が、またミドル・アワシュ・ヴァレーのアラミス遺跡から出土した。ここでアラミスについて詳しくお話ししたい。東アフリカでは化石ハンターがどんな困難に出会い、どんな報いを受けるか、この例が如実に描き出すからだ。

今日のアラミスは、植生がまばらで気温もきわめて高いため、人が入りにくい地域である。ダニ、毒ヘビ、サソリがはびこり、一目見ただけで、ここが化石探しにふさわしくないとわかる。一九九二年、遺跡調査を始めた国際的科学者チームは、時には何日も地面を這いずり回るなどして大変な思いをしながら、ついに古代生物の見事な痕跡を発見した。それは種子、木の化石、昆虫の化石、鳥や爬虫類、哺乳動物の骨だった。火山灰をカリウム・アルゴン年代測定法で分析した結果、アラミスで四四〇万年前頃蓄積した化石であることがわかった。

こうして並々ならぬ努力の末、アラミスで化石が発見されたことで、苛酷とはいえない古代の自然風景が明らかになった。密林が川沿いに続いている。曲芸師さながらにコロブスサルが木々をわたり、巻き角をもつクードゥー（大型のレイヨウ）が地面近くの葉を食べている。サルとクーズーがそのあたりには一番多くみられるようだが、他にも、ネズミやコウモリなどの小動物からカバ、キリン、サイ、ゾウまで、さまざまな動物がいた。肉食動物には大型ネコ科動物、ハイエナほか、いかにもアフリカにいそうな種もいろいろと含まれていた。それから、場違いに思えるクマも。はるか南、喜望峰の古代の化石産地でも同じクマの化石が出土している。そのことから、アラミス――とアフリカ――がここ四〇〇万年間でいかに大きく変化したかがうかがえる。

川のそばで狩猟をしたり死体あさりをしたりする肉食動物は、往々にして骨を噛みくだいてしまうため、骨がそのまま残っている標本はめったに出ない。部分的骨格は特にまれで、例外中の例外がひとつあるだけだ。骨格の持ち主が死んだとき洪水が起こった（これは古生物学者にとって僥倖といえる）ため、身体がシルト層で覆われたのだ。この一段階は、骨の保存にとってきわめて重要である。

一九九四年一一月、カリフォルニア大学の大学院生ヨハンネス・ハイレ＝セラシエは、アラミスで地面を這い回っているうち、折れた手の骨が数個、地中から出ているのを見つけた。共同調査者とともに地面を削ると、脛骨、かかとの骨、骨盤、前腕の骨、手と手首の骨、頭蓋骨の一部が次々にあらわれた。これらの骨は非常にもろく、注意しないと触れただけで粉状になりそうだった。そこでまず堆積物を水でしめらせ、外科手術さながらの精密さで発掘作業に取り組んだ。苦労のかいあって、最終的に一〇〇個を超える骨格破片が回収できた。なかにはほぼ完全な手首の骨一揃いと、片手の指の骨の大部分も含まれていた。さらに近くで下あごの骨も発見された。

この新しい骨格は、ティム・ホワイト、諏訪元、ベルハネ・アスファウがちょうど二ヵ月前にアラミスの別の場所から発見したものを報告したのと同じく、四四〇万年前のアウストラロピテクス類であった。『ネイチャー』誌に掲載されたホワイトらの論文は、下あご、遊離歯、頭蓋骨破片、左腕の骨三個を含む一七個の化石に基づく。この種は従来知られていたアウストラロピテクス類よりもおよそ五〇万年古く、類人猿に似た骨格をもっていた。ヒトの系図の一番下に近い位置にあることを示すため、ホワイトらはこれをアウストラロピテクス・ラミダスと名づけた。「ラミド」は現地のアファール族のことばで「根」を意味する。のちに、他とまるで違うため、それじたいひとつの属とみるべきだとし、アルディピテクス・ラミダスと命名しなおした。「アルディ」はアファール語で「地面、地盤」を意味する。この新しい名称には、この種がヒトの祖先の基底にいること、地面の上で多くの時間を過ごしていただろうことが強調される。

ホワイトらの記述によると、ラミダスは二足歩行類人猿としても、驚くほど類人猿に似ている。たとえば臼歯と比べ犬歯が飛びぬけて大きい。歯は薄いエナメル質で覆われている。腕の力も明らかに類人猿に近かった。木登りの際により安定させるためにひじ関節を固定することさえおそらくできただろう。歯と腕骨しかなかったら、単なる類人猿だと片づけられたかもしれない。しかし頭蓋底部の破片によって、二足歩行するヒトと頭の位置が同じだとわかった。ホワイトらが部分的骨格の足・脚の骨を記載したら、どんなふうに二足歩行していたかが明らかになるだろう。

二足歩行の様子を詳しく教えてくれるのは、二番めに古いアウストラロピテクス類である。一九九五年、トゥルカナ湖の南西にあるカナポイと同湖東端のアリーア湾の遺跡から出土したこの化石を、ミーヴ・リーキーと古人類学者アラン・ウォーカーが分析した。二人は現地のトゥルカナ族のことばで「湖」を意味する「アナム」から、この種をアウストラロピテクス・アナメンシスと名づけた。カリウム・アルゴン年代測定法によれば、アナメンシスは四二〇万～三八〇万年前まで、トゥルカナ湖近くで生活していた（図2-3）。共伴する動物化石から、周囲は林だったと考えられるが、アラミスに比べると木の数は少なかっただろう。

アナメンシスの骨標本は、部分的なあご一三個、遊離歯五〇個、耳周辺の頭蓋骨片一個、腕骨二個、手の骨一個、手首の骨一個、なかでも貴重なのが脛骨一個である。犬歯は比較的大きいが、のちのアウストラロピテクス類のほぼすべての特徴となるように、大臼歯も幅広くエナメル質が厚い。腕の骨を見ると、類人猿のように木登りできたと思われるが、その一方で脛骨から、地面での二足歩行を習慣としていたことが明らかである。チンパンジーと対照的に、ヒトの場合、脛骨のひざ側の平らな関節面が骨幹に対してほぼ直角をなし、骨幹そのものは両端で支えられている（図2－6）。こうした特徴のおかげで、ヒトは二足歩行をするとき、片足からもう一方へと重心を移すことができる。これがアナメンシスの脛骨にも不足なく備わっていた。このように、歯、腕の骨、脛骨をあわせて考えると、アナメンシスを二足歩行類人猿とみなしてよいだろう。

現在わかっている部分でいうと、アナメンシスは直後に登場するアウストラロピテクス・アファレンシスによく似ている。今後アナメンシスについて情報が増えれば、アファレンシスのひとつの初期段階ということに落ち着くかもしれない。アファレンシスのほうが先に認知されたので、両方の種にこの名称が用いられるだろう。

アファレンシスには、他のどの種よりも、二足歩行類人猿というアウストラロピテクス類の特徴が顕著である。骨格のほぼすべてが、それも骨一本あたり数個ずつわかっているからだ。アファレンシスについて私たちがもっている知識は、ドナルド・ジョハンソンと共同研究者たちがアラミス（エチオピア）のすぐ北、ハダールで一九七三年に始めた調査、それから、メアリー・リーキーがオルドゥヴァイ渓谷（北タンザニア）南四五キロメートルにあるラエトリで一九七四～七九年におこなった調査のたまものといってもいい。ある小さな遺跡で、ジョハン

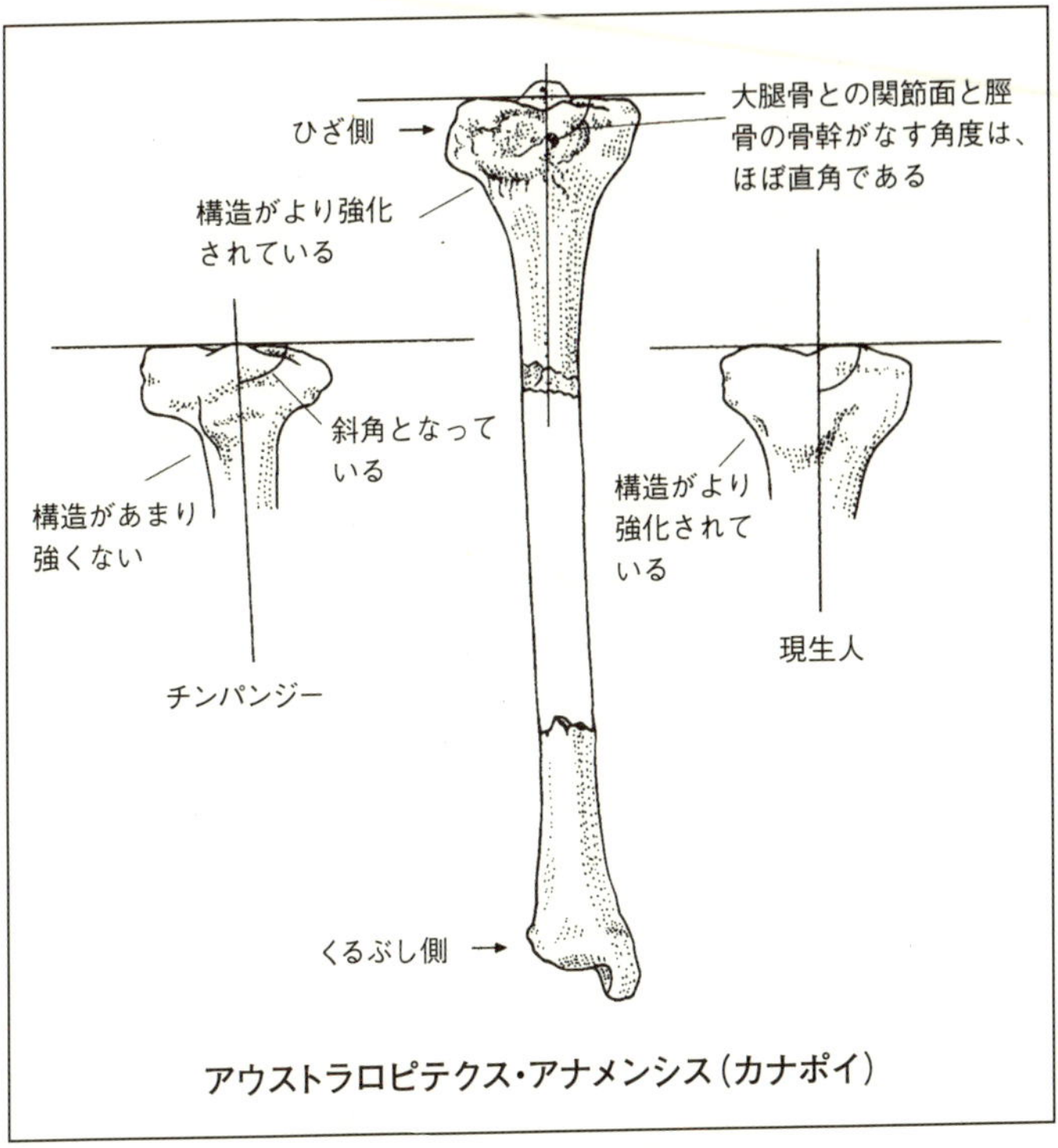

図 2-6
チンパンジー、アウストラロピテクス・アナメンシス、現生人それぞれの脛骨を前からみたところ。（『ナショナル・ジオグラフィック』190-9（1995 年）、M・リーキー論文による）

ソンのチームはある個体の骨格の四〇パーセントを発見した(図2-7)。当時はやっていたビートルズの「ルーシー・イン・ザ・スカイ・ウィズ・ダイアモンズ」にちなんで、これは「ルーシー」と名づけられた。部分的であっても全身の骨格は、ばらばらな骨が集まった合計よりも、はるかに価値が高い。遊離骨と違い、骨格があれば、人類学者は身体プロポーション、たとえば脚と腕の長さ比などを復元できるからだ。別の小さな遺跡でも、ジョハンソンのチームは少なくとも成人九人と子ども四人分にあたる二〇〇個以上の骨を発見した。これは「最初の家族」と呼ばれている。ほかの遺跡から出土した化石とあわせると、アファレンシス内部での変異幅は、性的二型を含めて、かなり大きいようだ。

ハダールとラエトリの標本に基づき、一九七八年、ジョハンソン、ティム・ホワイト、イヴ・コパンスはアファレンシスを定義した。名前は、エチオピアのアファール地方(ハダール、アラミスほかの主要な化石遺跡はここにある)からとった。カリウム・アルゴン分析によって、ハダールのアファレンシス化石が堆積したのは三四〇万~二九〇万年前頃であり、ラエトリの化石はそれより古いことがわかった。この結果、アファレンシスはおよそ三八〇万年前までさかのぼることになった(図2-3)。こうして、もしアナメンシスを別立てにしないとしても、アファレンシスは約一〇〇万年という期間にまたがっていたわけだ。しかもこの長きにわたり、ほとんど変化しなかったことになる。ラエトリでの生活環境は、乾燥して木がほとんど生えていなかったが、ハダールでは概してそこより湿度が高く木も多かった。こうして、環境の必要

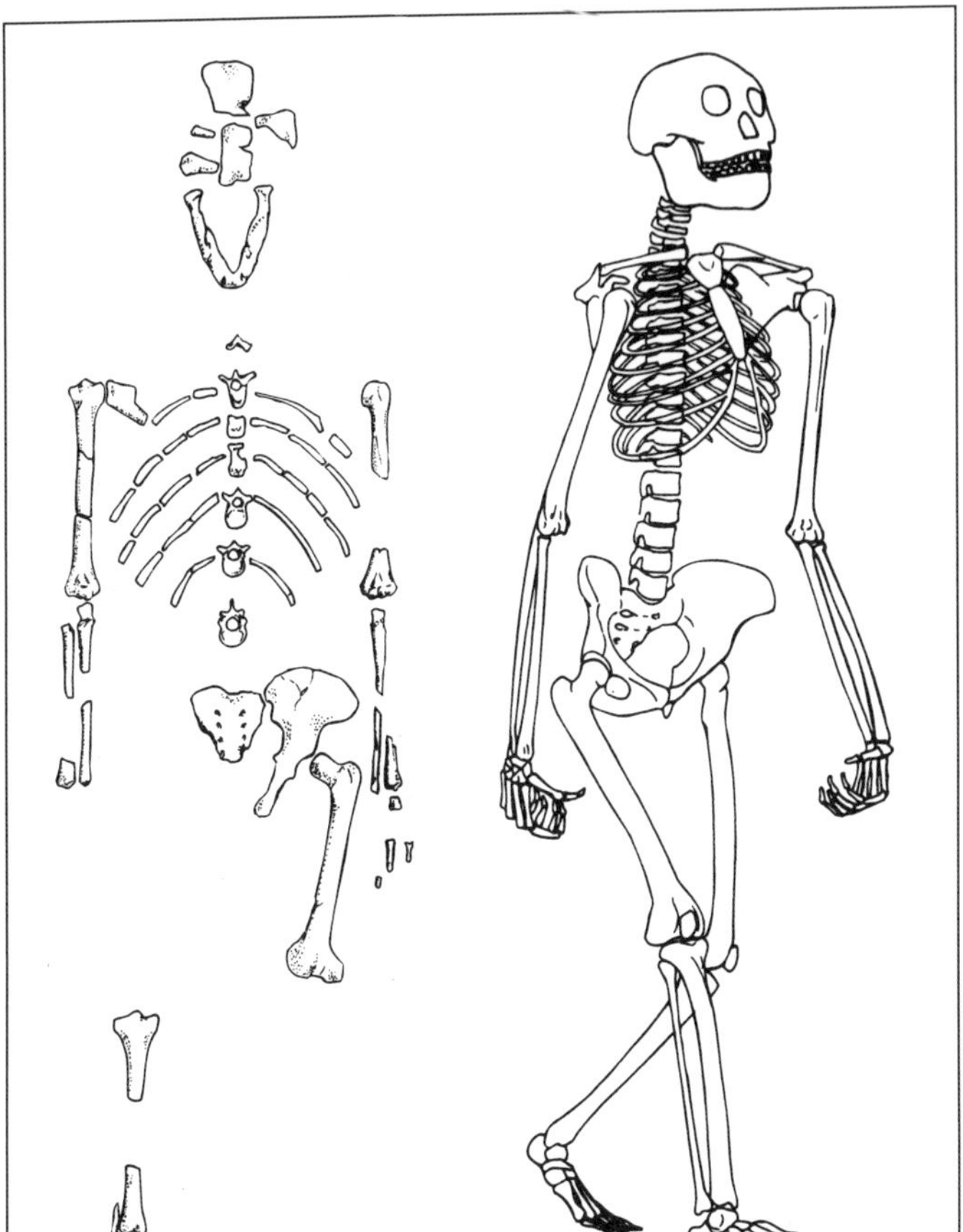

図 2-7
左：ハダール（エチオピア）から出土したルーシー（アウストラロピテクス・アファレンシス）。全身骨格の 40 パーセントにあたる。（M・H・デイ『化石人類への手引』所収写真をもとに描いた絵）
右：鏡像および同種の他標本をもとに、全骨格を復元したもの。（『ナショナル・ジオグラフィック』168（1985 年）、K・F・ウィーバー論文による）

に合わせて、柔軟に対応していたのだ。

アファレンシスの脳は類人猿並みで小さかった。平均すると、アフリカヌスやロブストスより小さいかもしれない。身体も比較的小柄だが、性による違いはほかの種よりはっきりしていた。〈男〉は〈女〉より平均して背も体重も五〇パーセント上回っていただけでなく、犬歯も相当大きかった。両性とも、現在知られているヒトの系図に登場するどの種よりも、あごの突出が著しい。身体プロポーションは、類人猿とそれ以降のヒトの中間にある。脚に比べて腕が非常に長い。特に前腕は長く、力強かった。指骨と趾骨は類人猿のように屈曲しており、こうしたことから、アファレンシスが類人猿のように木々の間を敏捷に動き回ったことをにおわせる。

とはいえ、重要な点に注目すると、骨盤、脚と足は二足歩行を立証している（図2-8）。骨盤は上下が縮まっていて、前から後ろへ広がり、股関節の上に胴の中心がくる。直立で二足移動するには、このほうが疲れないのだ。大腿骨はひざのほうへと内側に傾き、脛とは外反した角度でつながっている。こうして一方の足が地面を離れても、身体はもう一方の足でバランスをとることができる。かかとが広がり、土ふまずができ、足の指は親指も含めて同じ方向を向く。こうでなければヒトは歩いて進めない。ヒトは歩行する際、一歩一歩かかとで地面をけり、土ふまずのある足をおろし、そして最後に親指を押すようにして前に進む。アファレンシスの場合、こんなふうにスムーズに連続した動きがみられたかどうか疑いがあったが、メアリー・リーキーのある発見により、ついにこの問題に終止符が打たれた。この発見は、他の人であっ

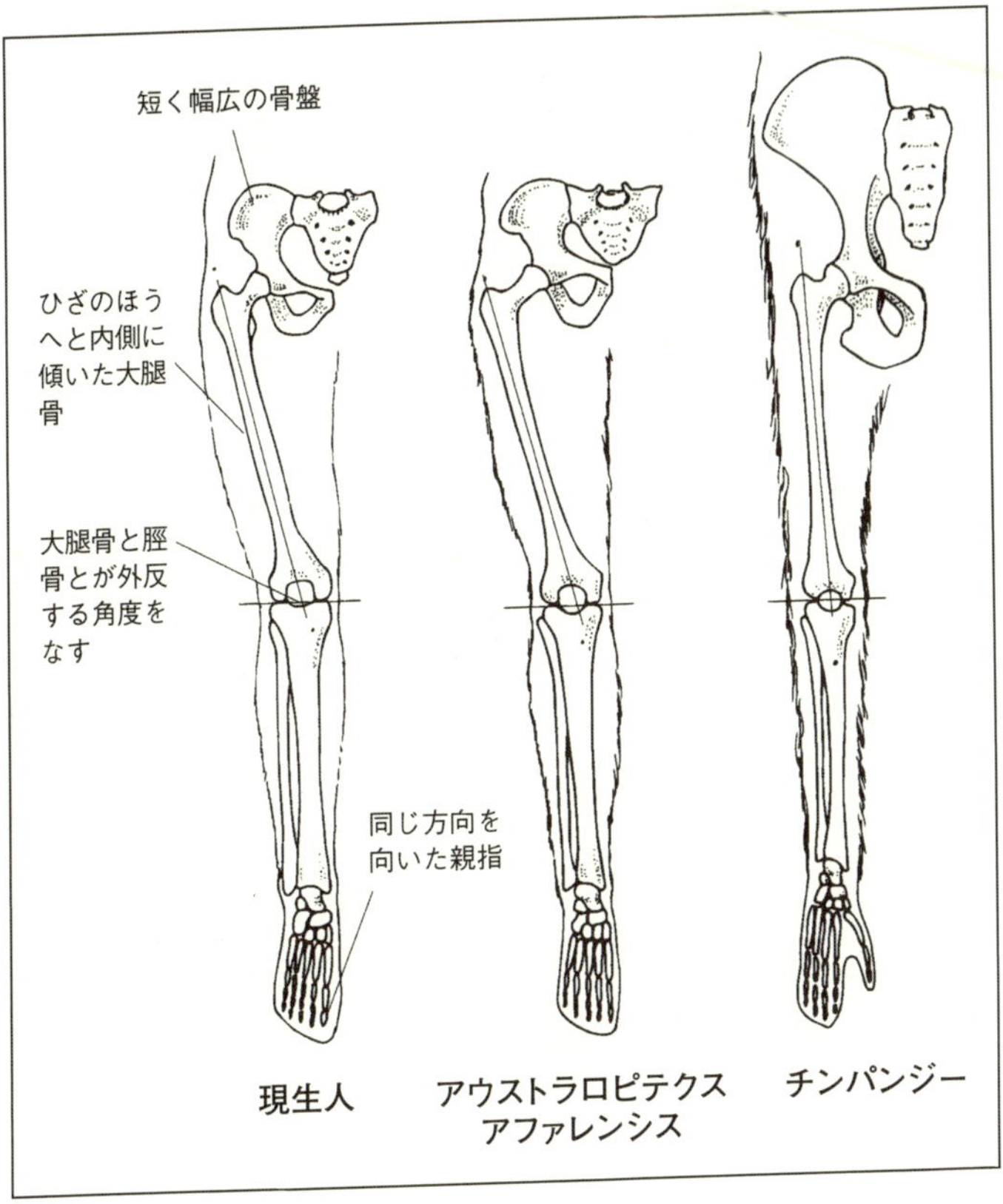

図 2-8
現生人類、アウストラロピテクス・アファレンシス、チンパンジーそれぞれの下肢。（D・C・ジョハンソン&M・E・エディ『ルーシー――謎の女性と人類の進化』（1981）による）

たら例外なく一世一代の大手柄となっただろう。ラエトリでの発掘作業中、彼女のチームが二七メートルも続く足跡を発見したのである。これは約三六〇万年前、二人のアファレンシスが並んで歩いた足跡だった。長い年月をへて、軟らかい土の表面が硬くなっていた。かかとをけって進むこと、土ふまずがあること、指が同じ方向を向いていること、という点で、これは現生人が軟らかい地面をはだしで歩いたときの足跡と合致する。

古生物学者がゼロから二足歩行類人猿を考え出そうとしても、アウストラロピテクス・アファレンシスより説得力のある種は考えられないだろうし、ヒトが類人猿の系統にくみすることをこれ以上納得させる証拠もないだろう。この立場に反論する人にとって、アファレンシスは、発見から半世紀前にテネシー法廷（高校で進化論を教えることの是非を争った）で進化論を弁護した辣腕のクラレンス・ダローよりしゃくにさわる存在なのだ。

二足歩行の利点

さて、ここで、こんなふうに考えている人もいるだろう。「わかった、二足歩行する類人猿だね。しかし、どうして二足歩行になったのか？」――自然淘汰がどんなふうに作用して、類人猿の二足歩行が始まったのだろうか。二足歩行する強みとは？　これは些細な疑問ではなく、簡単に答えられるものでもない。類人猿に二足歩行を促したものは何か、という問いについて考えれば、最も可能性の高い理由は「環境の変化」である。一〇〇〇万～五〇〇〇万年前、地球全体の気候が寒冷化し乾燥したことで、森の面積は縮小し、あるいはまばらになった。その一方で、大草原が拡大した。アフリカとユーラシアで一〇〇〇万年前に生活していたさまざまな類人猿を含め、森での生活に適応していた多くの動物にとって、この気候の変化は悲運だった。ところが赤道付近のアフリカでは、ある種の類人猿が地面におりて多くの時間を過ごすようになり、状況の変化に適応していった。地上での生活は、新たな難題とチャンスをもたらした。この新しい条件では、解剖学的構造と行動の両面でいささかなりとも仲間より生殖能力のまさる個体が有利である。後からみれば、解剖学的構造の最も重要な利点は、二足で歩いたり走ったりする能力が向上したことだといえそうだ。

二足歩行を基盤とする生活様式へは、長い年月をかけて徐々に移行したのかもしれない。あるいは、六五〇〇万~五〇〇〇万年前、地球全体で気温・湿度が劇的に落ち込んだのを受けてアフリカの環境が変化するとともに、ヒトの生活も一変した可能性もある。この間、南極の氷冠が周期的に成長して、世界の大洋から大量の水を吸収したため、地中海は干上がった。地中海がかわきはじめると、隣接する大陸では森林が加速度をつけて縮小していった。アフリカでは、レイヨウの種がみるみる急増した。ヒトの系統もここであらわれたのかもしれない。もしそうなら、ヒトの登場は、何もなかった長い年月のあと突然劇的に起こったひとつの事件である。今のところ、これはまだ推測の域を出ないが、東アフリカで今後も調査が継続されれば、そのうちこの正否を明らかにする化石が出土することだろう。

地上で生活する類人猿が二足で歩く利点とは何だろうか。第一に、たぶん最も明らかなのは、腕と手を使って、食糧をあの木立からこの木立へと運んだり、仲間のところにもっていったりできることだ。そのうえ、ダーウィンが一世紀前に記したように、いまや手で道具を作るのも使うのも自由だ。ところが現在、この見解には疑問もある。なぜならば、現在のサルのレベルを超えて道具を使うようになったのは、たかだか二五〇万年前、二足歩行を始めてかなりの年月がたったあとだったことが、遺物からわかっているからだ。これほど明白でない利点としては、地上に住む類人猿が二足歩行すれば、あまり多くのエネルギーを消費せずに、木立からこの木立へと移動することができたのではないだろうか。日中、外で食糧を探さざるをえないとしても、熱射病になる危険は減っただろう。ぎらぎら降り注ぐ太陽光線も、直立していれば、斜めに背中にあたるだけですむ。

現代の実験では、二足歩行でエネルギー効率が増すかどうかまだ確証がない。しかし動植物化石は、二足歩行の類人猿、とくに最初期のものがうっそうとした木々に囲まれて生活していたことを示している。ヒトが日陰の少ないサヴァンナに入り込んだのは、一七〇万年ほど前にすぎない。それから困難な環境を乗り越えるために、これまでと違う身体形態へと進化していったのである。こういうわけで、なぜ二足歩行かについて、新たな説明が今なお待たれている。カリフォルニア科学アカデミーのニナ・ジャブロンスキーとジョージ・チャプリンによる説明は、なかなか興味をそそる。自由に動き回るチンパンジーとゴリラが直立するのはおもに食糧やメスをめぐってお互いを威嚇しあうときである、ということに二人は注目した。両腕を振り回した胸を叩いたり、また時には誇示効果を高めようとして木の枝を振りかざしたりもする。オスゴリラは脅されたと感じると、攻撃する前によく立ち上がる。チンパンジーは居丈高に毛を逆立て、相手を萎縮させせようとする。相手が引き下がらなければ、決死の暴力闘争に発展することもある。いうまでもなく、ヒトも身分や意図をポーズで示す。そこでジャブロンスキーとチャプリンは、こう考えた。初期の二足歩行類人猿の間では、立ち上がるにせよあとずさりするにせよ、とにかく直立して威嚇なり譲歩なりを示すことが、暴力という事態を回避するのに重要だったのではないか。森が姿を消し、望ましい食物が一部の狭い区域に集中したならば、互いに攻撃しあう場面は前より増えただろう。そこで二足で立ち、緊張状況を和らげることができれば、暴力沙汰による死傷のリスクが減る。当然、生殖の可能性は高まるだろう。この筋書きでは、二足歩行は、物を持ったり道具を使ったりしやすくなる前に、社会的寛容を促すうえで重要な役割を果たしていたといえる。

二足歩行類人猿の繁栄

二足歩行の第一の利点は何か。この問題の決定的結論はいつまでたっても出そうにない。しかし、二足歩行が重要であったことはたしかだ。二足歩行類人猿は、ただ生き残っただけでなく、数が増え、繁栄したのだから。ラミダスがアナメンシスとアファレンシスの祖先かどうか、という点では人類学者の意見が分かれるが、三五〇万～二五〇万年前に二足歩行する種が複数現われたということでは、大半が同意している（図2－3）。二五〇万年前までには、かなりの違いのある二足歩行する種が少なくとも二種類存在していた。ひとつはのちに頑丈型アウストラロピテクス類になる系統であり、もうひとつはヒト属、ひいては私たちにつながる系統である。

記録の多いのは「頑丈型」で、アラン・ウォーカーと共同調査者らが一九八六年、ケニア北部トゥルカナ湖西にある遺跡から華々しく出土した頭蓋骨について分析している。頭蓋骨は、地中でマンガンが浸透し青黒く変色していたため、「ブラック・スカル」と呼ばれる（図2－9）。顔はアファレンシスに似て、あご部分がぐっと前に突出しているが、ロブストスとボイセイのように大臼歯が非常に大きく、頭蓋上部には、とさか状の骨がしっかり隆起している。今では一般に、パラントロプス・エチオピクスという種に分類され、アファレンシスとボイセイ／ロブストスとの間をつなぐものと考えられる。二五〇万～二〇〇万年前とされる東アフリカのほかの遺跡では、エチオピクスあるいは初期のボイセイの特徴を示すあごと遊離歯が発見されている。

第二の系統に話を移すと、二〇〇万年前以前はまれにしかあらわれていないものの、その起源はアフリカヌスあるいはそれに似た種だ、と人類学者の多くは長いこと考えてきた。東アフリカからは、アフリカヌスに似た化石がまだ発見されていない。そのかわり、一九九九年には同じくらい古くまったく予想外の種がもたらされた。

ヨハンネス・ハイレ＝セラシエは、アラミスでアルディピテクス・ラミダスの骨格の一部を

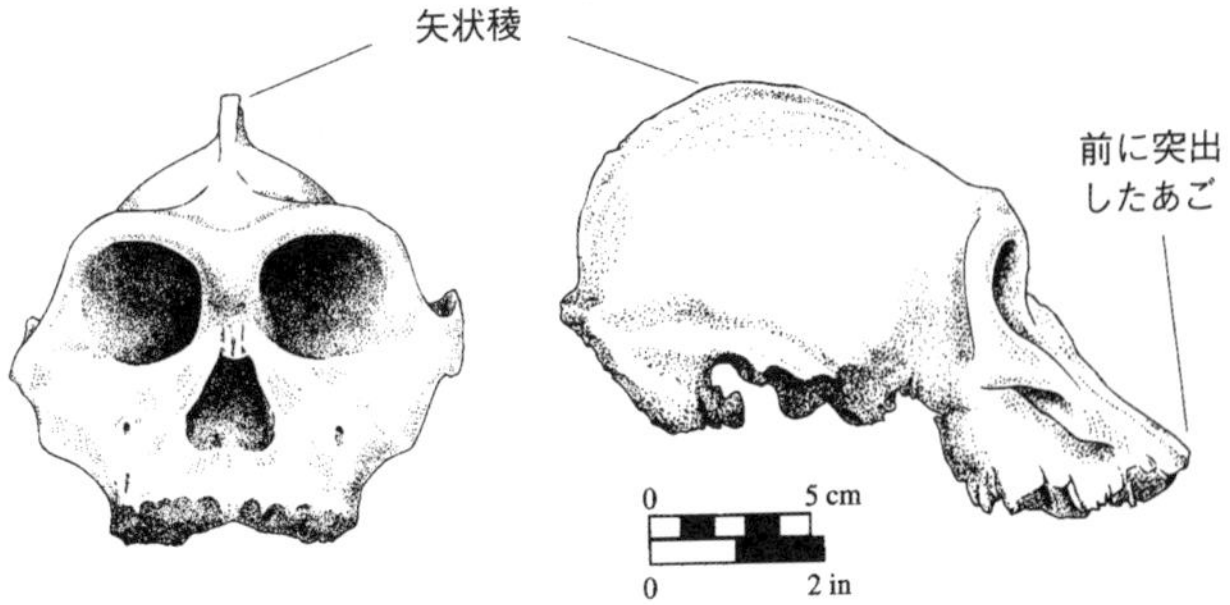

パラントロプス・エチオピクス
（ケニア国立博物館ウェスト・トゥルカナ標本No.17000）

図2-9
トゥルカナ西部（ケニア）から出土した「ブラック・スカル」（パラントロプス・エチオピクス）。（写真をもとにしたキャスリン・クルーズ＝ウリーベによる絵）
Ⓒ Kathryn Cruz-Uribe

発見して三年後、ミドル・アワシュ・ヴァレーのアラミスから南にあたるブーリの地面で、頭蓋骨片を見つけた。近くの岩や骨片をひっくり返しながら苦労して調べた結果、チームは見事に頭蓋骨を組み立て直すことができた（図２-10）。他の場所の同一堆積物から出た下あごも、おそらく同じ種だ。カリウム／アルゴン年代測定によれば、約二五〇万年前に存在し、アウストラロピテクス・アフリカヌスとパラントロプス・エチオピクスの両方と同時代になる。とはいえ、そのどちらにもまったく当てはまらない。脳を納めた頭蓋骨の部分は、もしばらばらに発見されていたら、アファレンシスと間違えられたかもしれない。逆に形とプロポーションから考えれば、あごと歯を見て、後のヒトのものだと思ってしまいそうだ。ただ、歯が異例なほど大きいのだが。小臼歯と臼歯は、大きさで頑丈型アウストラロピテクス類と同じ、あるいはそれ以上である。しかし頑丈型アウストラロピテクス類と反対に、これは切歯と犬歯も大きいのだ。ティム・ホワイトは「大きい歯と原初的形態が結びついていたことは、驚きだった。誰も予想できなかっただろう」と述べている。ホワイトらは、この種をアウストラロピテクス・ガルヒと名づけた。「ガルヒ」とはアファール語で「驚き」を意味する。『サイエンス』誌一九九九年四月二三日号で、彼らはこう記した。「定義がどうあれ、ガルヒは初期ホモの祖先として、場所も年代も問題ない。形態上、初期ホモの祖先でないとはいえるものはない」。ブーリから出土したガルヒのものと思われる四肢骨から考えると、前腕は類人猿のように上腕に比べて長かったが、ヒトのように上腕に比べ太ももが長い。いいかえれば、ヒトが類人猿から枝分かれするうち、前腕が短くなる前に、脚が長くなったと思われる。

初期のヒトの系統には、実際のところ、二つあるいは三つの系統がある。もし二五〇万年前までに分岐していたならば、ガルヒはそのひとつの祖先でしかない。三〇〇万~二〇〇万年前の東アフリカ化石は、その前の数百万年分より記録が乏しい。しかしこれは偶然保存され偶然発見された、ということの結果であって、アウストラロピテクス類あるいはその子孫が数を減らしていったわけではない。つまり化石ハンティングが続けば、ガルヒ以後にもさらなる「驚き」がもたらされるだろう。二〇〇一年三月、これを実感させる発表があった。ミーヴ・リーキー率いるチームが、トゥルカナ湖の西から三五〇万年前の堂々たる頭蓋骨が出土したと発表

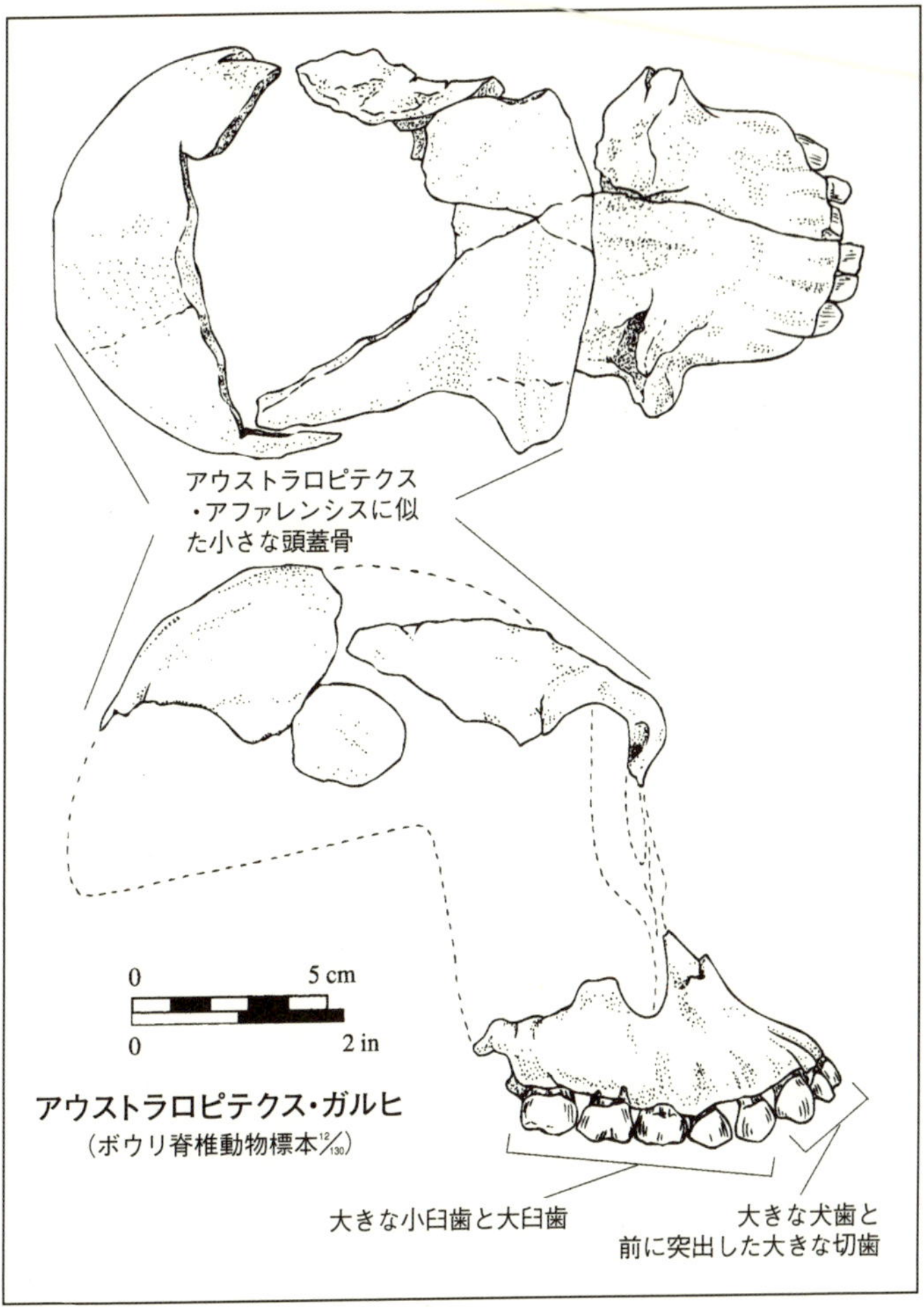

図 2-10
ミドル・アワッシュ・ヴァレー（エチオピア）ボウリから出土したアウストラロピテクス・ガルヒの頭蓋骨。（写真をもとにしたキャスリン・クルーズ=ウリーべによる絵）Ⓒ Kathryn Cruz-Uribe

したのである。この新発見以前の学界では、比較的よく知られた四〇〇万〜三〇〇〇万年前のヒト化石が属する進化系統はただひとつ、アナメンシスとその直接の子孫であるアファレンシスであるとみなされていた。この頭蓋骨の歯はアナメンシス、アファレンシスの両方と同じく厚いエナメルに覆われていた。またすべてのアウストラロピテクス類の頭蓋骨と同様に、脳も類人猿並みで小さい。しかし大臼歯はアファレンシス、アナメンシスよりはるかに小さく、顔は平面的で、前に出てもいなかった。個々の特徴はアウストラロピテクス類の他種にもみられるといえ、結びつきかたがユニークだ。リーキーと共同調査者は、これを新しい種、ケニアントロプス・プラティオプスと名づけた。「ケニアの平べったい顔のヒト」という意味である。

この平面的な顔と額の形を見ると、プラティオプスは、ずっと大きい脳をもった一九〇万年前のケニアの頭蓋骨（今日では、ホモ・ルドルフェンシスとされることが多い）を先どりしている。しかし顔の相似は単なる偶然という可能性もある。プラティオプスとホモ、さらにほかのアウストラロピテクス類との関係を明らかにするには、もっと多くの新しい化石が必要だろう。さしあたり、プラティオプスが重要である理由は、サル、レイヨウ他の哺乳動物のように、初期人類が早いうちから同時に複数の種類に枝分かれしていたことを証明するからだ。これから二、三年もすれば、人類学者が頭を悩ませるのは、二足歩行がなぜ成功したかではなく、むしろ二足歩行によってどんなふうに種が増えていったか、という問題になるかもしれない。

第3章　一七〇万年前の藪の中

想像してほしい。東アフリカのサバンナでキャンプをするとして、テントも道具も家庭用品も、四駆自動車もなく、キャンプファイアすらできないとしたら、どうだろう。身体も小さく、身にまとうものもない。二足で歩くといっても、本書読者の半分弱の脳しかないとしたら。近くの川や泉に行けば、水には困らない。危険を感じたら、長い腕を使ってすぐ林に逃げ込めばいい。大きなネコ科動物やハイエナなど、こちらを狙う肉食動物に追いかけられたらとてもかなわないが、その代わり木登りは得意だ。しかし、食糧はどうする？　生き抜くのに必要な食糧を、どうやって見つけようか？

二五〇万年前頃、二足歩行していたやせっぽちが革命的発見をし、このおかげでサバイバルの可能性がおおいに高まった。生活の場とする林地やサバンナでは、肉食動物の襲撃、事故、病気、飢えのせいで、レイヨウ、シマウマ、イノシシなど、哺乳動物が死んでいる。この死体の肉や骨髄には、肉食動物や死肉あさりする清掃動物が目をつけているのだが、全部ひとりじめするとは限らない。これがチャンスだった。二足歩行するが体力のない彼らは、あることを発見する。もしうまく石と石をぶつけると、先のとがった薄い剥片ができ、シマウマやガゼルの死体の皮に穴を開けるのに使える。同じ剥片で、筋肉と骨をつなぐ腱も切れる。ネコなどの肉食動物は長い犬歯を使って死体から肉をはぐが、自分たちはその代わりに、石の剥片を使えばいい。また重い石を使えば、骨を割って栄養（脂肪たっぷりの骨髄）を取れることも発見した。ハイエナが同じ目的で使うハンマー状の小臼歯を、無意識にまねしているわけだ。石器を使用すると、用いなかったときよりも生殖上も有利になる。そうしてたちまちのうちに道具を使うヒトが増えていった。身体構造上のマイナス点を道具の使用で補い、肉食動物並みの行動ができるようになる。こうして、脳と行動が相互に作用しながら進化していく準備が整った。この進化は、ありとあらゆる状況に文化を唯一の武器として適応できる現生人に行き着くのだ。

世界最古の石器

知られているなかで世界最古とされる石器が、初期アウストラロピテクス類化石で有名なエチオピア北・中央部のアワシュ・ヴァレーから出土したことは当然だろう。アワシュ・ヴァレーの一、二の発掘現場には、六〇〇万年前から最近までヒトの進化全域にまたがる古代河川・湖の堆積物が含まれているからだ。化石・人工遺物ハンターは、堆積物が浸食された中から化石や人工遺物を探す。目当ての物を見つけると、まずそれがどの地層に含まれていたか確定しようとする。その地層が手つかずのまま近くに残っていたら、「原位置」（最初にあった場所）にまだ封じ込められているお目当ての品を掘り出そうとする。

最古の人工遺物が出土したのは、北はハダールから南はブーリとアラミスへと広がる、アワシュ川支流のゴナ川流水域である（図3－1）。ラトガーズ大学の考古学者ジャック・ハリスが一九七六年に最初に発見したのだが、そのハリスとエチオピア人共同研究者セレシ・セマウらのチームが原位置にある人工遺物を多数発掘して、地質学的時代を確定したのは、九二年から九四年のことだ。二つの別々の遺跡から、一〇〇〇個を超える標本が発掘された。さらに発掘場所近くの浸食されて地表に顔を出した約二〇〇〇個も加わった。

ゴナで人工遺物を作った人たちは、古代の河床から火山礫や大礫を選びこんで材料にした。刃のとがった剥片、剥片を削ったあとの切子面のついた石核、石核を叩くのに使われた石槌が残っていた。剥片を安定的に手に入れるには、石核の端に斜めの角度で衝撃を与えればいい、と彼らは間違いなく理解していた。このように剥片が割れたあと、衝撃面に隣り合う内側に、「打瘤」というはっきりしたふくらみがあらわれる。考古学者はこのふくらみを頼りに、人間が作った剥片と自然に砕けた石片を区別している。川の中や滝の下にある岩どうしが衝突した場合は、角度がもっと斜めになり、普通はっきりしたふくらみもできない。ゴナの剥片には、きまってこのふくらみがある（図3－2）。しかも出土しているのはシルトの、低エネルギー氾濫原による堆積物で、自然な衝突は起こりにくい。したがって、これが人工遺物であることは確実とみられる。

　ゴナの人工遺物が地質学的にどれほど古いかは、カリウム／アルゴン年代測定法と古地磁気による年代測定法によっても確かめられている。まずカリウム／アルゴン法で、石器包含層の上の火山灰が二五〇万年前に蓄積されたことがわかった。古地磁気測定法は、地球の磁場が何度も一八〇度転換したこと――コンパスの針の示す方向が、周期的に北から南へと変わり、また北へ戻る、ということ――を利用している。火山岩や細かい粉状の堆積物（ゴナも同様だ）に含まれる鉄の粒子は、当時の磁場の方向をいまなお示しており、地球的規模で磁場が変化した年代は、火山岩から確かめられている（図3-3）。地球物理学者たちは、現在のように磁場が北を向いている場合は「正」、南をさしているときを「逆」と呼ぶ。ゴナの石器包含層のすぐ下にある堆積物は、北から南へ変化したことを記録しており、この転換が二六〇万年前に起こったこともわかっている。カリウム／アルゴン法と古地磁気法をあわせると、ゴナの人工遺物は二六〇万～二五〇万年前と考えられる。

　それより古い人工遺物もあるかもしれないが、南アフリカとほかの東アフリカの遺跡をみると、ずっと古いということはないだろう。ロブストスが出土したスワルトクランス（南アフリカ）洞窟の約二〇〇万年前の堆積物には、剥片の人工遺物が含まれていたが、アフリカヌスが出土したステルクフォンテインとマカパンスガットの洞窟にあるおよそ三〇〇万～二五〇万年前の堆積物にはそれがない。同様に、アファレンシス化石が多数出土したハダールの三四〇万

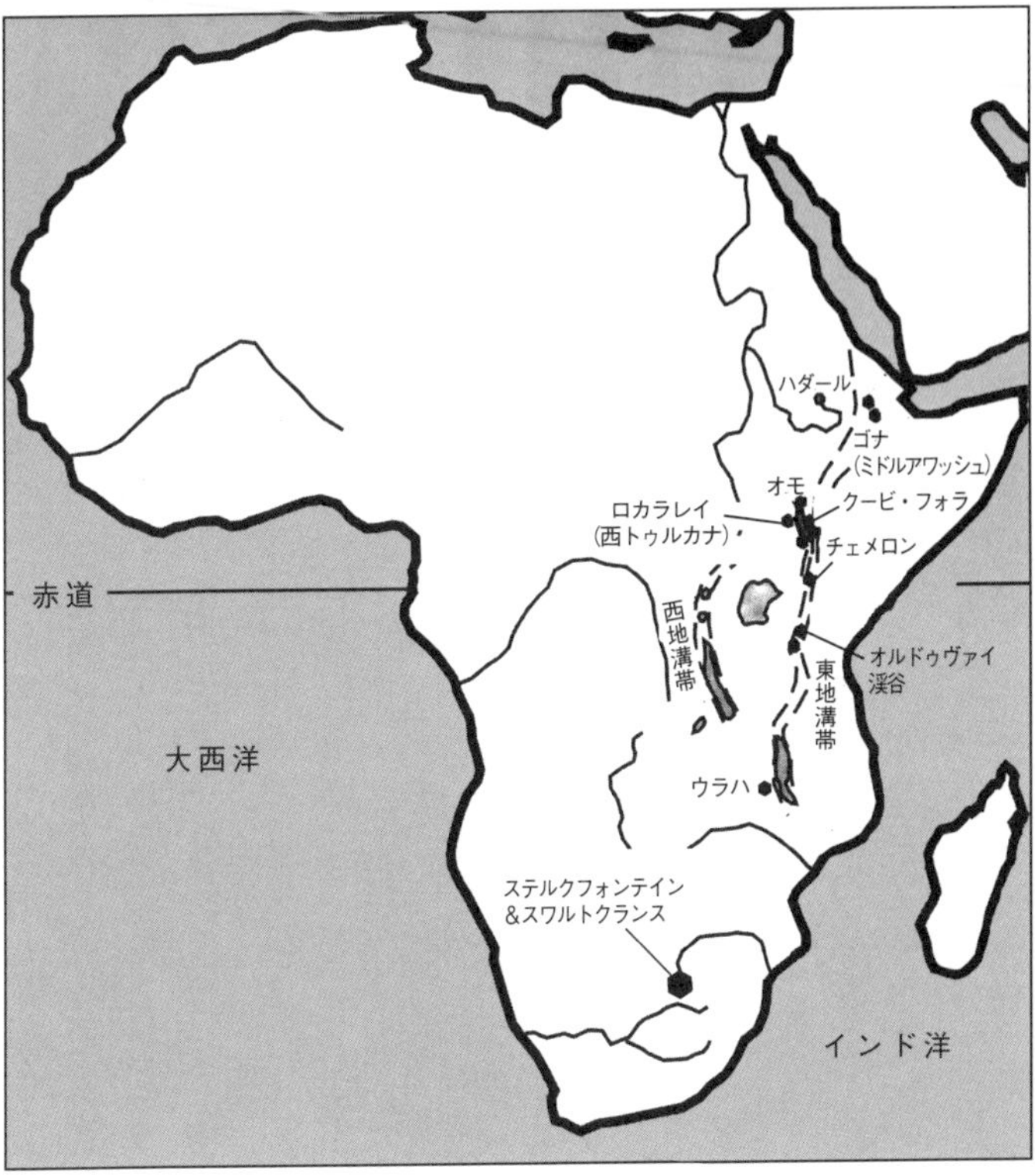

図3-1
本書で取り上げたオルドワン石器、初期ヒト化石が出土した遺跡。

〜二八〇万年前とされる堆積物からは何の人工遺物も出ていないが、二三三万年前とされる新しい遺跡では見つかっている。この新しい遺跡では、その道具を作った人たちの化石も出土しており、特に重要な意味をもつ。南アフリカ、ハダール、ほかの東アフリカの遺跡での観察をすべて考えると、二六〇万〜二五〇万年前というゴナの年代は、剥片石器の使用が始まった実際の年代に、ほぼ重なるといえる。

類人猿に石器はつくれない

ハダール、トゥルカナ湖北のオモ（エチオピア南部）、同湖西のロカラレイ（ケニア北部）からも、ゴナと似た人工遺物が出土しているが、これは二四〇万〜二三〇万年前と推定されている。同様の人工遺物は、東アフリカと南アフリカでは二〇〇万年から一七〇万〜一六〇万年前とされる一一ヵ所の地層からも発見された。南アフリカで人工遺物が発見されたのは、スワルトクランス洞窟とステルクフォンテイン洞窟の堆積物で、後者の場合、アフリカヌス化石が重なっている。最も重要な東アフリカの遺跡は、トゥルカナ湖東岸のクービ・フォラと、タンザニア北部のオルドゥヴァイ渓谷である。まとめていうと、東アフリカと南アフリカの両遺跡は、道具というテクノロジーが用いられてから約一〇〇万年間、あまり変化がなかったことを示している。

オルドゥヴァイの一括遺物については、これもルイス・リーキーとメアリー・リーキーのお

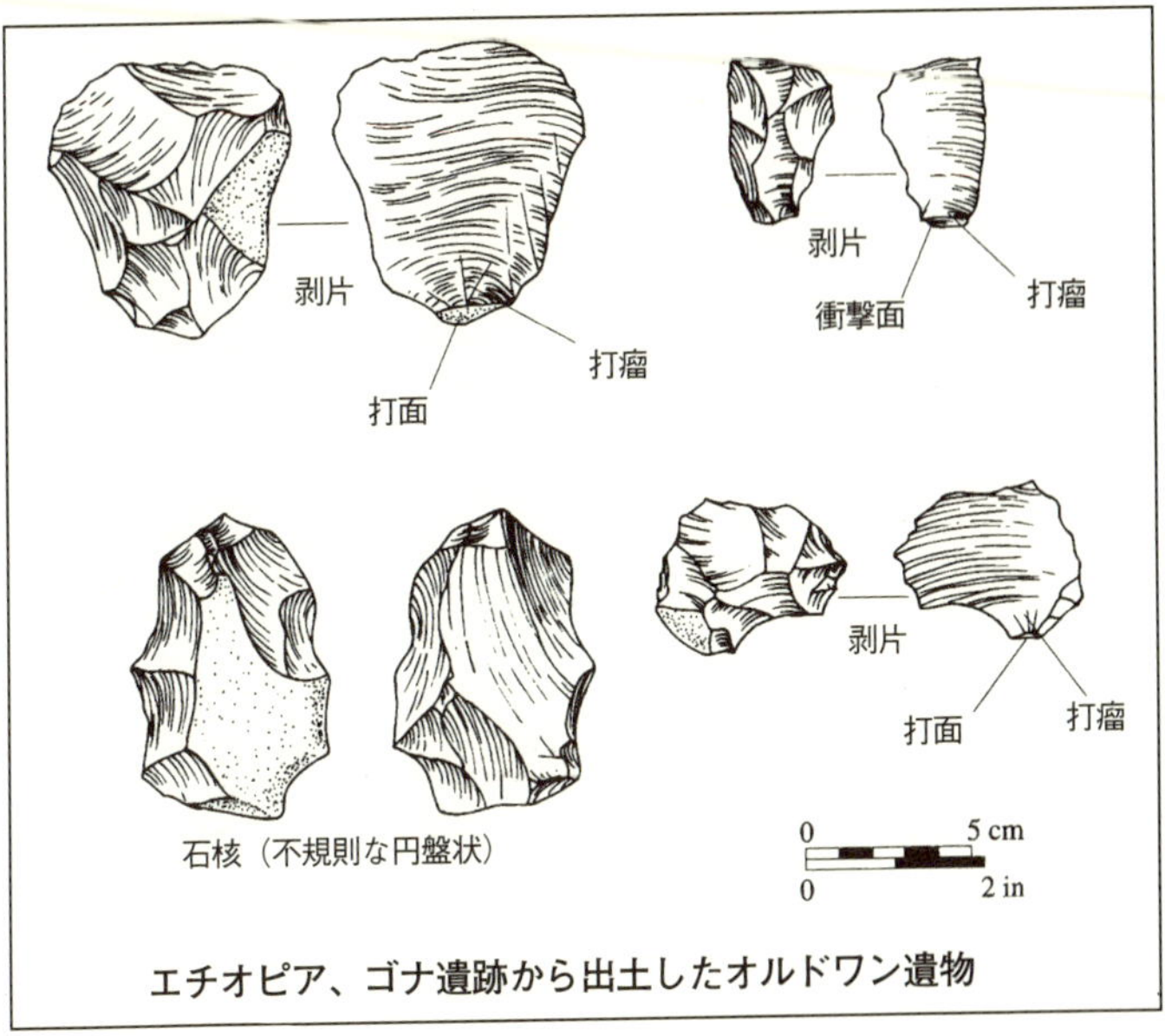

図3-2
ミドル・アワッシュ・ヴァレー（エチオピア）ゴナ遺跡から出土したオルドワン遺物。（『考古科学ジャーナル』27（2000年）、S・シモー論文の図8による）

かげで、とくに細部にいたるまでに記述されてきた。考古学者は同じような一括遺物の石器を「インダストリー」「インダストリアル・コンプレックス」「文化」としてまとめている。ルイスは最古のオルドゥヴァイ人工遺物の総称として「オルドワン・インダストリー」という名前を提案した。一七〇万〜一六〇万年前以前のほかの一括遺物もすべてオルドゥヴァイ遺物によく似ているため、今ではオルドワン・インダストリーとみなされる。メアリー・リーキーはオルドワンの石器について、さきがけとなる分析をおこなった。剥片を取り去ったあとの石核の形と剥片そのものを基本的に区別し、石核と剥片の両方を、おもにサイズ、形、機能によっていくつかのタイプに分類した（図3－4）。剥片の中でも、いくつかの面からさらに小さい剥片を作った後の「二次加工した」剥片には「スクレイパー（掻器）」という名称を用いた。さらに小さいスクレイパーを「ライトデューティ」、大きいスクレイパーを「ヘビーデューティ」と呼んで区別した。石核については、「チョッパー」（一方の面から叩いて作った）と「ディスコイド」「スフェロイド」「ポリヘドロン」（多くの面から叩いて、それぞれ円板、球体、立方体の形に作った）に分けた。チョッパーには、一面だけ叩いて作る以外に、両面から叩いて欠いたものもある。剥がれた面が外側全体に広がっている「両面チョッパー」が原型となり、やがて本当の両面石器（ハンドアックス）へと発展していく。両面石器はオルドワンそのものとしては出ていないが、一七〇万～一六〇万年前のアシュール文化の特徴である。

さらに細かく石器の類型・亜類型に分類する専門家もいるが、しかしおそらくリーキーによるオルドワン一括遺物の形式をごてごて飾った程度にすぎない。オルドワン石器を分類しようとしたことがあれば、あらかじめ定義した類型からはみ出す例外がいかに多いか実感できる。ひとつの道具がいくつもの類型の特徴を兼ね備えることも珍しくない。研究者自身が悩みぬいて主観的に分類整理するしかない。たくみにこの問題の核心をとらえたのが漫画家のゲイリー・ラーソンで、その漫画では、初期のヒトがおおざっぱに作られた石で巨礫にひびを入れよ

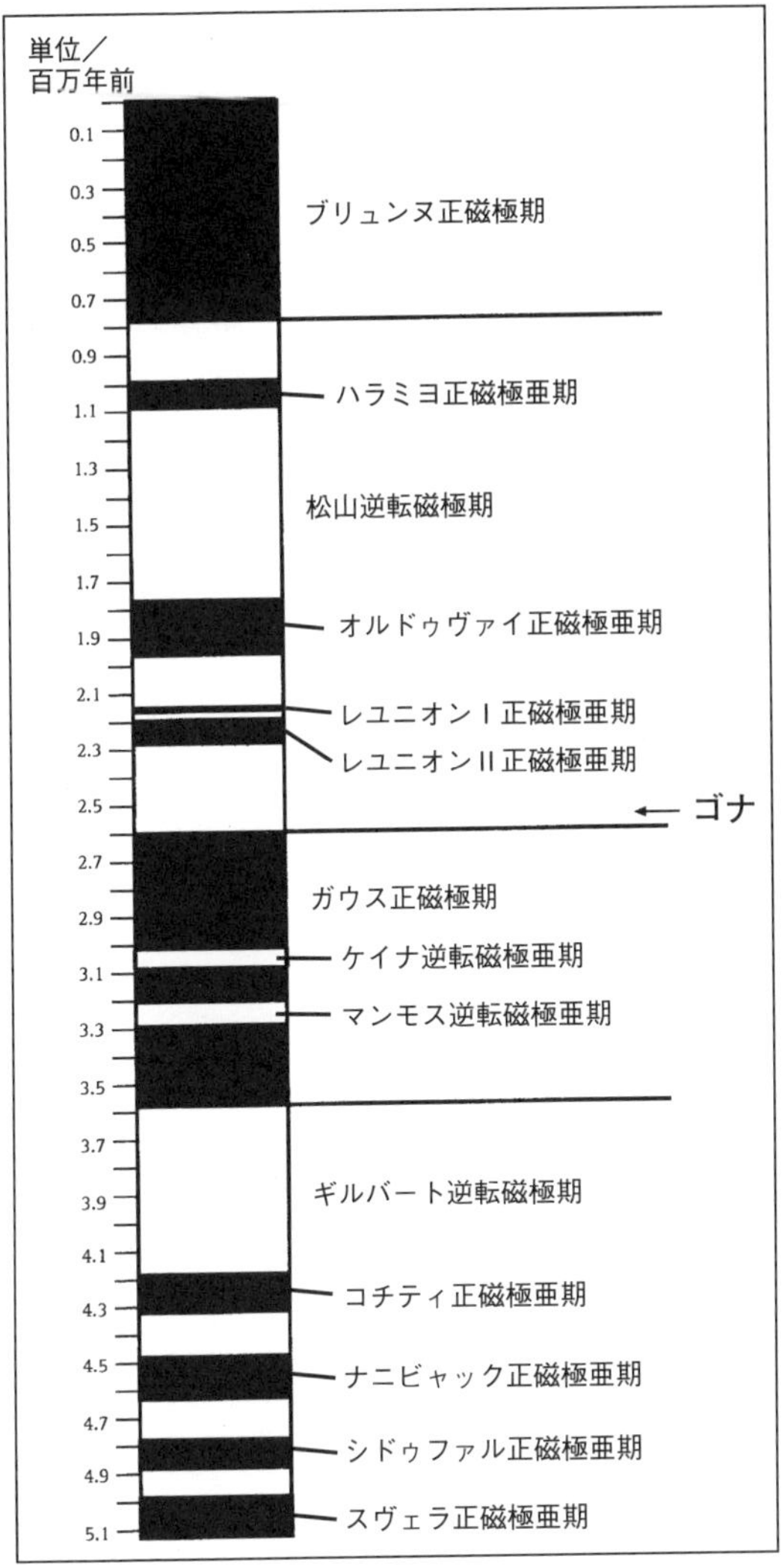

図3-3
500万年前以降の地磁気逆転のタイムテーブル、およびゴナ遺跡の地質時代。
黒く塗りつぶした部分は正磁極、白い部分は逆磁極を示す。地球物理学では、長期間の正・逆磁極がクロン、短期間の場合はサブクロン（亜期）と呼ばれる。

うとしている。うまくいかずにいらだって、道具箱を運ぶアシスタントにこういうのだ。「だから、これは何なんだよ。ハンマーをくれっていったじゃないか。ハンマーだよ！　これはスパナだろう。うん、まあ、ハンマーともいえるかもな。もういらん！」

インディアナ大学の考古学者ニコラス・トスがおこなった実験をみると、オルドワンの石器がこれほど分類しにくい理由も納得できる。トスは剥片石器を実際に作ってみた。オルドワンの石核を複製しようと努力した結果、最終的にどんな形ができるかは、作り手があらかじめ考えたモデルによるのでなく、素材となる石、手を加える前の岩石の破片の形次第とわかった。実験でできた石器は、形がまちまちだった。本物のオルドワン石核も、まさにそれと同じだ。

考古学者たちはよく、オルドワンの人たちの目的は剥片よりも石核だったとみるが、トスは、石核は剥片を作ったあとの副産物だろうと考える。石器で肉を解体する実験をしたところ、刃が長く握る面の広い、重い石核のほうが、大型の死体を分解したり、骨髄を得るために骨を砕いたりしやすい。しかし死体を切り、筋肉の塊を取り除くには、オルドワンのどんな道具よりも、溶岩や新しい石英の剥片が役に立つ。使っているうち剥片がなまってくると、新たに叩いて剥片を作り、作業を続ける。カットマークのある動物骨から、実際トスの考えどおりに、オルドワンの人たちが剥片石器を使っていたことが証明されている。彼らが石器を作るときは、刃を鋭くすることに気をとられ、石核の最終的な形には無頓着だったのだろう。

のちのヒトの水準でいえば、オルドワンの石器技術はかなり粗雑だ。チンパンジーレベルよ

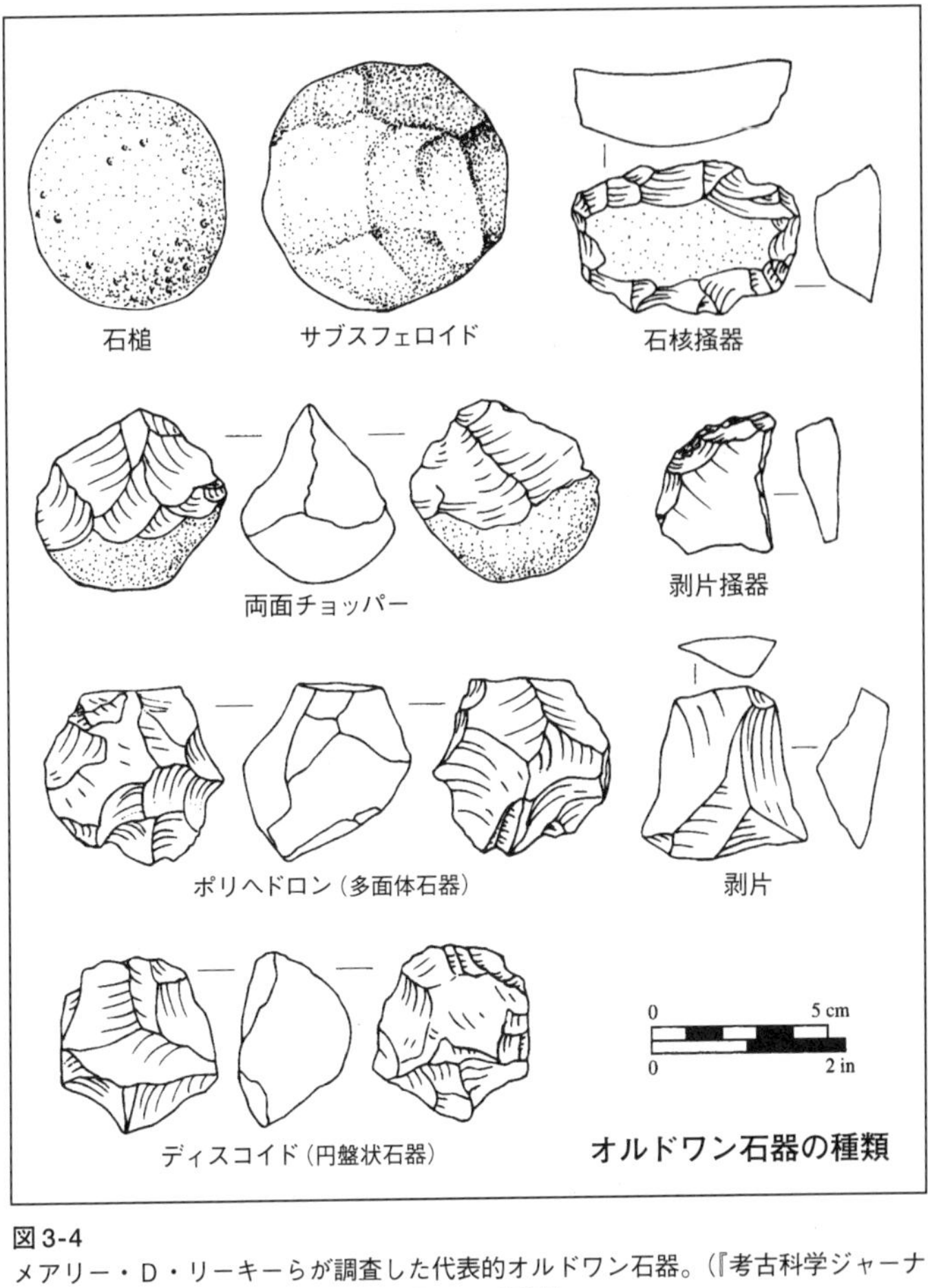

図 3-4
メアリー・D・リーキーらが調査した代表的オルドワン石器。（『考古科学ジャーナル』12（1985年）、N・トス論文の図1より再描）

り上といえるのか？ と思う人がいても当然だろう。トスと共同研究者たちが、アトランタ（ジョージア州）のヤーキス霊長類研究所で、ボノボのカンジを対象に実施した研究によると、答えはおそらく「上」である（ボノボは身体プロポーションと社会的行動の面で、「一般の」チンパンジーと違う。野生では、一般のチンパンジーとは地理的に別の場所で生活し、通常は別々の種とされる。ただし、捕獲された一般のチンパンジーと交配可能である）。心理学者スー・サヴェージ＝ランバウと共同研究者たちは、カンジがまだ幼いとき、シンボルを用いてコミュニケートする能力について、調査を始めた。結果、カンジには並外れた能力があった。トスはすでに、数十人の学生に対して石器の作り方を教えていた。もし類人猿にも教えることができるとしたら、カンジこそその相手にふさわしいのではないか。一九九〇年春、カンジ九歳のとき、トスは石核から鋭い剥片を作る方法と、食べ物の入った箱にかけたナイロンの紐をこの剥片で切る方法を教えてみた。カンジは要点をすぐのみこんだものの、なかなか普通の人間がするように石槌で石核を叩いて剥片を作れなかった。いらいらしたカンジは、たぶんほめられてしかるべきだろうが、まもなく別の方法を編み出した。石核をコンクリートの床に投げつけたのである。

必要とする鋭い刃をもつ道具ができたときもあったが、数ヵ月練習しても、石核にせよ剥片にせよ、オルドワンの水準には達しなかった。石核は度重なる衝撃で変形したらしく、カンジが剥片を作ろうとして失敗を重ねたことがうかがえる。カンジが作った剥片はちっぽけなものばかりで、自然に割れたものと変わらない。最高レベルの教師が教えても、カンジは剥片を作るという技を習得できなかったのである。彼の作品が古代遺跡から見つかったとしても、考古学者には明らかな人工遺物と認められないだろう。目下、カンジの妹パンバンシバも、剥片石器作りを教えられている。一般のチンパンジーを対象に入れる計画もある。考古学者はこの結果を鶴首しているが、これまで上がった証拠からみると、とりわけ知能が高く反応のいい類人猿でさえ、剥片作りの要領をつかむのは難しそうだ。

狩猟か死肉あさりか

オルドワンの人たちは、剥片石器を作っただけではなかった。ゴナ、クービ・フォラ、オルドゥヴァイほかの遺跡では、剥片と石核がクラスター状に蓄積されている。これが世界最古とされる考古学遺跡の特徴だ。土壌の条件がよければ、この石器群に動物骨片が保存される。この動物は一般にレイヨウ、シマウマ、イノシシなどで、チンパンジーが食べていたものよりはるかに大きい。

石器群は一種の野営地のようなもので、そこでオルドワンの人たちが夜な夜な集い、食物を交換し、セックスし、あるいは単に社交を楽しんだ（今日の狩猟採集者たちのように）――と考えたくもなるが、ここまでいくと想像をふくらませすぎだろう。この石器群はもっと日常的に、たとえば人々が安全にものを食べるために集まってくる木立のようなものだったかもしれない。ここまでのところ、炉の跡も出ていなければ、それ以上人々がここで何かおこなったと考えさせるような構造物の跡を明示する石器群もない。

切断したり叩いたりしたしるしがあることからみて、オルドワンの人たちはここで骨を砕いたのだろう。しかし肉食動物によって損壊した標本も多い。ここで、彼らが骨をどうやって手に入れたのか、という疑問が浮上する。考古学者のなかには、狩猟をしたか、あるいはまだ肉のついた死体を狙う肉食動物と対決して追い払い、死肉をあさった、と主張するものもある。もっと消極的に、肉食動物があらかた食べつくしたあとの死体をあさっていたという見解もある。オルドワン・テクノロジーの単純さを考えると、この残りものの死肉あさりとみるほうがあたっていそうだが、直接の証拠がほとんどない。狩猟説や死肉あさり説は、自然主義的・実験的観察に基づいている。たとえば、人々が砕いた四肢の骨幹に、肉食動物はたいてい興味を示さない。骨髄もなく、四肢骨片それじたいは食糧としてほとんど価値がないからだ。オルドワン遺跡では、レイヨウなど動物の四肢の骨幹破片に、肉食動物の歯型がいくつもついている。つまり、肉食動物が食べたあとの死体からあさっていた、ということだろう。肉食動物はまず骨格の最も栄養のある成分を取り外すものだ。肉と骨髄、脂肪が特にたっぷりついている前脚上部の骨（上腕骨と橈尺骨）、後脚上部の骨（大腿骨、脛骨）だが、しかしオルドワン遺跡は、栄養の少ない部分より、こうした骨が多い。人々はしばしば動物の死体に最初に手をつけており、残骸に甘んじる必要がなかったようだ。要するに、狩猟をしたか、あるいは他の動物を追い払って死肉あさりをしたか、である。

しかし、オルドワンの人たちがハイエナの少ない環境を好んだのはライオンなど大型のネコ科動物から直接死肉をあされるからだと考えると、消極的な残り物の死肉あさりもやはり一般的だったろう。ライオンは四肢の骨から肉をはずすとき、骨幹はそのままにすることがよくある。ハイエナがいないところで死肉あさりをすれば、骨髄が豊富で、肉のついていない腕や足の骨を得ることができた。とはいえ、とくに取り除く苦労を考えると、骨髄だけでは食糧として価値が比較的低い。実際にアフリカでライオンがしとめる獲物をはるかにしのぐ数の動物を殺さない限り、骨髄中心の死肉あさりでは栄養不足になってしまう。そのうえ、オルドワン遺跡では、最も栄養のある四肢骨に、肉を切り取ったカットマークがついていることが多い。他の何ものかが死体を解体する前に、彼ら自身が骨を手に入れた、というわけだ。

要するに、今日利用できる証拠からは、狩猟の可能性も、消極的死肉あさりの可能性もある。残っている記録では、確実にどちらとは決められないだろう。しかし、狩猟か死肉あさりか確かでないからといって、根本的な点を曖昧にするべきではない。こういうことだ。二五〇万年前頃、現在のチンパンジーと同様、技術もなく肉食でもない二足歩行をするヒトが進化を遂げ、剥片石器の作り方を習得した。そしてこの新たに発見した知識を使って、従来野菜中心だった食事に、かつてないほど大量の肉と骨髄が加わったのだ。

ここまで読んできて、みなさんにはこのオルドワンの人たちとは、誰なんだ？　と考え込んでしまったかもしれない。どの種に属していたが、どんなふうだったのか？　この問いに取り組むため、アウストラロピテクス類とその進化の歴史を簡単に振り返っておこう。二五〇万年前以前に生存していたアウストラロピテクス類の種どうしの関係については、人類学者でも意見が分かれている。ケニアントロプス・プラティオプスの最近の発見は、この論争をあおるだけだった。これが発見される前は、アウストラロピテクス・アファレンシスが三五〇万〜三〇〇万年前の唯一のヒトであり、これがのちのヒトすべての祖先だったという点で学者はたいてい合意していた。今でも、一部か全部かはともかく、ヒトの祖先として最も妥当だろう。けれども、プラティオプスによって、別の選択肢を考えざるをえなくなった。今後新たな発見があって、もしプラティオプスのように予期せざるアウストラロピテクス類の種がまた明らかになれば、結局選択の幅が広がるだけかもしれない。依然として明らかなのは、オルドワンで二五〇万年前頃に石器があらわれたとき、ヒトは少なくとも二つの系統に分かれて進化しつつあったということだ。ひとつはのちの頑丈型アウストラロピテクス類にむかう系統、もうひとつはヒト属にいたる系統である（図３-５）。

この二つの系統がいつ分かれたのかはわからない。しかし理屈に合うある作業仮説ではこうなっている。――二八〇万〜二五〇万年前、気候が一変し、アフリカのほとんどで湿度が低下

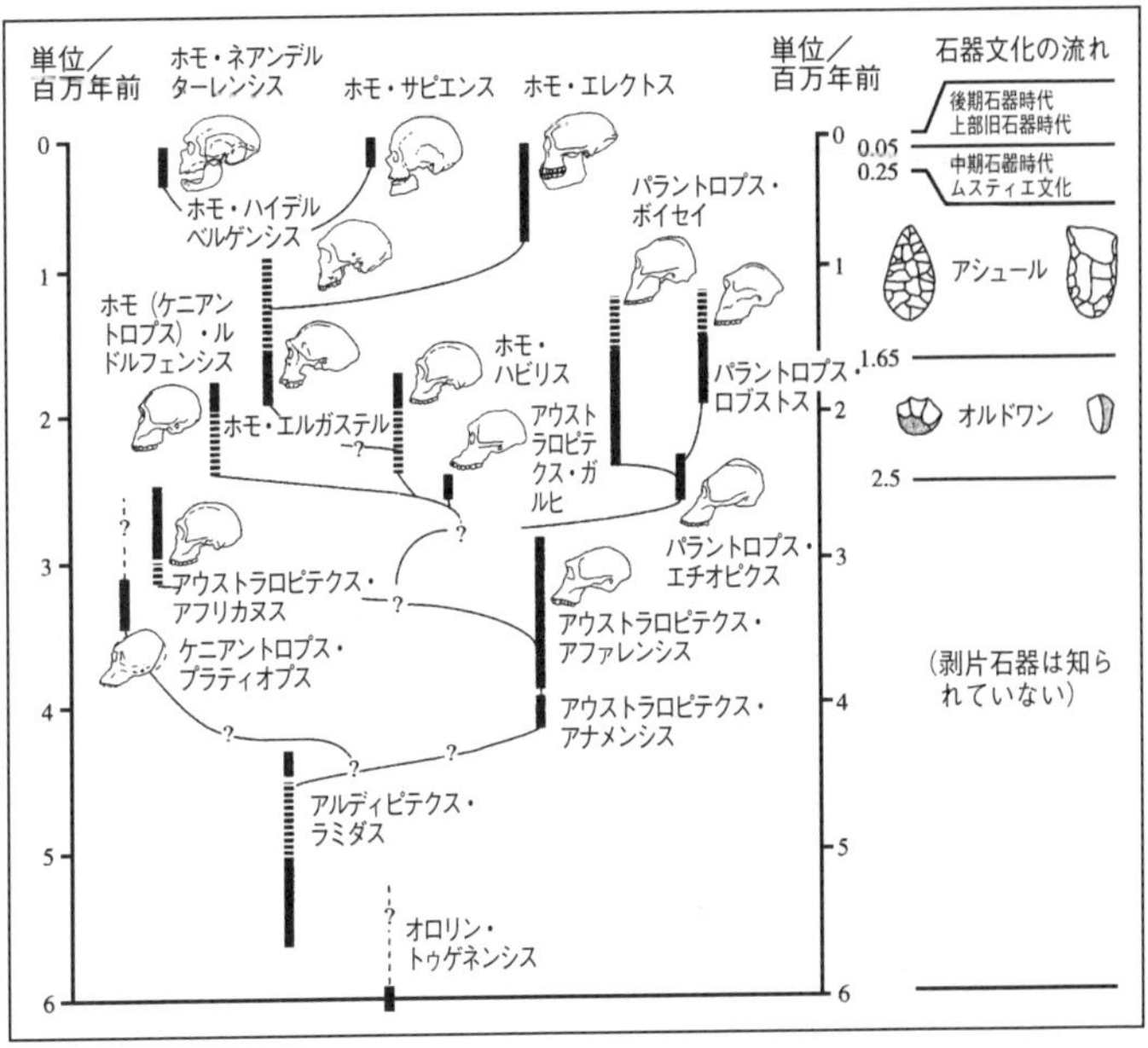

図3-5
ヒトの系統図。点線は証明されていないことを示す。アウトラインは確定しているが、今後新しい発見によって、枝どうしの関係が修正されるかもしれない。

した。それがきっかけで、レイヨウなどの哺乳動物は絶滅するものもあれば、新たにあらわれた種もあり、このときにヒトが突然分岐した。ここで重要なポイントは、オルドワンの道具が登場したとき、すでに枝分かれしていたということである。したがって、道具を作った人たちについて、複数の可能性を考える必要がある。初期ホモであることは疑いない。しかし頑丈型アウストラロピテクス類はどうだろうか？　この問いは現実性もないのに仮説を立てようとするわけではない。南アフリカのスワルトクランス洞窟で、剥片石器はロブストスと一緒に発見されているし、オルドゥヴァイ渓谷と他の遺跡でも、東アフリカにおけるいとこにあたる、ボイセイとともに出土している。

ニューヨーク州立大学（ストーニー・ブルック）の人類学者ランドール・サスマンは、頑丈型アウストラロピテクス類がオルドワンの人工遺物を作ったかどうか判断する際、親指の法則なるものを考え出した。チンパンジーの手は親指が短く、四本の指は曲がって先が細い。この構造では握力が強くなり、木の枝をつかむのに都合がいい。これと反対に、人間は親指が太くずんぐりしており、四本の指は短くまっすぐで指先も太い。人間はこの手を使って、正確にものを握る。壺を開ける、鉛筆で書く、剥片を作るのにうってつけだ。チンパンジーと人間の違いは、親指の中手骨（手首と親指の間にある、手のひらの端の骨）をみると、明らかだ。チンパンジーの場合、親指の中手骨は比較的短く、特に親指の第一の骨（指骨）とつながる端の部分が狭い（図3-6）。他方、人間の場合は比較的長く幅広い。親指側の端が幅広いこととあわせ、三つの筋肉に付着面を与える。チンパンジーにはこれがない。他方、人間はこの構造のおかげでしっかりものを握れるのだ。

アウストラロピテクス・アファレンシスの発掘現場では何の道具も出土せず、またサスマンの法則に照らせば、アファレンシスの親指の中手骨はチンパンジーに似ているため、何か道具を用いたとは予想できない。ずっとあとに登場するホモ・エレクトスとホモ・ネアンデルター

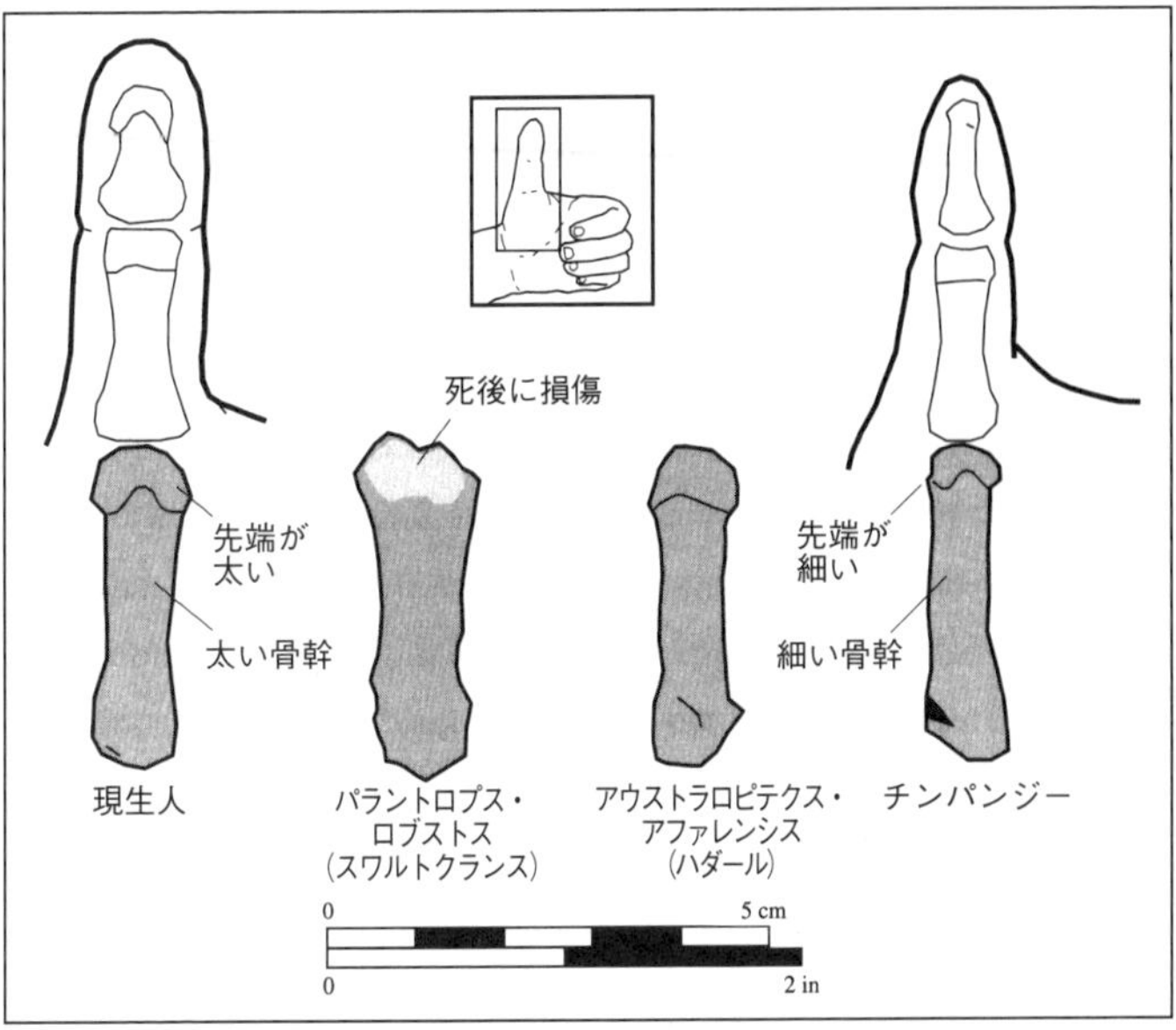

図3-6
現生人、パラントロプス・ロブストス、アウストラロピテクス・アファレンシス、チンパンジーそれぞれの親指中手骨。(『サイエンス』265 (1994年)、R・L・サスマン論文の図3による)

レンシスになると、たくさんの道具を用いていた。予想どおり、両者とも親指の中手骨は典型的な人間と同じだ。道具は頑丈型アウストラロピテクス類の遺跡でも出土しているが、しかしこの場合、同じ遺跡から初期ホモの骨も含まれるから、予測はできない。ここがやっかいなところだ。初期ホモと頑丈型アウストラロピテクスがすっきり分けられるのは、歯と頭蓋骨だけである。ほとんどの遺跡で出土する遊離四肢骨はどちらの骨といっても通用しそうだ。スワルトクランスでは、これらの骨に一個の親指中手骨が含まれている。ロブストスのものと確定される歯と頭蓋骨の部分が、ホモのそれを大きく上回るため、サスマンはこれをロブストスとみなしている。形の上では、この中手骨は典型的な人間のものだ。サスマンの見解を受け入れるならば、スワルトクランスの石器を一部あるいはすべてロブストスが作ったと考えることもできよう。しかし問題がある。この中手指はホモのものかもしれない。かなりあとに登場する人間の親指中手骨に酷似しているから、おそらくそうだろう。すなわち、親指中手骨の形からは、ロブストスが石器製作者とは特定できないことになる。

もちろん、ロブストスと初期ホモが両方とも石器を作った、という可能性もある。しかしもしそうならば、二五〇万年前から、ロブストスと東アフリカのその親戚、ボイセイが一〇〇万年前かその直前に絶滅するまで、別々の道具の伝統があったはずだ。オルドワンの道具は粗末すぎて、別々の伝統といえないかもしれない。けれども、一七〇万〜一六〇万年前、オルドワンにとって代わったアシュール・インダストリー（文化）の道具は形式が整っており、ここで示唆される進歩した石器の伝統はただひとつだけだ。アシュール文化の伝統が、ヒトのみによってもたらされたことは疑いがない。頑丈型アウストラロピテクス類が姿を消してかなりたったあとも、この文化は残ったのだから。

だからといって、ロブストスがまったく道具を作らなかったというわけではない。スワルトクランスで、また近郊のドリモーレン洞窟で、磨かれた骨片が数個発見されている。ロブストスが作ったとも考えられる。レプリカでの実験によると、骨片を使ってシロアリの巣を切り開こうとするとこんなふうになる。チンパンジーはシロアリが好物で、木の枝に手を加えたものを使ってシロアリの巣を探る集団もある。ロブストスがこの戦略に基づいて工夫を加え、より攻撃的な方法に発展させていたとすれば、ここから彼らの歯のエナメル質の特異な炭素構成が説明できよう。炭素は自然界において、非放射性の二つのアイソトープ――炭素12（^{12}C）と炭素13（^{13}C）――という形をとる。ロブストスが生活していたような熱帯・亜熱帯では、葉や塊茎、果実、木の実に比べ、草のほうが炭素13を豊富に含む傾向がある。動物の歯のエナメル質における炭素12と炭素13の割合には、好みの食物の割合が反映される。ケープタウン大学のジュリア・リー＝ソープ率いる地球化学者チームは、ロブストスのエナメル質に炭素13が比較的多いことを明らかにした。したがって、ロブストスの食事は、草あるいは草食動物が中心だったと考えられる。草食そのものは除外していい。なぜならば、草には小さく堅い粒子（プラントオパール）が含まれており、これを食べると歯にはっきり傷がつくのだが、ロブストスの歯にはこうした跡がないからだ。レイヨウなど草食の哺乳動物を食べていたことも排除できない。しかし、草食のシロアリやほかの無脊椎動物を中心としていたならば、危険はずっと少なくてすんだはずだ。

ホモ・ハビリスとホモ・ルドルフェンシス

頑丈型アウストラロピテクス類を除外すれば、誰がオルドワンの道具を作ったかという問題は簡単に解決できると思われるかもしれない。しかし、話はそう単純ではない。その理由を説明するため、ここで少し戻って、リーキー夫妻のオルドゥヴァイ渓谷調査の歴史についてお話ししよう。最初のヒト化石が頑丈型アウストラロピテクス類、パラントロプス・ボイセイであったことを思い出してほしい。夫妻がこれを発見したのは一九五九年のこと。渓谷の底に近いFLKI遺跡には、無数のオルドワン石器や動物骨片が共伴していた。当然、ボイセイがこの道具を作り、動物骨を収集したのだ、と夫妻は考えた（はじめ二人は資金提供者C・ボイズに敬意を表して、ジンジャントロプス・ボイセイ、つまり「ボイズの東アフリカの人」と称していた。のちに、パラントロプスと改められたが、ジンジャントロプスは俗語として残り、FLKIはよく「FLK‐ジンジ」と呼ばれている）。一九六一年、古人類学界を震撼させる事件があった。ルイス、ジャック・エヴァンデン、ガーニス・カーティス（この二人はカリフォルニア大学バークレー校で、カリウム／アルゴン年代測定法のパイオニアである）が、「ジンジ」と石器は一七五万年前のものだ、と発表したのだ。この年代が革命を引き起こした。そのときまで、ルイス・リーキーを含めておおかたの学者は、人間の進化をたかだか一〇〇万年の出来事と考えていたからだ。それが突然、もっと長い年月をかけて、生物学・行動学的変化に順応したことになった。

「ジンジ」発見によって、リーキー夫妻のもとに資金が集まり、一八〇万〜一六〇万年前のほかのオルドゥヴァイ遺跡でも発掘作業が始まった。そしてまもなく二足歩行する二つめの種の化石を回収した。脳が大きく、歯は小さい。ルイスと同僚の解剖学者フィリップ・トバイアスとジョン・ネイピアは、一九六四年『ネイチャー』誌上で、この化石について発表し、「ホモ・ハビリス」（「器用なヒト」）と名づけた。オルドワン石器を作ったのは、ジンジでなくこのヒトである、という確信がここにあらわれている。ここで脳の拡大によって道具製作が促され、食物を加工処理する道具によって大臼歯はますます小さくなった、という推論が成り立った。「ジンジ」は技術をもたなかったとする点で、本書もこの立場にしたがっている。ところが、ハビリスは長い間きちんと評価されず、ひとつの種であることも、道具を作っていたことも疑問視されている。というのも、それなりの理由がある。

つまり、ハビリスには次のような問題点があった。一九六九年から七五年まで、リーキー夫妻の息子リチャード率いるチームが、トゥルカナ湖（ケニア北部）東岸のクービ・フォラで、一九〇万～一六〇万年前とされる堆積物から、無数の頭蓋骨、あご他の骨を回収した。この年代は、オルドゥヴァイでリーキー夫妻がボイセイとハビリスに確定したのと同じだった。クービ・フォラの標本のなかには明らかにボイセイのものもある。目下お話ししようとすることからいえば、これは脇においていい。もっとヒトらしいものもあるが、オルドゥヴァイのハビリス標本とひとまとめに扱うとすれば、ハビリスはきわめて変異幅が大きいことになる。クービ・フォラの個体のなかには、頭蓋骨が比較的大きく、歯もアウストラロピテクス類並みに大きいものもある。他方、クービ・フォラとオルドゥヴァイから出土したもののなかにはアウストラロピテクス類並みの小さい頭蓋骨、ヒト並みの小さい歯をもつものもある（図3－7）。脳容量はオルドゥヴァイとクービ・フォラの八つの頭蓋骨から推定すると、平均六三〇ccだが、これは小さいもので五一〇ccから、大きいものは七五〇ccまでかなり幅がある。最も小さい頭蓋骨と最も大きい頭蓋骨は、ともにクービ・フォラから出土している。同一堆積物中の四肢骨から、身体の大きさもかなりまちまちであることがうかがえる。この差を、アウストラロピテクス類の特徴である性的二型がまだ色濃く残っているのだ、と考える専門家もいる。いや、ハビリスには二つの種が混じっている、とみる専門家もある。脳が小さく、歯も小さい種は、今でも時々「ハビリス」と呼ばれる。ルイス・リーキーらが一九六四年に示した定義に、もっとぴったり合致するからだ。それと同時代のヒトで脳も歯ももっと大きければ、新しい名称が必要になるだろう。そこでトゥルカナ湖が植民地時代に「ルドルフ湖」と呼ばれていたことにちなみ、ホモ・ルドルフェンシスという名前が提唱されている。

二つの種があったことを受け入れるとしても、私たちを含め、のちのヒトの祖先はどちらかひとつであると考えられる。どちらかに確定するのは難しい。脳が拡大したことを重視するならば、明らかにルドルフェンシスに分がある。しかし歯と顔が縮小したことに力点をおくと、ハビリスのほうがよさそうだ。遊離した大きい大腿骨がルドルフェンシスのものとすれば、四肢骨はこちらに軍配を上げる。この大腿骨は、大きさと形では後のヒトの大腿骨によく似ている。つまり知られているアウストラロピテクス類のなかで、ルドルフェンシスはずば抜けて大

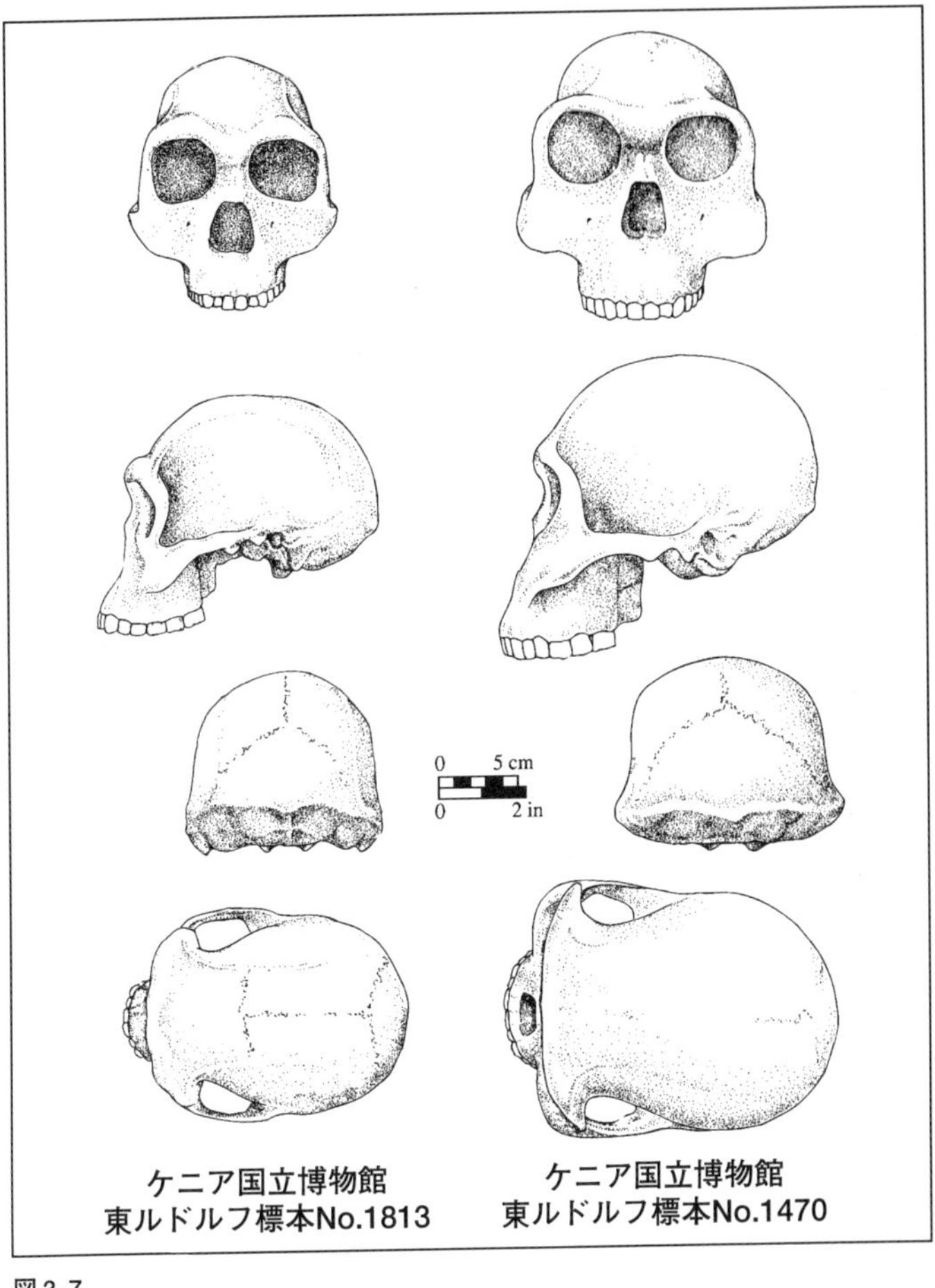

図 3-7
ケニア北部トゥルカナ湖東岸の堆積物から出土したホモ・ハビリスの頭蓋骨（復元）。
（『アフリカの哺乳動物の進化』所収、F・C・ハウエル画、図10-9を再描）
左側の頭蓋骨をホモ・ハビリス、右側の頭蓋骨をそれとは別にホモ・ルドルフェンシスとして区分する学者もいる。

きい、と考えられる。反対に、きわめて断片的な部分骨格二体は、狭義のハビリスのものとされるが、身体が非常に小づくり（ある個体は身長がわずか一メートルのものも）で、脚の長さに比べ腕がかなり長いことがうかがえる。ルドルフェンシスのアウストラロピテクス類に似た歯列、ハビリスのアウストラロピテクス類的な身体、脳の小ささを考えると、ヒト属ではなくアウストラロピテクス属に位置づける学者もある。これは結局定義の問題だ。答えが出ても、オルドゥヴァイとクービ・フォラで同じ堆積物から出土するオルドワン石器を作ったのがハビリスか、ルドルフェンシスか、あるいは両方なのか、それを判断する助けにはならない。今のところは、残念ながら、答えようがないのだ。実際に別々の種であるとすれば、行動、生態にどのような違いがあるのかを考えるしかない。

ヒトと猿人をつなぐのはガルヒか？

一九〇万〜一六〇万年前、解剖学的構造やサイズの違うヒトが何種類存在していたか。今後これを最終的に決定できるだけの骨がさらに回収されれば、ハビリス／ルドルフェンシスの謎はおそらく解決できるだろう。もし将来の発見によって、二パターンのみとされたら、顕著な性的二型を特徴とする単一の種が存在していた、と考えられる。四パターンあったということであれば、種は二つで、それぞれに男女差があった、という結論になる。また、現地調査でより完全な骨格が回収され、一方あるいは両方の種の身体サイズとプロポーションが確かめられるならば、問題は解決するかもしれない。しかしいずれにせよ、あくまで「もしも」の話であり、化石発見のペースから考えれば、すぐに実現できるとは思えない。

二〇〇万年前以前のハビリス／ルドルフェンシスの歴史を知ることも、いうまでもなく不可欠だ。ルドルフェンシスの顔や額の特徴は、三五〇万年前のケニアントロプス・プラティオプスを連想させる。もしこの相似が祖先・子孫関係を暗示するならば、ルドルフェンシスはホモでなく、ケニアントロプスだということになる。そうすると、頭を悩ませる初期ホモの変異幅は減る。しかしプラティオプスとルドルフェンシスを結びつける、三五〇万～一九〇万年前の化石はひとつもなく、脳や歯の大きさなどの面で両者の違いはきわめて大きい。したがって、今のところ、どんな関係がありうるかという判断は控えるほうが賢明だろう。確かなのは、二五〇万年前までにはハビリス／ルドルフェンシスをもたらした系統（ひとつか複数か）がはっきり分かれていたことである。これに対応する頑丈型アウストラロピテクス類の系統が、この頃にはすでにあらわれていたからだ。

プラティオプスはさておき、残念ながら、二〇〇万年前以前のハビリス／ルドルフェンシスを記録しているような化石は、これまで三つ――チェメロン（ケニア）で頭蓋骨片、ウラハ（マラウィ）で下あご、ハダール（エチオピア）で上あご――しか出土していない（図3－8）。ハダールのあごは、チェメロンの頭蓋骨片よりホモであることが明らかで、ウラハのあごよりも年代が確定しているから、最も重要である。化石をおおう火山灰のカリウム／アルゴン分析によれば、ハダールのあごは二三三万年前直前のものとされる。そしてこれは多くの点でヒトに似ている。たとえば、大臼歯の幅は狭く、、鼻孔下の上あごがあまり突出せず、歯列が放物線状である（片側の第三臼歯から反対側の第三臼歯まで、舌で歯の一本一本をなぞると放物線を描く）。アウストラロピテクスの場合、大臼歯の幅がかなり広く、上あごはぐっと前に出、歯列はU字型になる傾向がある。あごが発見された近くで、ウィリアム・キンベル率いるハダールチームは、同じ堆積物から浸食で洗い出されたオルドワン・チョッパー三個と剥片石器一七個を発見した。この発掘作業で、もうひとつの石核の道具、一三個の剥片石器も回収された。動物骨片もいくつか見つかっており、このひとつには、石器痕らしきものがついていた。これまでのところ、ヒト化石と直接結びつく人工遺物では、これが発見された最古のものである。

ハダールのあごをみても、二〇〇万年前以前のヒトらしいほかの二つの化石からも、脳の大きさはわからない。しかしもし剥片石器と脳の拡張に密接な関係があるとしたら、脳は二五〇万年前には拡張し始めていたはずだ。今後の発見で、このことが確証されるかもしれない——し、されないかもしれない。ブーリ（エチオピア）から出土したアウストラロピテクス・ガルヒの頭蓋骨（前章で述べた）は、疑ってかかればいくらでも疑問符がつく。歯列はのちのホモのものに近いが、脳を納める頭蓋骨はアウストラロピテクス類並みに小さく、ヒトを予想することはできないからだ。ブーリの堆積物から石器はひとつも発見されていないが、石器で切断され折られた動物骨は出土している。近くのゴナとは違い、ブーリには剥片石器を作るのにふ

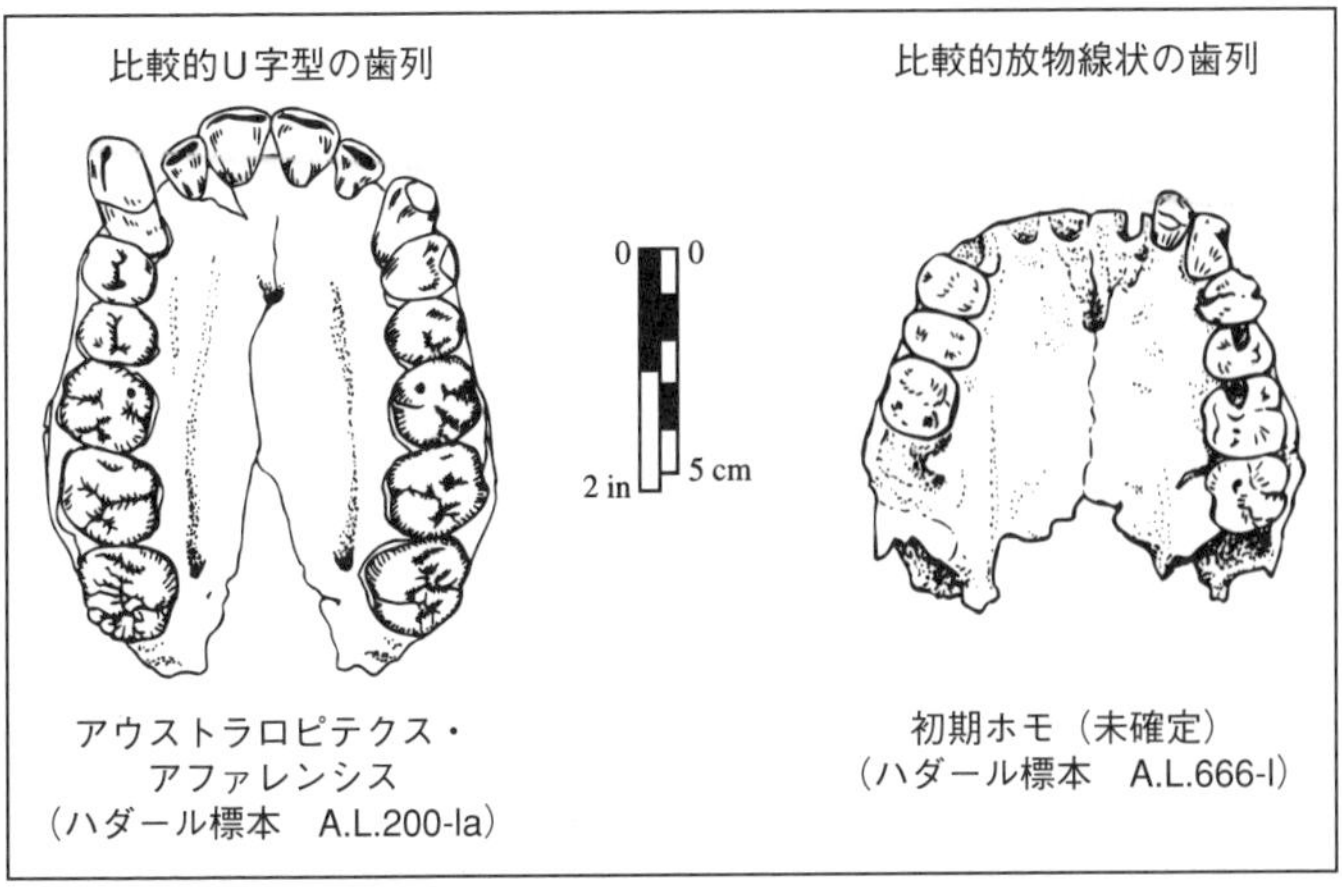

図3-8
ハダール（エチオピア）から出土したアウストラロピテクス・アファレンシスと初期ホモの上あご。（写真をもとにしたキャサリン・クルーズ=ウリーべによる絵）

さわしい大礫などの岩石片がなかった。ヒトがこの地にやってきたとき、ゴナのような場所に戻れる日まで、道具をとっておいたのかもしれない。もしそうならば、将来のことについてあらかじめ考えていたわけで、紛れもなく人間的である。彼らが損壊した骨をみると、骨髄を抜き出そうと何度も割られ、叩かれ、ぶつ切りにされたレイヨウの脛骨幹や、骨を取り除き肉をはがすため切断された三趾馬の大腿骨、舌を切る際に内側表面に傷がついたレイヨウの下あごが含まれている。

ここから考えると、一九九九年四月『タイム』誌で示唆されたように、ガルヒこそ「最初の肉屋」だったといえそうだ。しかし、ガルヒの頭蓋骨と石器で傷ついた動物骨を発見したチームのリーダー、ティム・

ホワイトは、慎重な態度をみせる。「これは状況証拠であって、みかけほど説得力がない。たとえばほかのホミニド（ヒト科）が現われて道具をおいていき、その一年後、肉食動物が同じ場所にガルヒの死体を落としていったとも考えられる。……しかし、この環境で生活していたホミニドが石器をもち、大型哺乳動物の死体を加工処理していたことは明らかだ。これこそが非常に重要なのだ。これがガルヒだったかどうかより重要だといってもいいくらいだ」。ホワイトは彼らを「超雑食者」と呼び、食事と行動の両面でおそらくもっと類人猿に近い先祖と区別した。

ホワイト率いるチームは化石や人工遺物を求めて、ブーリの露出面をすべて掘り起こしていった。新しい手がかりが見つかるまでには、今後多くの年月——数十年か、数世紀か——がかかるだろう。ほかにも同様に古い東アフリカ遺跡が発掘を待っている。二五〇万年前で脳の大きい種が、そのどこかで発見されるかもしれない。脳の拡大と剥片石器から進化の適応が始まったと信じる人たちはこの発見に満足するだろう。しかしもしガルヒが大きな脳をもつ仲間と共存していたならば、二五〇万年前までは、ヒトに少なくとも三タイプ——初期頑丈型アウストラロピテクス類、ガルヒ、脳が大きいと推定される種——があったことになる。アウストラロピテクス・アフリカヌスが南アフリカに限定され、二〇〇万年前以前に、子孫を残さず姿を消した、ということを認めるならば（風向きはますますそうなっているようだ）、四タイプ存在したともいえそうだ。

三〇〇万〜二〇〇万年前における人類進化をあらわすには、「藪」という比喩がふさわしかろう。一九〇万〜一六〇万年前のハビリス／ルドルフェンシスの変異幅が大きいのは、実際、藪から突き出した枝先とも考えられる。最終的には化石による記録が明らかにするだろう。しかし、もしこうした藪があったとしても、自然淘汰によって一六〇万年前まではきっちり剪定がすみ、その後には二本の枝だけが残った。それが、頑丈型アウストラロピテクス類と、私たち自身にいたる系統である（図3‐5）。この系統から、一七〇万年前までには、解剖学的構造においてアウストラロピテクス類とはっきり異なる種が生まれていた。これをホモ属とみなすことに、疑問の余地はない。ホモ属は最初の「本当の人類」と呼ばれてきた。人間文化へと続く長い道のりにおいて、彼らは重要な一歩を刻んだ。次章ではこのことについて話を進めよう。

第4章　第三の事件——ヒト、登場する

繰り返しを恐れずにいうと、ヒトの進化はほとんど変化がない年月がずっと続いたあと、いきなり短期間に大変化が起こり、また長い安定期が続き、変化があって中断するという連続である。これまで、七〇〇万～五〇〇万年前に起こった第一の中断らしき事件——二足歩行の類人猿を生み出した——と、これよりは証拠の確実な第二の事件について、お話ししてきた。三〇〇万～二〇〇万年前のこの事件で、ヒトは初めて石器を作り始めた。おのおのの事件の唐突さについては議論の余地があるが、そのあと安定期が続いたことは明らかだ。二足歩行類人猿の解剖学的構造は、一〇〇万年かそれ以上の間、ほとんど変わらなかった。最初期に道具を作ったヒトの解剖学的構造はあまり知られていないが、作った道具に目覚ましい変化がないことから判断して、ほとんど変化はなかっただろう。脳が二足歩行類人猿より大きかったとしても、上半身は類人猿の特徴をとどめていたかもしれないし、両性間でサイズもかなり違っていたかもしれない。もしそうならば、相変わらず木に登ってものを食べ、

避難するような習慣があったとも、男女がほとんど協力しあわない類人猿のような社会組織が持続していたとも考えられる。もっと情報が増えれば、目的と結果はともあれ、彼らが「テクノロジーをもった類人猿」だったといえるのではないか。

ではここで、一八〇万～一七〇万年前頃に起こった第三の事件に目を向けよう。第一、第二の事件以上に記録が残っており、その重要性はまさるともおとらない。というのも、この事件で生まれた種は、脳こそ小さいがそれ以外は解剖学的構造、行動、生態の面で現生人を先どりしている。これをふまえて、彼らは最初の「本当のヒト」と呼べるだろう。本書でもそう呼ぶことにする。早い頃から、最初の本当のヒトは剥片石器技術において大いに進歩をとげた。しかしそれ以降は、解剖学的構造や人工遺物をみても、一〇〇万年かそれ以上の間、意外なほど安定していたようだ。この点で、彼らも先輩たちと同じパターンを踏んでいる。

「トゥルカナ・ボーイ」の発見

一九八四年八月末、カモヤ・キメウはトゥルカナ湖(ケニア北部)西のナリオコトメ川南岸沿いに化石を探していた。キメウは長い間、リチャードとミーヴ・リーキーの古代人骨探査を手伝ってきた。一九九三年で引退するまで、発見した人骨の数はおそらく誰よりも多かった。さてこのとき、彼のチームは二週間前から現場にいたが、大量の化石を採集してもヒトの標本はまったく出てこない。翌日はキャンプを移動する予定だった。他のメンバーが休養をとったり雑用をしたりしている間、キメウは化石を探し続けた。あえて選んだのは掘りにくく、大したものが出そうにない場所だった。一本のアカシアの木に守られているこじんまりした丘で、太陽光にさらされた小峡谷の中にあった。地表には黒い溶岩が散乱していた。浸食されて洗い出された化石は、ヤギとラクダに踏みつけられてしまっただろう。ヒト化石を発見できるとは思われなかった。しかし彼はこれまで、こうした不利な状況で成果を上げてきた。そして今またついにマッチ箱大の黒っぽい骨片が、目に飛び込んできた。まわりの小石とほとんど見分けがつかない。拾い上げたところ、ヒトの絶滅種の額とわかった。

キメウの調査を受けて、リーキー夫妻と仲間の古人類学者アラン・ウォーカーがこの発掘現場に注目した。その後四年間、チームを率いて近くの堆積物を念入りに発掘した結果、完全な頭蓋骨が組み立てられ、しかもそれにともなう骨格もほぼ復元された。骨格は少年のものだった。発見者たちは、親しみをこめてこれを「トゥルカナ・ボーイ」と呼んだ。骨格を閉じ込めていた堆積物の分析から、少年が沼に埋まったのは一五〇万年前頃とわかった。一〇年前、それより一八〇万年も古い堆積物で発見されていたルーシー以上に完全な骨格だった。今日でも、一二万年前以前に生存していたヒトのなかで最も骨格が揃っている。トゥルカナ・ボーイの重要性は、ルーシーにも匹敵するものだ。ルーシーのおかげで、彼女の種が二足歩行類人猿だったことに確信をもてるが、トゥルカナ・ボーイは、みずからが本当のヒトであることをはっきり示している。

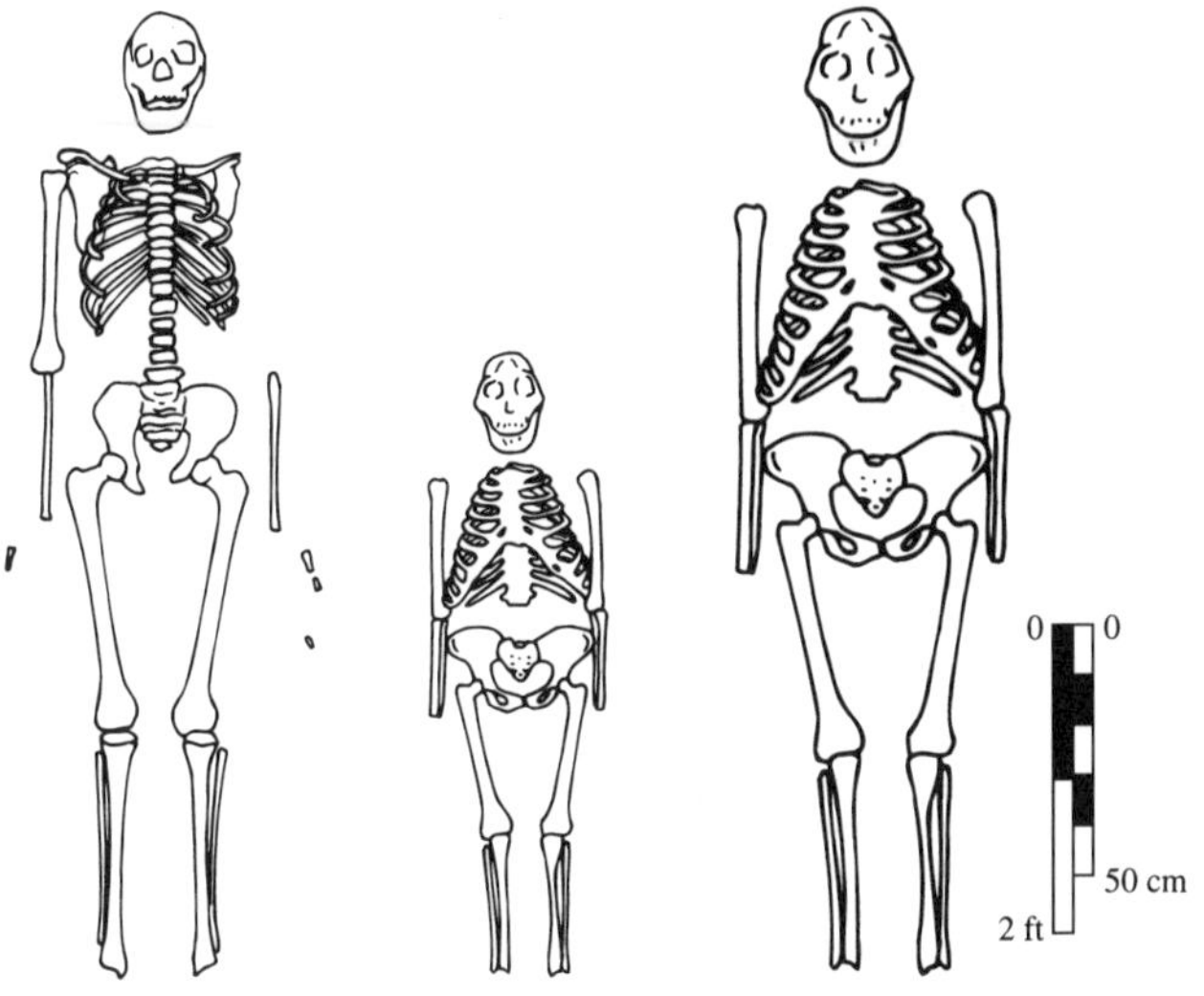

図4-1
トゥルカナ・ボーイとルーシーの身長および身体プロポーション。（C・B・ラフ『進化人類学』2（1993年）を再描）

ルーシーは非常に小柄だった。おそらく身長は一メートル程度しかなかったろう。そして脚のわりに相当腕が長かった。類人猿のように、胴がアイスクリームのコーンやじょうごをひっくり返した形で、骨盤から肩へと上に向かって狭まっている（図4－1）。今日、遠目に見れば、チンパンジーと見違えそうだ。これに対して、トゥルカナ・ボーイは背が高かった。亡くなったとき一メートル六二で、成年になるまで生きていたら、一メートル八二かそれ以上にはなっただろう。今の人たちと同じように、腕は脚に比べてそれほど長くない。細い腰にビア樽型の胸部が載ったような体型で、遠くからみれば、今日ナリオコトメ周辺で羊飼いをしている背の高いトゥルカナ人と間違えるかもしれない。

しかし近寄ってみれば、すぐそうではない、と気づくはずだ。トゥルカナ・ボーイの頭蓋骨と顔には、今日の人なら誰でも驚くだろう（図4−2）。脳はほぼ完全に成熟しているのに、量はわずか八八〇ccどまり。ホモ・ハビリス（そのメンバーらしきものも含めて）の最大量より一三〇cc大きいだけで、現代人平均に比べて四五〇〜五〇〇cc少ない。トゥルカナ・ボーイの大きい身体を考えると、ハビリスより増えたといってもほとんど無視していいだろう。脳頭蓋──頭蓋骨の中で、脳をおさめる部分──は長く低く、頭骨壁はほかに例がないほど厚い。キメウが最初に目を向けたのは、ボーイの額骨片の厚さだった。額は低く平面的で後ろに流れ、眼窩の上にはひさし状の骨（眼窩上隆起）がぐっと出ている。鼻が前に突出し、下を向いた鼻孔はヒトの典型である。この点で彼は類人猿に似て鼻が低いアウストラロピテクス類やハビリスと違う。鼻以外では、特徴としては面長で、あごが突き出し、また下あごと上あごは巨大である。臼歯は、ハビリスやアウストラロピテクス類の平均よりも小さいにせよ、今日の私たちよりずっと大きい。下顎切歯の下にある骨が後ろにぐっと引っ込んでいる。おとがいがまったくなかったのだ。

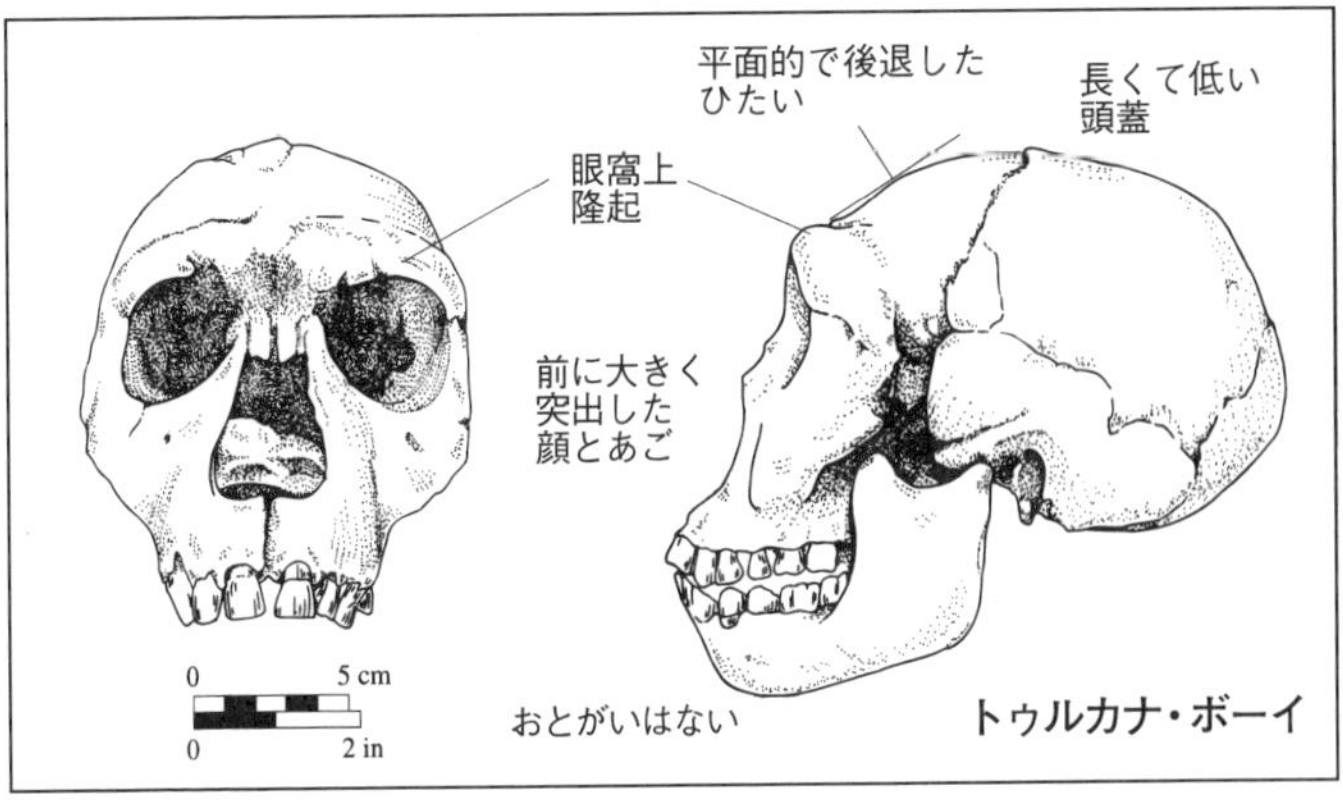

図4-2
トゥルカナ・ボーイの頭蓋骨。（写真と雄型をもとにしたキャスリン・クルーズ=ウリーベによる絵）ⒸKathryn Cruz-Uribe

現生人の胴にハビリス並の頭が乗る、という一見奇妙な組み合わせを考えると、もしその姿を我々がみたとしても、他の星から来た宇宙人か、珍妙な遺伝子実験の産物だと思うのではないか。ある意味で、両方ともあたっている。この「別の星」とは太古の昔に広がっていた私たち自身の世界であり、「実験」とは自然そのものなのである。

ヒトの祖先はエレクトスではなくエルガステル

トゥルカナ・ボーイの骨格のおかげで、彼らの身体構造についてはわからなかった点が明らかになった。しかし一九七〇年代はじめから半ばに、ケニア国立博物館の調査チームは、二つの頭蓋骨、九個の下あごの破片、ボーイよりはるかに不完全な骨格一体、遊離四肢骨（どれもボーイに似ている）をすでに回収していた。この標本が出土したのは、一八〇〜一六〇万年前と測定されるクービ・フォラ（トゥルカナ湖東岸）の堆積物であった。発見時から、初期のヒト、ホモ・エレクトスとされる東アジアの化石に似ていると考えられた。アジアの標本の年代は、いくつかの理由（後述する）から議論が残るが、全部でないにせよ、ほとんどは一〇〇万年前よりも新しいと考えられる。もし、多くの学者が信じているように、クービ・フォラ、ナリオコトメ、東アジアの標本を同種に位置づけてよいならば、エレクトスはアフリカ起源といえる。

東アフリカとアジアの化石が似ていることは疑いようがないが、専門家のなかには、目につきにくく、しかし重要な意味をもちうる相違点を指摘するものもある。平均して、アフリカの頭蓋骨は、東アジアの頭蓋骨よりも頭蓋冠の膨らみが高く頭骨壁が薄いことが多く、顔と眼窩上隆起はそれほど大きくない。こうしたいろいろな点からみて、より原始的であり、特殊化していないといえる。「ホモ・エルガステル」という名称で呼ばれる別の種とかりに考えることもできる。「ホモ・エルガステル」とは、おおざっぱに「働くヒト」という意味だ。はじめは、剥片石器を含む堆積物から出土したクービ・フォラ化石にあてられていた。

エレクトスはホモ・サピエンスの直接の祖先である、というかつて一般的だった概念を受けいれるならば、東アフリカのこの化石をエレクトスでなくエルガステルとしても、問題はない。というのも、エルガステルはエレクトスの初期段階にすぎない、ということになるからだ。しかし、五〇万年前以降と測定される化石を見ると、サピエンスがアフリカで進化する一方、東

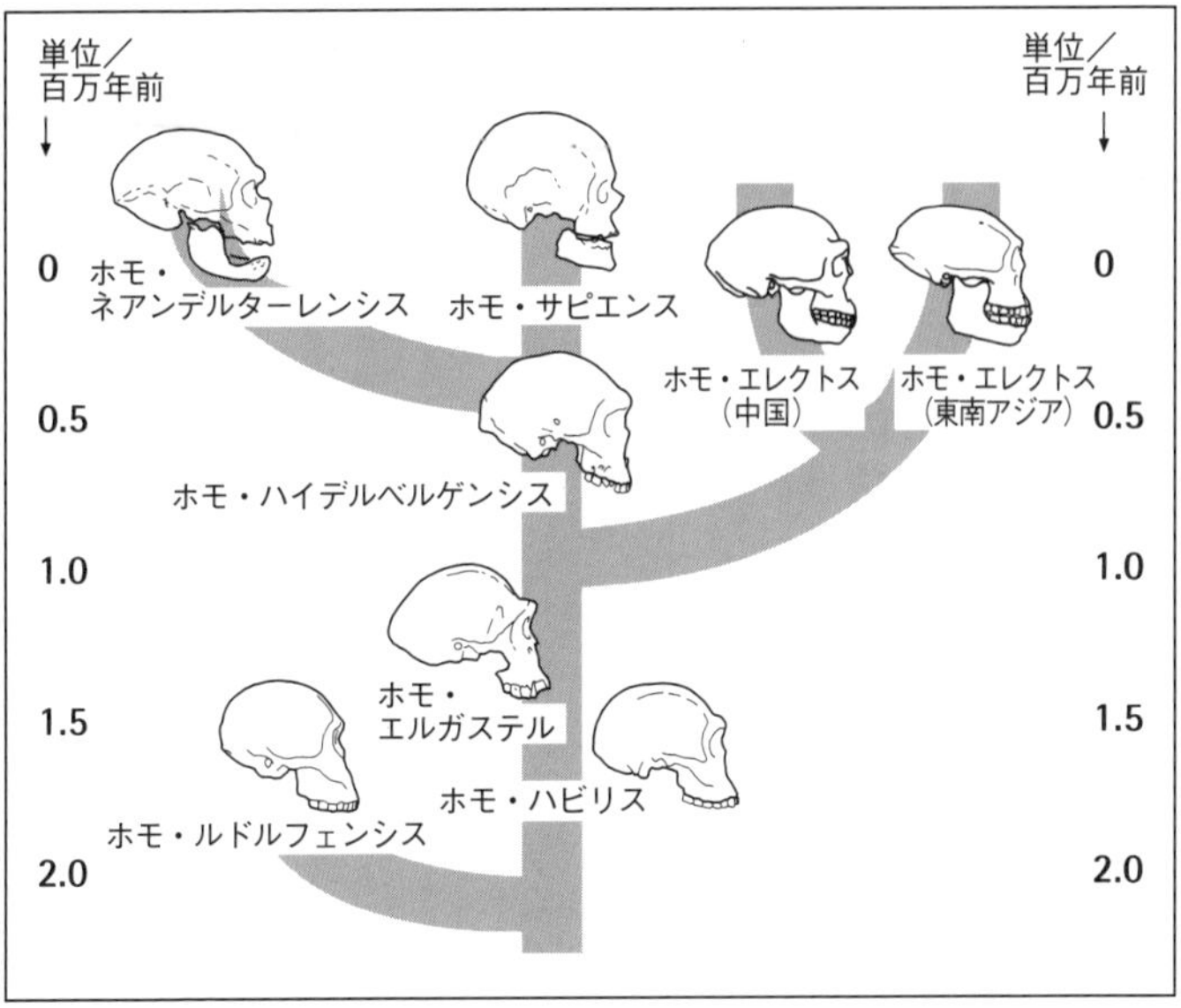

図4-3
ホモ・エルガステルとその後のヒトの間に推測される関係を示す系統図。

アジアのエレクトスはほとんど変化しなかったと思われる（図4-3）。形態や地質学的時代の点で、エルガステルはエレクトスの祖先というばかりでなく、サピエンスの祖先としても位置づけられるだろう。本書では、この立場をとることにする。

エルガステルの祖先が何かは曖昧だが、一七〇万年前頃に東アフリカ各地で起こった雨季・乾季の周期が激化するのに適応するため、ハビリス（あるいは、ハビリスが最終的に分かれていく異型）から突然生じたとも考えられよう。そうでないとしたら、今後の調査によって、三〇〇万〜二〇〇万年前のヒトがあらわれた「藪」の中に光が当てられることだろう。エルガステルがハビリスの異型とはまったく別の枝だった可能性もある。オルドゥヴァイ渓谷で、ハビリス（あるいはその異型）は一六〇万年前まで生存していた。ところがそれ以降、エルガステルだけが生き残った。一〇〇万年前以降のエルガステルの歴史については、関連する化石がほとんど出ていないため、まだ議論の余地がある。しかし現在のところ、六〇万年前頃まで、たいして変化することもなく生き残ったとみられる。その六〇万年前頃になって、脳が急激に大きくなり、新しく高等なヒトが登場するのである。

一五歳の体格、一歳の頭脳

何をどの種に入れるべきか、何が先祖でどれが子孫か、といった論争が、古人類学を支配していると思われることも少なくないが、古人類学者自身には、古代のヒトがどんな姿をし、どんなふうにふるまっていたかを理解することこそ最優先課題であることがわかっている。ミーヴ・リーキーとともに、トゥルカナ・ボーイ発掘を指揮したアラン・ウォーカーとリチャード・リーキーは、この骨格が原始のヒトの生物学を探るうえでまたとないチャンスになる、と思った。そこで同僚の解剖学者を誘って、共同で研究を進め、その結果、エルガステルの全身像が明らかになった。それまでの知識に肉付けするこの記述は、包括的にして集大成といえるもので、刺激にみちていた。

平均すると、エルガステルの脳容量は約九〇〇ccしかない。付随する新種の石器を発明するには十分な大きさだが、道具がそのあと一〇〇万年あまりほとんど変化しなかったのもさもありなんと思える小ささでもある。歯の発達から考えると、ボーイが死んだのはおそらく一一歳前後だろう。しかし体格は今日の一五歳並みで、逆に脳は一歳に近い。ウォーカーはこうしたことを考え合わせ、「トゥルカナ・ボーイは、類人猿の水準に比べればりこうだったかもしれないが、今日の人間と比べると背が高く、力もあり、頭が悪い」と結論づけている。同じことは、脳容量が爆発的に増大し、今日の平均値にかなり近づく前、一八〇万年前から六〇万〜五〇万年前のあらゆるヒトにあてはまるだろう。

身体の形態と大きさに注目するとまた話は別だ。この点で、エルガステルは今日の私たちと同様、「ヒト」的である。脚の長さに比べて腕が短くなり、類人猿のように木に登って食物をとったり避難したりする生活と最終的に縁を切ったことがわかる。地上生活が中心になると、ますます二足歩行に重点がおかれる。これで、腰（骨盤）が狭くなり、同時に胸部がビア樽のように発達した説明がつくだろう。骨盤が狭くなれば、二足歩行する間、両足の筋肉を効率よく動かせる。これに対応して、胸郭下部も狭まらざるをえなくなった。胸容量と肺機能を維持するため、胸郭上部が広がる。そうして、胸が現生人のようなビア樽型になる。また、骨盤が狭くなったことで産道が圧縮され、そのおかげで誕生前の脳の発達が抑えられたに違いない。こうして誕生後も幼児は長年、大人に依存することになった。類をみない長い子育て期間は現生人の特徴だが、それを予見させる。

骨盤が狭まれば、消化管の容量も減ったはずだが、これは同時に食物の質が改善されなければ不可能だ。新たな食物を証明する直接証拠はなく、あっても確かといえない。肉・骨髄の摂取量が増えたか、滋養豊富な塊茎、球根など、地下に栄養をたくわえる組織が増えたか、あるいはその両方だ。料理すれば肉や塊茎が消化しやすくなるから、おそらく当時も料理はしていたと思われるが、しかしこれまでのところ、二五万年前――このときまでには、エルガステルはより高等なヒトに取って代わられていた――に炉や炉端があったとする、強力な証拠は出ていない。

考古学によれば、エルガステルは、暑さと厳しい乾燥が周期的に繰り返すアフリカの環境に植民した初めてのヒトである。赤道付近の現生東アフリカ人のように、トゥルカナ・ボーイの背がひょろっとして手足の長い理由も、一部これで説明できよう。胴が細くなると、皮膚面積よりも身体容量のほうが早く小さくなる。皮膚面積が広いと、熱を逃がしやすい。長い手足も同じ効果がある。熱をためなければならないイヌイット、すなわちエスキモーたちの場合は逆で、体つきはずんぐりして手足も短く、熱のロスを抑える。エルガステルが、前に突き出した鼻をもつ最初のヒトであることも、暑く乾いた環境への適応として説明できる。現生人の場合、普通は体内より外に突き出た鼻のほうが体温は低い。もし鼻がなければ、身体をさかんに動かしていると、水分が蒸発してしまうだろうが、鼻のおかげでそうならずにすむ。最後にもうひとつ、暑く乾燥した気候向きに作られているという点から、エルガステルは体毛の薄い最初のヒトだったと考えられる。もし類人猿のように体毛で覆われていたら、効率よく汗をかけなかったはずだ。発汗とは、ヒトが過度の暑さから身体（と脳）を守るための主要な手段なのだ。トゥルカナ・ボーイの骨格を他の個体の遊離四肢骨と考えあわせると、明らかに、エルガステルは初期のヒトより身長、体重ともに上回っていただけでなく、男女差も現代人並だった。〈男〉が〈女〉よりずっと大きいアウストラロピテクス類や、おそらくハビリスとも、対照的である。類人猿も性差が大きいが、オスは性的に自分を受けいれるメスをめぐって激しく争い、オスとメスの関係は長続きせず、互いの協力もない。エルガステルの男女差が小さいことは、いっそうヒトらしくなったこと、つまり男性間の競争が減り、男女間の関係がより永続的で互いに支えあうという、ヒトに典型的なパターンの始まりを示すともいえるだろう。

アシュール文化の起源

脳が小さいことから考えて、エルガステルが現代人より知的でなかったのは間違いない。脳のサイズしか判断材料がないとしたら、ハビリス（あるいはハビリス／ルドルフェンシス）とは認知的に別物ととらえるべきなのか、と思うかもしれない。しかし、実際には人工遺物も判断材料のひとつであり、これをみれば、たしかに違うことがわかる。これらの道具はまた、エルガステルが乾燥の激しい、周期的に大きく気候が変動する環境に生理的に適応し、どうやって生活していけたのか、どういうふうにアフリカから拡がった（アウト・オブ・アフリカ）最初のヒトになったかを理解する手がかりになる。

最初の道具製作者であるオルドワンの人たちは剥片石器の技術を身につけ、刃の鋭い剥片を上手に作って皮を切り取ったり骨から肉を取り外したりしていた。また、剥片を作る際、ほとんど何の苦もなく石核の形をきちんと整えることもできた。石核石器は、おもに骨を叩き割って骨髄を取り出すために用いられ、その目的にとって、形はほとんど重要でなかった。しかしエルガステルがおこした文化では、しばしば石核石器が意図的に、細心の注意を払って形作られている。石核石器の形が重要なのは明白であった。

この新たな伝統の特徴となる人工遺物はハンドアックス（握斧）、またの名をバイフェース（両面加工石器）と言った。ほぼ両面にわたって細工された平面的な大礫や大型剥片で、両面全体に多少なりとも完全に剥離が施され（ここからバイフェースの用語が由来した）、全周に鋭い刃ができている（図4－4）。多くは大きな涙型で、広い底辺（基部）から反対側の尖端部へとつぼまっている。楕円形、三角形などの形も多い。刃先の鈍い基部の反対側に、直線的で鋭いギロチン様の刃を施した道具もある（図4－5）。考古学者はよく、こうした道具をクリーバーと呼び、先端を尖らせたハンドアックスと区別する。

初期のヒトとハンドアックスに初めて注目したのは、メアリー・リーキーの曽祖父ジョン・フレールであるともいわれる。一七九七年、彼はロンドン古美術協会あての書簡で、ホクスン

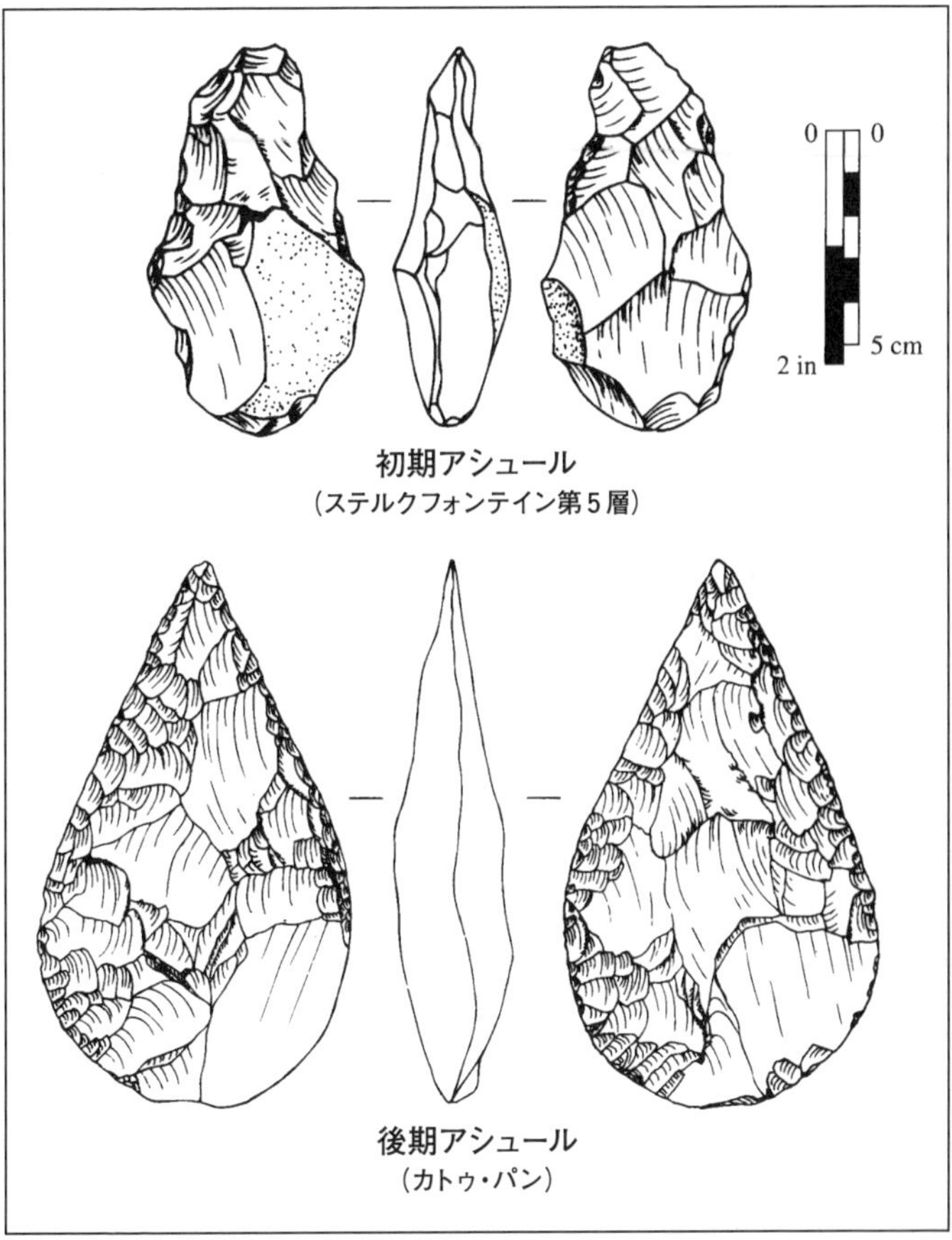

図4-4
上：ステルクフォンテインから出土した初期アシュールのハンドアックス。(『人類進化ジャーナル』27 (1994年)、K・クマン論文の図6による)
下：カトゥーから出土した後期アシュールのハンドアックス。(オリジナルをもとにしたキャスリン・クルーズ=ウリーベによる絵)

（英国サフォーク）に古くからある湖の堆積物から、丁寧に作られたハンドアックスを二個発見した、と記した。近くからは絶滅した動物骨が出土した。そこで彼は、ハンドアックスが「金属を使用しなかった人たちによって用いられ」、「非常に古い時代のもので、現在の世界より昔」と結論づけた。しかしこれは、同僚であったほとんどの考古学者には無視された。最初に決着をつけたのは、フランス人税関吏ブーシェ・ド・ペルトであった。一八三六〜四六年頃、フランス北部アブビル近くを流れるソンム川の古い砂礫から、ハンドアックスと絶滅した哺乳動物骨を収集し、「不完全ではあるが、こうした粗製の石器からヒトの存在が証明される。その確実性はルーブル美術館一館分にも匹敵する」と結論づけた。当初、彼の主張は一蹴されたが、一八五四年に信頼性が高まった。以前から発言力のあった著名な懐疑論者のリゴロ博士という人物が、同年、アミアン郊外のサン＝タシュール近くの砂礫から、同様のフリントアックスを発見し始めたのだ。一八五八年、高名な英国人地質学者ジョセフ・プレストウィッチはアブビルとサン＝タシュールを訪れ、みずから調査に乗り出した。現地調査を終えた時点ではプレストウィッチも納得し、この議論は正しいと認められた。その後、考古学者たちは、ハンドアックスを含めたこれら道具の一括遺跡を、多く出土したサン＝タシュールにちなんで、アシュール文化（インダストリー）とした。後年、同じような人工遺物がアフリカで認められたときも、アシュール文化とみなされた。アシュール文化がヨーロッパにあらわれるよりずっと前、アフリカでさかえていたことは、今日知られている。

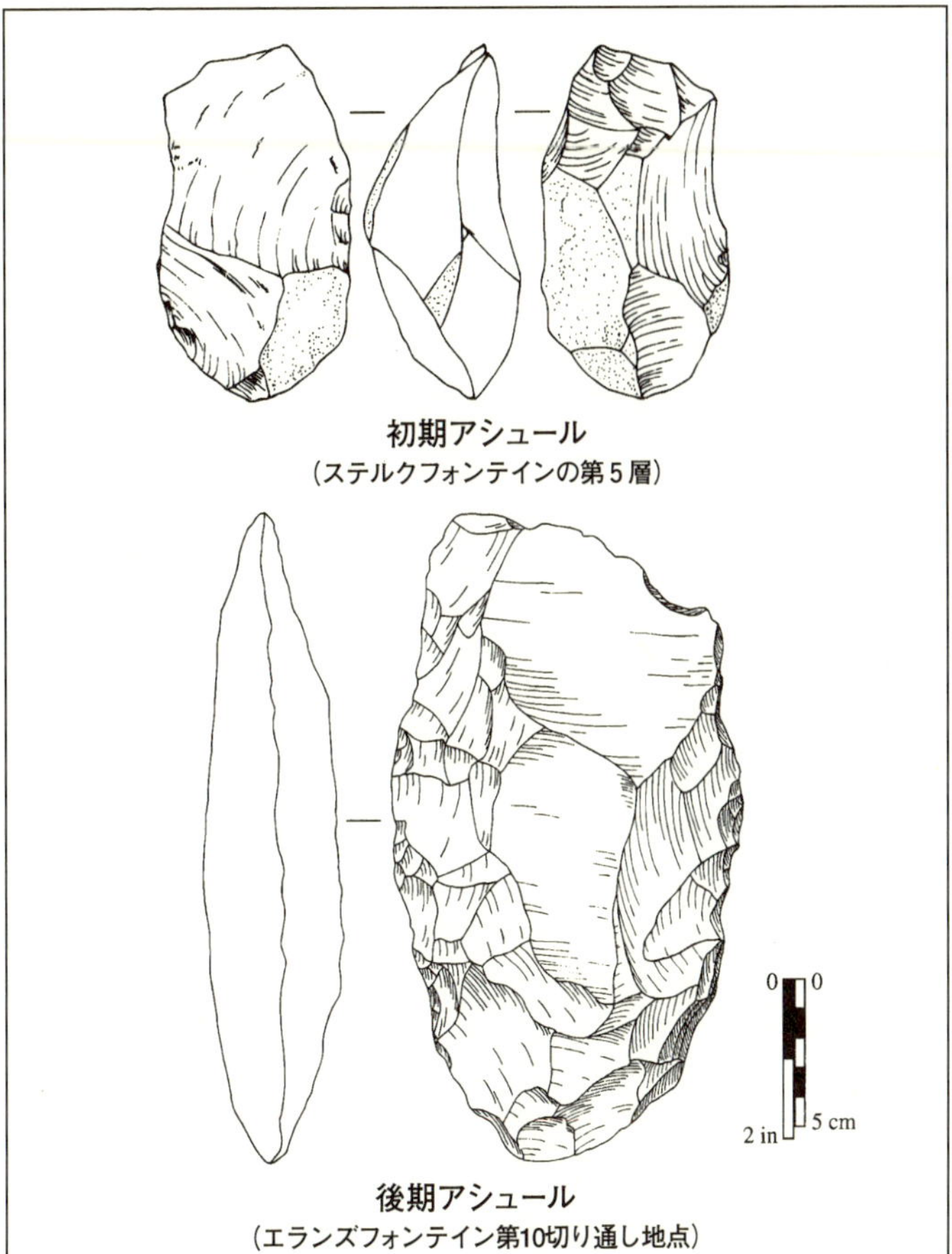

図4-5
上：ステルクフォンテインから出土した初期アシュールのクリーバー。（K・クマン『人類進化ジャーナル』27（1994年）、図6をもとに再描）
下：エランズフォンテインから出土した後期アシュールのクリーバー。（T・P・ヴォルマン画）

アシュールの道具で知られている最古のものは一六五万年前と測定される。同一遺跡ではないものの、トゥルカナ・ボーイと同じケニア北部の西トゥルカナ地方から出土したものだ。コンソ（エチオピア南部）、トゥルカナ湖東のカラリ断崖（ケニア北部）、オルドゥヴァイ渓谷に近いペニンジ（タンザニア北部）でも、一五〇万〜一四〇万年前とされるアシュール人工遺物はよく発見されている。おのおのの場合、カリウム／アルゴン法によって年代が証明された。確度は一八〇万〜一七〇万年前までにエルガステルが存在したのと同レベルだ。最古のエルガステルと最古のアシュール文化が符合したことは、おそらく偶然ではないだろう。ペニンジからは頑丈型アウストラロピテクス類、パラントロプス・ボイセイの下あごが発見されたが、これはボイセイがエルガステルの登場後も生き残っていたことを示すだけで、ボイセイがアシュール石器を作ったという証拠ではない。コンソでは、エルガステルの上の第三大臼歯と、四本の歯が残った下あごの左半分が見つかっている。道具を作ったのはエルガステルである可能性のほうが高い。ボイセイよりも脳が大きかっただけでなく、ボイセイが絶滅していった一〇〇万年前以降も、アシュール道具はほとんど変化なく続いていたからでもある。

アシュール文化の起源がオルドワンだったのは間違いない。最古のアシュール一括遺物にはしばしば、アシュールのハンドアックスとともに、オルドワン様式の石核石器、剥片石器が無数に含まれている。広い意味でオルドワンの石核石器は、アシュール両面石器の前段階といえるが、オルドワン一括遺物にもアシュール一括遺物にも、両文化を実際に仲介するような道具は出ていない。両面石器という発想は、突然降って湧いたものだったと思われる。そう、長い安定を唐突に中断してエルガステルがあらわれたように。両面石器を作り始めた人たちは、しばしばこれに関連づけられる別の発見を果たした。大きな丸石を叩いて、時には長さ一フィートかそれ以上にもなる大きな剥片を作ったのだ。そして、この剥片からハンドアックスやクリーバーが作られた。大きな剥片を含む石器の一括遺物は、たとえ何かの偶然でハンドアックスが含まれなくても、アシュール文化とみなしてよいだろう。

ハンドアックスの謎

ハンドアックスというと、道具を手に持ち、何か叩き切るのに使ったと思われるが、多くの場合、それにしては大きすぎて使いづらい。実際どう使ったかは推測の域を出ない。メルカ・クントゥーレ（エチオピア）、オロルゲサイリエ（ケニア）、イシミラ（タンザニア）、カランボ滝（ザンビア）などでは、ハンドアックスが数百個単位で出土し、しかも一まとめに詰め込まれたまま、使用された形跡がないことも多く、目的はますます謎めいてくる。こうした遺跡から、考古学者マレク・コーンとスティーヴン・ミズンは、ハンドアックスとはオスの孔雀が羽を広げるようなもので、相手を惹きつける目印だった、と考えた。〈女性〉の目には、できのいい大型のハンドアックスを手にした〈男性〉が、決断力、協調性、強さをもち、いい子どもに恵まれる、とみえたのではないか。うまく伴侶を得たら、男性は、ほかの用済みのものと一緒にハンドアックスも捨てた、という議論である。

女性へのアピール目的というこの仮説が偽りだと立証することはできないが、未使用らしいハンドアックスが多数集中した遺跡はそれほど多くなく、少数の、しかもいくつかははっきり使用形跡のあるハンドアックスが出土した遺跡のほうが普通である。サイズも形もさまざまであり、おそらく何らかの実用的機能をはたしていただろう。より作り方が丁寧で左右対称のものなかには、円盤投げのようなゲームで使ったものもありそうだ。それほど細かく作られていないものは、刃の鋭い剥片を作るための単なる携帯用石材だったかもしれない。木を切ったりこすったりするためのものもあっただろう。また実験から、肉を切るのに、とくにゾウなど大型動物の死体を分解するのにハンドアックスが有効だったことがわかっている。実際には、考えつくありとあらゆる目的のために用いられたのではないか。孔雀の羽というよりも、スイスのアーミーナイフとの共通点のほうが多いだろう。

アシュール文化は、いったん始まると意外なほど保守的だった。およそ一六五万年前に始まってから二五万年前頃終わるまでほとんど変化がなかった、とよくいわれる。ハーヴァード大学考古学者グリン・アイザックはオロルゲサイリエ（ケニア）で、連続する地層から出土したアシュール人工遺物を分析し、同文化はさまざまな要素があるが、大きく括れば同じ枠内にとどまるとして、よほど熱心に眺めても単調だと思うだろう、と述べた。つまり地層ごと、時代ごとにハンドアックスの形が変化するとはいえ、だいたいが行き当たりばったりで、方向性がみられない、ということだ。ある一括遺物のハンドアックスが他の一括遺物のものより洗練されているようにみえても、違う素材を自由に使えたからという理由にすぎないかもしれない。たとえば普通、フリントやチャートは溶岩よりも剥片にしやすい。そこでフリントの大きな塊が手に入るところでは、この理由だけで、ハンドアックスがもっと洗練された作りにみえるだろう。

長期間にわたり、見たところほとんど変化がなかったといっても、いくつか重要な点で、アシュール一括遺物ははじめと終わりでみるとはっきりと異なっている。初期アシュールのハンドアックスはずっとぶ厚いうえ、仕上げが徹底しておらず、左右対称でもない（図4-4）。一般には、塊から九個以下の剥片をはずして作られており、通常剥片のあとが深い。現代の実験によれば、これは「硬い」（＝石の）ハンマーを使った結果である。後期アシュールのハンドアックスのなかには同じく粗雑なものもあるが、多くはかなり薄手で仕上げもきちんと施されている。そして平面でみただけなく、縁を前にして立体としてみても、相当左右対称である。剥片をとったあとは浅く平面的で、複製実験から、おそらく「軟らかい」（＝木あるいは骨の）ハンマーで作られたと考えられる。

そのうえ、後期アシュールのハンドアックスには、アシュールのあとにあらわれる（ムスティエ文化、中期石器時代の）石器を予想させるような、さらに洗練された剥片石器が共伴することが多い。後継者と同じく、後期アシュール人たちもまた、あらかじめ決めたサイズと形に剥片石器を作れるように、石核を調整する方法を知っていた（図4－6）。考古学者は、このように調整した石核から剥片を作る技法をルヴァロワ技法と呼んでいる。この名称は、一九世紀後半に調整された石核が発見され、認められたパリ西部の郊外の地名に由来する。厳密には剥片石器の技法をさし、文化や伝統をさす言葉ではない。ルヴァロワ技法は、実際にさまざまな文化、伝統にくみする人々——とくに、後期アシュール人とその直接の後継者——によっておこなわれていた。時期をとわず、まったくこの技法を用いない場所もあれば、用いた場所もある。この差は、ふさわしい材料が使えたかどうかによるだろう。

アシュール一括遺物の年代は、ほとんどが、アシュール文化という長い期間のなかでおぼろげに推定されるにとどまる。しかし今後の研究しだいで、実はアシュールの安定期は二つに区分でき、前期アシュール文化と後期アシュール文化が存在していたことが明らかになる日も来そうだ。六〇万年前頃、突然に人工遺物が急激な変化を遂げ、それを境にアシュール文化は二つに分かれ、洗練された後期アシュールのハンドアックスが生まれた、ということになり、さらにこれが、ヒトの脳の唐突ともいえる増大とおそらく符合する、ということになるかもしれない。

「直立猿人」はホモ・エルガステルの子孫

先に述べたように、ホモ・エルガステルはアフリカから拡大していった最初のヒトである。

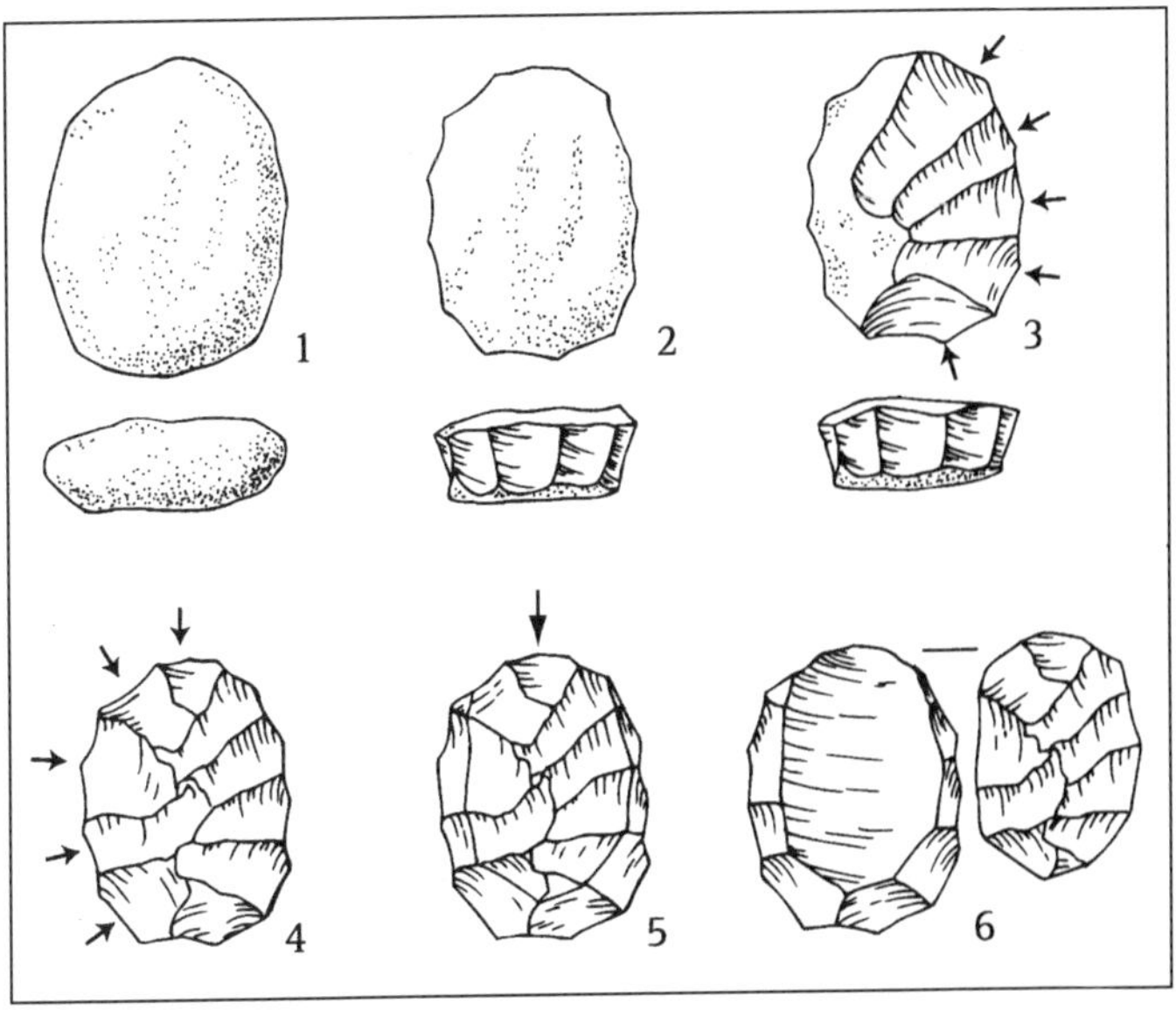

図4-6
標準的ルヴァロワ剥片の製造段階。大きさと形は石核しだいである。（F・H・ボルド『サイエンス』134（1961年）、図4をもとに再描）

しかしその時期をめぐっては、議論が分かれる。理由を考えるため、ここで少しさかのぼって、その東アジアの末裔ホモ・エレクトスの発見と年代測定についてお話ししよう。物語は、オランダ人医師ウジェーヌ・デュボワから始まる。

デュボワが生まれたのは一八五八年。ダーウィンが古典的名著『種の起源』を発表して、自然淘汰がどのように進化を動かしたかを示した翌年のことだ。デュボワは、ヒトの進化を知りたいという熱意をいだいた。そして生活をなげうってヒト化石を探そうと決意し、プロの古人類学者第一号となった。重点をおいたのはインドネシアだった。インドネシアは当時オランダ領であり、広い意味で前人類に似た類人猿がまだいるから、ここから始めるのがよいだろうと判断したのだ。デュボワはオランダ東インド軍で軍医としての地位を得、一八八七年一二月にインドネシアに到着した。早速化石探しにかかり、九一年一〇月、ジャワ中央部を流れるソロ川沿いのトリニール村近くの河川堆積物のなかから、宝を掘り当てた（図4-7）。古い動物骨と一緒に出土したのは、天井の低い、角張って、頭骨壁の厚いヒト頭蓋冠だった。眼窩上隆起が大きな棚のようになっている。九二年八月には、同じ堆積物だと彼が考えたものから、ほぼ完全なヒト大腿骨を発見した。解剖学的構造からみて、完全な現生人のものである。大腿骨と頭蓋冠によって、類人猿とヒトの間にある、直立した、類人猿的な移行型だろう、と確信した彼は、九四年、ピテカントロプス・エレクトス（「直立した猿人」）と名づけた。後年、さらに完全な化石を調査し、種の名称を熟慮する科学者たちによって、ホモ・エレクトスと改められた。これは、デュボワの考えほどにはエレクトスが現生人（ホモ・サピエンス）からかけ離れていないということだ。とはいえ、名称の変化は好みの問題でもある。本当に重要な点は、エレクトスが解剖学的構造と時間の双方において、類人猿の祖先から遠く離れているということだ。

デュボワの「ピテカントロプス発見」という主張は、三〇年後にアウストラロピテクスを発見したダートと同じような抵抗にあった。失意のデュボワは、九五年オランダに帰って以降、

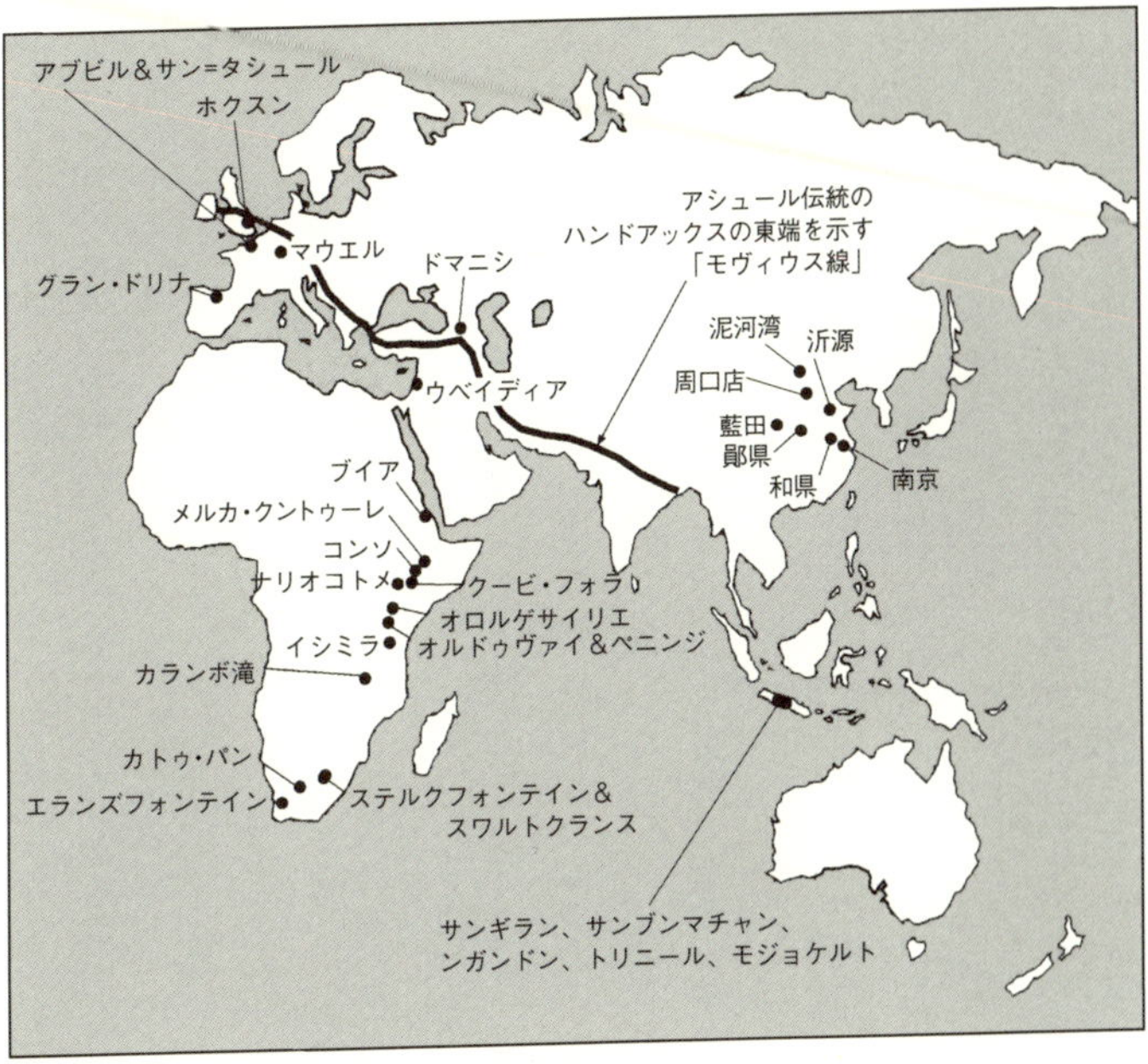

図 4-7
本章で取り上げた遺跡。

ヒト化石探しをやめてしまった。彼の正しさがきちんと証明されたのは、一九三六年になってから——G・H・R・フォン・ケーニヒスヴァルトが、東ジャワのモジョケルトから出土した二番目のピテカントロプスの頭蓋骨について発表したときだ。モジョケルトの標本は四〜六歳の子どものものだが、発達初期の眼窩上隆起、平面的で後退した額、角張った後頭部などの特徴は、トリニールでデュボワが発見した化石に似ている。一九三七〜四一年、ジャワ中央のトリニールからソロ川を約五〇キロメートル上ったサンギランで、フォン・ケーニヒスヴァルトは、さらに三つの部分的な成人の頭骨の部分、数個の断片的な下あご、遊離歯が発見されたと報告した（図4－8）。付随する動物骨によって、サンギランの頭蓋骨のうち二つがトリニールの頭蓋骨と同じ年代であること、三つめが少し古いことがわかった。

一九五二～七七年、サンギランの堆積物から、さらに三つの頭蓋骨、いくつかの頭蓋片、六つの部分的な下あごが出土し、それ以来も散発的に発見されている。最も新たな発見は、一九九九年、ニューヨークシティにある、化石・人工遺物店に運び込まれたある頭蓋冠だった。店のオーナーはこの正体に気づき、科学者が調べられるようにアメリカ自然史博物館に送った。その後、インドネシアに返還され、管理されることになる。このニューヨークシティでの一部始終は、デュボワの発見に始まるすべてのジャワの化石につきものの問題を、何よりはっきりと物語る。地層学的状況がきっちりと実証できないばかりか、農作業中発見され、科学者に売却された化石などは、正確な発見場所すら確かでないのだ。

ジャワは火山島だから、理論上、東アフリカと同じくそこから化石の年代が測定できる。化石の出土する堆積物には、カリウム／アルゴン法で年代測定しやすい火山岩片や火山灰層が含まれるからだ。場所によっては、堆積物にテクタイト（もともとは隕石で熱せられて地球にぶつかり、溶岩あるいは灰と同じように年代測定されるガラス質の岩）を含む。ジャワで出土したさまざまな物質の年代は二〇〇万～四七万年前と幅広いが、それをどう解釈すべきかは難し

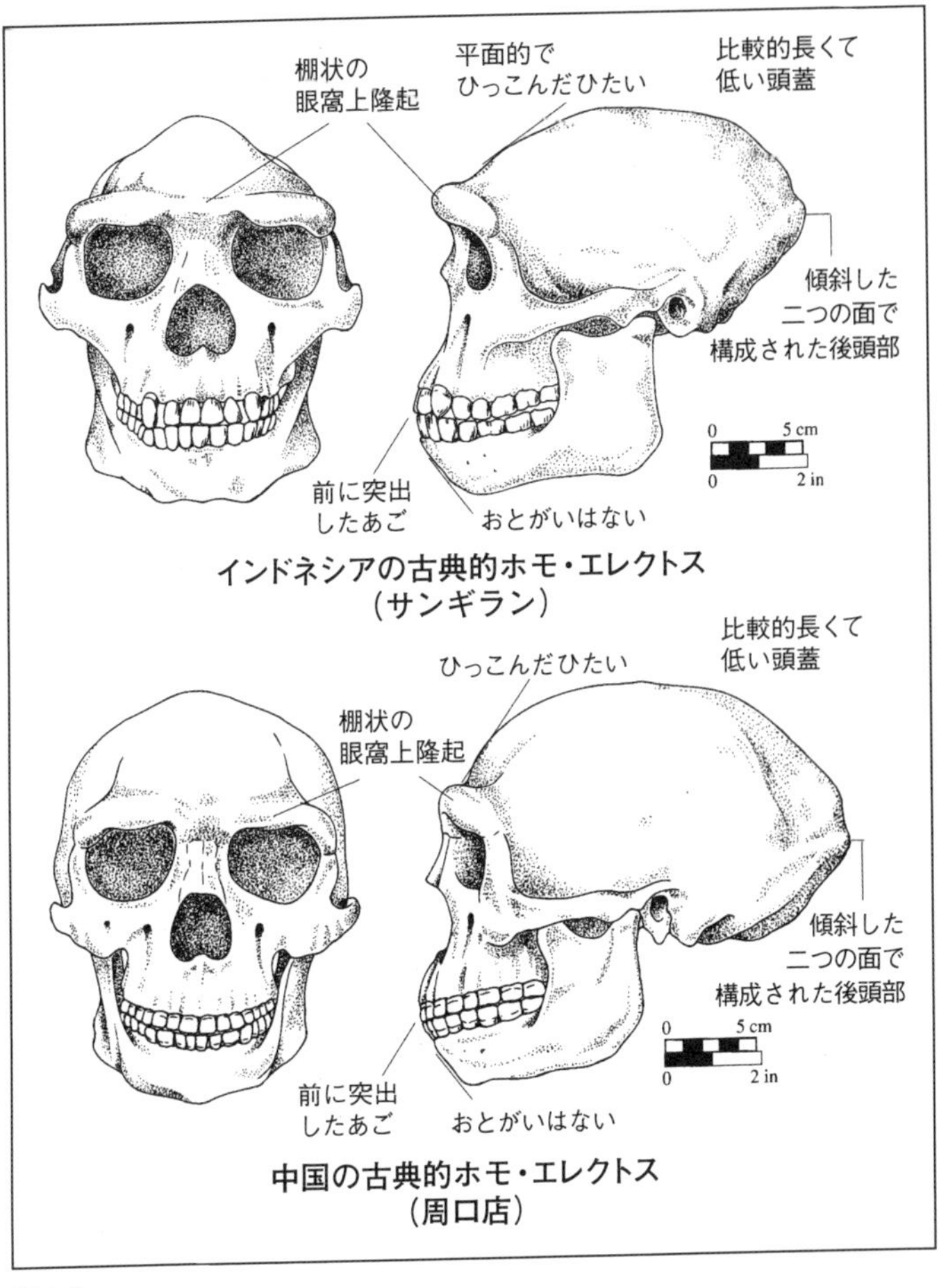

図 4-8
インドネシアと中国における古典的ホモ・エレクトスの頭蓋骨。フランツ・ワイデンライヒが復元したもの。(W・W・ハウエルズ『ヒトはどう作られたか』所収、ジャニス・シルリスによるオリジナルなどから、キャスリン・クルーズ＝ウリーベによる再描)

い。資料と化石の、また資料どうしの地層学的関係がほとんどわかっていないからだ。

最も信頼でき、最も広く用いられる年代を導き出したのは、バークレー地質年代学センター所長ガーニス・カーティスと共同研究者のカール・スウィッシャー（現在はラトガーズ大学）である。カーティスは一九六〇年代、オルドゥヴァイ渓谷と他の東アフリカ遺跡における革命的なカリウム／アルゴン年代測定で活躍し、七四年にはジャワで、彼として初めて年代測定を試みた。一九三六年に子どもの頭蓋骨が出土したモジョケルト遺跡近郊から火山灰の標本を収集し、一九〇万年前のものと判断した。しかし学者の多くは、この年代をまともに受けとめなかった。年代測定された標本と頭蓋骨の間の地層的関係が明らかでないからだ。

一九九二～九三年、カーティスはスウィッシャーとジャワに戻り、もう一度、年代測定を試みた。モジョケルトから新たな火山灰の標本を収集し、同じくモジョケルトの頭蓋骨を分析した。頭蓋底部に火山灰資料が付着していることを見つけると、スウィッシャーはカーティスのポケットナイフを借りて、一部を剥がし取った。この少量の標本では、放射性カリウムが少なすぎて信頼できる年代を得ることはできなかったが、化学的・鉱物学的組成は現地で収集された多くの標本と符合した。スウィッシャーがその多くの標本を分析したところ、一八一万年前のものと測定された。カーティスの最初の結果とほぼ同じで、ほんのわずか新しい。

今ではサンギランから三〇を超えるエレクトスの化石が出土しているが、スウィッシャーはジャワにいる間、このサンギラン近郊で火山灰標本も収集しており、一六五万年前という年代を得た。モジョケルトとサンギランの年代を額面どおり受け取れば、ホモ・エルガステルが東アフリカに現われたのと同じ頃、ホモ・エレクトスはジャワに到着したことになる。この場合、エルガステルとエレクトスが異なる種ではなかった、と考えるしかない。そうでなければ、もっと古い共通の祖先が（まだ確認されていないが）存在している、ということだ。後者ならこの祖先は東アフリカでなく、東アジアに住んでいたということになるのだろうか。

では、その年代を受けいれて、ヒトの進化に対する考え方を改めようとしないのはなぜか？それは、モジョケルトでもサンギランでも、基本となる地層学的観察が欠けているからだ。モジョケルトの年代のほうが、頭蓋骨に付着する火山灰資料に基づいており、どうみても説得力がある。しかし東アフリカでの経験から、古い火山灰粒子が川の流れによって、はるかに若い堆積に入り込む可能性もあることがわかっている。こうした二次堆積がなかったかどうかを見きわめるには、徹底した現地調査が必要である。モジョケルトとサンギランのどちらの場合も、年代の重要性を評価しようとすれば、たとえば、上方の地層から得られる火山灰の標本の年代を調べて、それが地層学的に矛盾しないか、つまり地層が下であれば必ず古い年代であるかを確かめる必要がある。もし下の層に含まれる標本のほうが新しかったら、二次堆積の可能性が高く、どの層も形成時期を相当過大評価しているおそれがある。

モジョケルトとサンギランから出土したエレクトスの一八一〜一六五万年という年代は、簡単に退けることもできないが、しかし、同じ堆積物を動物化石、古地磁気学、フィショントラック法で測定して得られる年代とは食い違う。フィショントラック年代測定法とはカリウム／アルゴン年代測定法の同類で、古い火山岩あるいはテクタイト内部に自然作用で起こるウランの放射性崩壊に基づき、その岩が最後に非常な高温まで熱せられた年代を推定する。ジャワのフィショントラック年代測定法が正しければ、モジョケルトとサンギランのエレクトス化石が一〇〇万年前よりも古いことはありえない。エレクトスの化石はまた、中国でも出土している。これまでのところ、信頼できる最古の中国遺跡は、わずか一〇〇万年前か少し以前とされる。現在、エレクトスがエルガステルからの直系であるという仮説を疑うに足る理由は出ていない。

「アウト・オブ・アフリカ」の謎

東アジアのホモ・エレクトスは、ヒトが一〇〇万年前までにはアフリカから拡散していたことを示しており、私たちはこの種がホモ・エルガステルであると確信している。しかし彼らがどんな種類だったかは別として、なぜ出て行ったか、どういうルートをとったかは疑問だ。古人類学には難問が多いが、これは比較的答えやすい。遺物からみて、エルガステルはアフリカに現われて間もない一五〇万年前頃、グレート・リフト・ヴァレーの乾燥した盆地周辺部にもっと集中しており、その後初めてエチオピアの高地（海抜二三〇〇～二四〇〇メートル）に移住した。それが一〇〇万年前までには、アフリカのはるか北端、南端にまで広がっていた。北方への移動にとってサハラ砂漠は難しい障壁となっただろう。しかし長きにわたるアシュール文化の間には、砂漠の湿度がいくぶん高く、障壁が低くなる時期も無数にあった。そしてアシュールの人々は見事この障害を乗り越えた。

ではアフリカへ、さらにその先へとなぜ、どのように広がっていったか。自動的という答えになるだろう。身体の生理機能とテクノロジーのおかげで、誰もそれまで住んでいなかった領域に住むことができた、というだけの話だ。ヒトの集団では、数が増えすぎて資源が足りなくなると、周期的に周縁部分にいる一派がそこから分かれて誰もいない隣の区域に移り、生活を始める。遠くに移住するケースはめったになかっただろうが、このプロセスが続けば、そのうち当然ながらアフリカの北東端にたどりつく。彼らは自分がアフリカから出てしまったことすら気づかないまま、アジアの南西端へと植民した。南西アジアからも、同じ人口発展プロセスによって、必然的に東は、中国、インドネシアへ、あるいは北・西はヨーロッパへと広がっていったのだ。

理論上、初期のアフリカからの移民は、ジブラルタル海峡、紅海南端のバブ・エル・マンデブ海峡を通って、あるいは地中海に点在する小島を渡っていったとも考えられる。しかし、大陸の氷床が大洋からの水を吸収し、海水面が一四〇メートルも下がっていた間に移動したにせよ、これらのルートで行くには、航海に耐える船が必要だ。こうした船をもっていたという明らかな証拠は、現生人が南東アジアからオーストラリアを目指して海を渡るとき使ったはずの六万年前以降まで出ていない。

アフリカを離れた最初のヒトは、現エジプトとイスラエルの境界を横断した。したがって、アフリカ外で最古とされる考古学的遺跡がイスラエルにあっても不思議ではない。ヨルダン・リフト・ヴァレーのウベイディアで、その古い湖川の堆積物からは、八〇〇〇もの剥片石器が出土した。ハンドアックスなど、オルドゥヴァイ渓谷やほかのアフリカ遺跡から発見された初期アシュールの人工遺物によく似た道具も含まれる。付随する哺乳動物化石や古地磁気学、上の溶岩層のカリウム／アルゴン年代測定法により、一四〇万〜一〇〇万年前と推定されている。

ウベイディアのほとんどの哺乳動物はユーラシアに生息するものだが、アフリカのものもあり、イスラエルがいかにアフリカに近いか実感される。長年におよぶヒト進化の間、イスラエルには何度もアフリカの動物が入り込んでいた。それはおもに、長い年月をかけて氷床が拡大する期間のはざまにあたる温暖な期間のことだった（およそ一二万五〇〇〇〜九万年前、最後の温暖な期間にアフリカから移ってきたヒトのなかには、初期現生人あるいは現生人に近い種も含まれていた）。ここから、こうも考えられる。ウベイディアは、本当のヒトがユーラシアへと拡散したしるしというよりも、アフリカが一時、わずかながら生態学的に拡大したことのしるしだったのではないか。本当に拡散したことを証明しようとすれば、もっと遠くに目を向けるべきだろう。

東アジアで出土したホモ・エレクトスの化石によれば、こうした拡散が一〇〇万年前までには起こっていたとみて間違いない。ヨーロッパにも、同じく早い頃からヒトが住んでいたかもしれないが、ヒトが住んでいたことを示すとして広く認められている最古の証拠でも、八〇万年前どまりだ。この証拠が発見されたのは、スペインのブルゴス近郊にあるアタプエルカのグラン・ドリナ洞窟であった（次章で述べる）。ヨーロッパのそれ以外の土地では、約五〇万年前より以前にヒトの存在をにおわせるものは、まずないといっていい。たぶんこの頃になってようやく、ヒトはここで永住の足場を固めたのだろう。五〇万〜四〇万年前、ヨーロッパに住んでいたヒトは、アフリカの同時代人とよく似ていた。そして似たようなアシュール文化の人工遺物を作った。これはアフリカ移民の波を示すといえる。

東アジアとヨーロッパの化石や人工遺物だけを考えると、ヒトがアフリカから（イスラエルの先へ）広がったのは、せいぜい約一〇〇万年前かそれより少し前、と結論づけられる。しかし、ドマニシ遺跡（グルジア共和国）での華々しい発見によって、この結論は時期尚早だったのではないか、と思われている。ドマニシでは長年にわたり、グルジアの歴史考古学者が中世の城跡発掘を進めてきた。一九八四年、土台の下から古代の河川堆積物があらわれ、動物骨や剥片石器の人工遺物が発見された。さらに発掘が続くと、一〇〇〇を超える石器と二〇〇〇もの骨が見つかった。この骨には、ヒトの頭蓋骨の部分二個（図4-9）、下あご二個、足裏の骨一個が含まれている。頭蓋骨は東アフリカから出土したホモ・エルガステルに似ている。しかしドマニシはウベイディアの一五〇〇キロメートル北、大コーカサス山脈と小コーカサス山脈にはさまれている（図4-7）。これが初期のアウト・オブ・アフリカを物語ることは疑いない。

ただし、どのくらい初期か、という問題がある。

カリウム／アルゴン分析法によれば、ドマニシ堆積物底部にある火山性玄武岩は一八五万年前頃にできたことになる。この年代が正しければ、この玄武岩は一九五万～一七七万年前、古地磁気学的にオルドゥヴァイ正磁極亜期期間に形成された（図3－3）。そこで、玄武岩そのものは、正の極性を示しているはずだ。実際にその通りで、化石や人工遺物を含む上層の堆積物も同様であった。玄武岩の表面が新しいことから、これが冷却した直後、その上に堆積されたと考えられ、この年代も、一七七万年前以前のオルドゥヴァイ正磁極亜期と推定される。こう考えてみると、ドマニシのエルガステル化石はアフリカ最古の化石と同じくらい古いといえそうだ。しかしここにわながある。ヒト化石と動物化石が出土したのは、正の磁気をおびた川の堆積物中に浸食された大きな穴であり、この穴は逆の磁気を示す堆積物でふさがっている。したがって、これらの化石は一七七万年前以降のはずだ。古地磁気学だけに基づけば、地球の磁場が最後に逆転した一七七万～七八万年前のどこかということになろう。ドマニシの哺乳動物は一七七万年前近い年代を示す、といわれるが、しかしこれはいくつかの種が独特の形で混じったもので、存在の記録として最も若いものもあれば最も古いものもある。今後、現地調査を続けていくと、別々の二つの化石群の組み合わせが偶然混同したものだった、ということになるかもしれない。その場合、どちらのほうにホモ・エルガステルが含まれるかを確定するには、さらに研究が必要だろう。

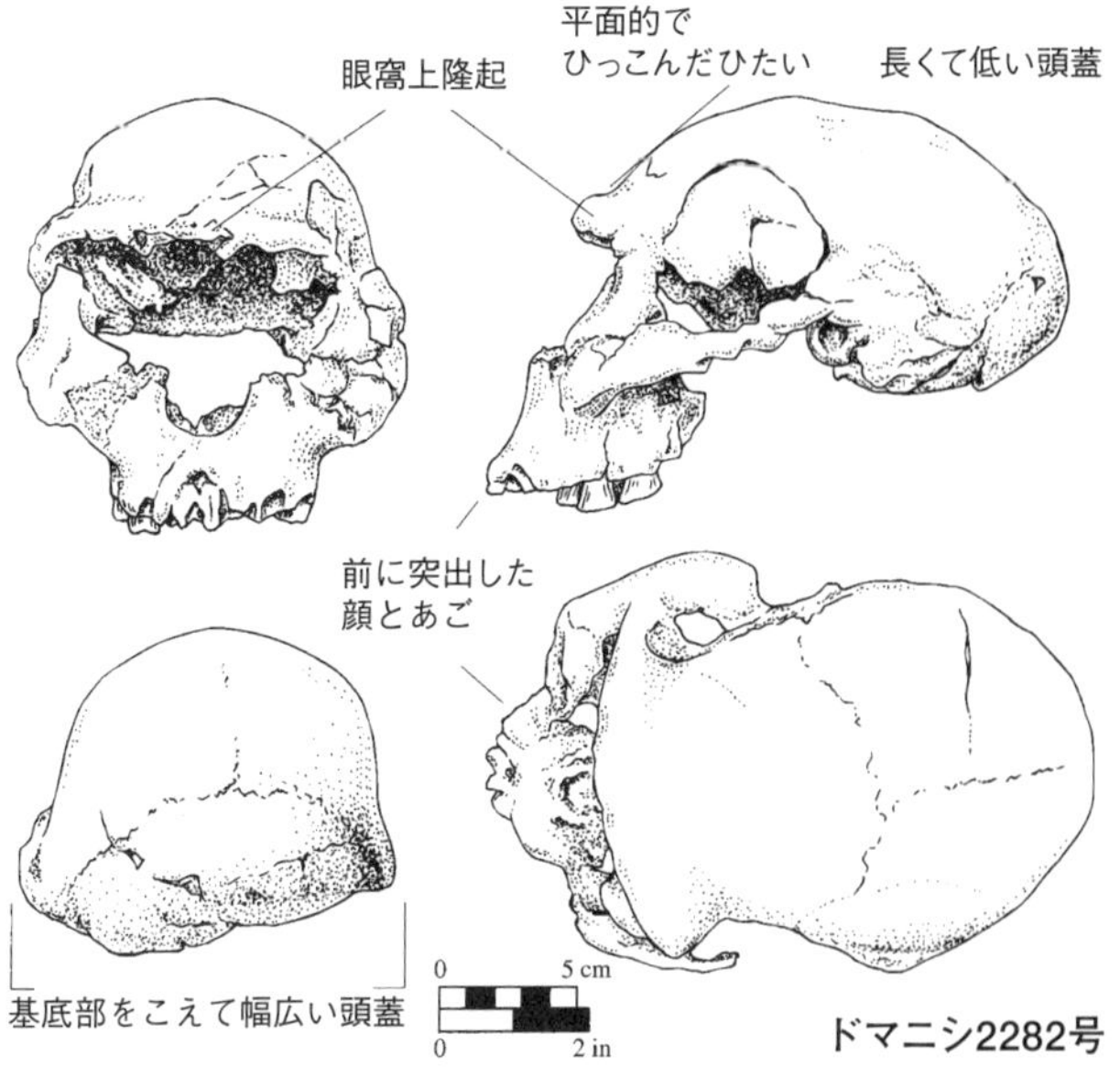

図4-9
ドマニシ（グルジア）から出土した頭蓋骨2282号。（写真をもとにした、キャスリン・クルーズ＝ウリーベの絵）ⓒ Kathryn Cruz-Uribe

ドマニシ人工遺物に含まれるのは剥片やチョッパーといった原始的石器のみで、ハンドアックスは出ていない。このことから、この遺跡はアフリカ人が一七〇万～一六〇万年前頃にハンドアックスを発明するより以前に作られたことを意味するのだろうか。しかしながら、この時点からかなりたっても、アフリカとヨーロッパのあらゆる遺跡でもハンドアックスが出土するというわけではない。理由は不明である。

グラン・ドリナ（スペイン）の八〇万年前の地層はその一例だが、ほかに、ハンドアックスを作っていた人たちが定着した南・西ヨーロッパの同じ地域でも、五〇万年前以降の地層で出土するケースもある。要するに、ドマニシの遺跡にハンドアックスがないといっても、住民たちがアシュール文化前のヒトだったとは必ずしもいえないのだ。ドマニシ人工遺物が他の点でアシュール人工遺物と違うのかどうかを判断するには、もっと詳しい記述が不可欠だ。さらに、ドマニシに関するいろいろな発表には、人工遺物と化石の間の地層学的関係についてつじつまの合わない記述があるという問題も残っている。

したがって、ドマニシにヒトが住んでいたのがいつ頃だったのか、という問いには、依然として答えが出ていない。もし将来の調査で、人骨と人工遺物が一七七万年前と測定されれば、ホモ・エルガステルは登場してまもなくアフリカを離れたことになる。ヒトがどのようにして北上できたのか、しかしおそらくあと百万年間ヨーロッパに行き着かなかったのはどうしてか、推測するしかない。もしドマニシが一〇〇万年前に近いと測定できれば、アフリカを出てヨーロッパに住み始めるまでのずれはかなり小さくなるだろうし、ドマニシの頭蓋骨からは、エルガステルが数十万年間、本質的に変化しなかったといえるだろう。

一五〇万〜六〇万年前の間で、エルガステル内部の進化に関係があるものは、ドマニシの頭蓋骨を除くと、他に二つしかない。ひとつはオルドゥヴァイ渓谷から出土した頭蓋骨部分で、およそ一二〇万年前と測定されている。もうひとつは、東アフリカはエリトリアの紅海沿岸に近いブイアから出土したほぼ完全な頭蓋骨で、これは約一〇〇万年前のものである。オルドゥヴァイ頭蓋冠は、大きな眼窩上隆起と厚い頭骨壁がエレクトスと似ているが、それ以外の詳しい特徴を拾うとエルガステルに似ている。ブイアの頭蓋骨はいくぶん厚い眼窩上隆起が初期エルガステルの頭蓋骨と違うだけで、解剖学的構造は長期間同じだったことがわかる。

ホモ・エレクトスの運命

六〇万～五〇万年前までには、より大きくより現生人に近い脳頭蓋をもったヒトが、アフリカに姿をみせた。人工遺物という記録の解釈などに基づいて、当面、「これらのヒトはエルガステルから突然進化した」と仮定しよう。彼らは五〇万～四〇万年前のヨーロッパ人によく似ており、両者ともホモ・ハイデルベルゲンシスという種に入れられるときもある。この名称は一九〇七年、ドイツのハイデルベルク近くのマウエル砂利採取場で下あごが発見されたことにちなむ。そのハイデルベルゲンシスが五〇万年前頃アフリカから広がって、アシュール文化の伝統をヨーロッパにもたらしたとも考えられる。

次章では、ホモ・ハイデルベルゲンシスが、五〇万年前以降にヨーロッパで進化したネアンデルタール人と、同時期にアフリカで進化した現生人の双方が共有する最後の祖先であることをお話しする（図4-3）。さらに後の章で、現生人が五万年前以降アフリカから広がってヨーロッパのネアンデルタール人を圧倒、あるいはとって代わったことを証明する化石と考古学的証拠を取り上げたい。しかし、では、ネアンデルタール人の系統と現生人の系統が分かれるずっと前に、東アジアで確立していたホモ・エレクトスはどうか？　この問題はなかなか難しい。手がかりとなる東アジアの化石と人工遺物は、ヨーロッパよりも数が少なく、年代測定も充分でないからだ。それでも、調査の対象となりうる化石と遺物といった証拠から、ネアンデルタール人と現生人が西ですでに分かれていた五〇万年前以降も、エレクトスは分岐したみずからの進化の軌道を進んでいったと思われる。そうなると、エレクトスも最終的にはネアンデルタール人と同じ運命となったと考えてよさそうだ。

後期エレクトスについて最も多くを物語る化石は、ジャワ中央部トリニールに近いンガンドン遺跡から出土した。一九三一～三三年、ジャワのオランダ地質学調査団によって古代河川堆積物の発掘がおこなわれ、二万五〇〇〇を超える化石骨が回収されたのだ。このなかには一二個の完全なヒト頭蓋骨の部分と、二個の不完全なヒト脛骨が含まれる。一九七六～八〇年、ジョクジャカルタのガジャ・マダ大学の研究者たちがンガンドンでの発掘をさらに進め、二つの不完全なヒト頭蓋骨と、ほかにヒト骨盤片数個をはじめとする一二〇〇もの骨化石を発見した。その前の一九七三年には、同じ調査チームが、トリニールとサンギランの間にあるサンブンマチャン近郊で同時代とされる河川堆積物から、同様の頭蓋骨一個とヒト脛骨一個をすでに回収していた。ンガンドンとサンブンマチャンの頭蓋骨は、インドネシアの古典的エレクトス頭蓋骨よりもいくぶん大きいが、眼窩上隆起は巨大な棚状を示し、額は平面的で後ろにひっこんでいる。また頭蓋骨も厚く、頭骨壁が広い頭蓋底部から内側に傾斜し、後頭部はかなり角張っており、基本的特徴は同じである（図4－10）。これらの特徴からみて、一般にンガンドンとサンブンマチャンの住民はエレクトスが進化した異型とされている。

付随する哺乳動物化石から、ンガンドンとサンブンマチャンのヒト化石は三〇万年前以降であることがわかっているが、それよりもっと新しいかもしれない。モジョケルトとサンギランのエレクトスを一八一万〜一六五万年前と割り出したバークレー地質年代学研究所が、一九九六年、ンガンドンとサンブンマチャンの頭蓋骨に付随するスイギュウの歯の化石は五万三〇〇〇〜二万七〇〇〇年前のものである、と発表した。この測定には電子スピン共鳴方式（一般にはESRと略される）が用いられた。ESRのもとになるのは、歯のエナメル質の結晶構造にできた傷は、その歯が埋められた周囲における放射能量に比例して電子を蓄積する、という観察である。おもな放射線源は、天然に存在するウラン、トリウム、放射性カリウムで、微少ながらほとんどの場所に遍在する。ESRはもともと、実験室で試験管内部の電子数を計測するための技術である。年間放射線量率は、現地で計測できる。年月を経てもこれが一定であると仮定すれば、電子数は歯が埋められてからの経過年代を直接反映すると考えられる。

実際のところ、ESRには多くのハードルがある。最も深刻なのは、どの遺跡であれ、歯が長い年月の間、埋められた環境のなかで複雑にウランを交換してきた可能性があることだ。ウラン交換というと、地下水からの吸収がつきものだが、逆に損失する場合もある。吸収と損失の正確なパターンは、歯がさらされてきた年間放射線量率に影響するはずだ。この放射線量率が年月とともに大きく変化した可能性もあるため、ESRの結果にはしばしば疑問符がつけられる。ンガンドンとサンブンマチャンの化石によるこの年代推定も例外ではない。もしこれが正しいとすれば、南東アジアのエレクトスは、六万年前以降に現生人の侵入にあって圧倒され、あるいはとって代わられるまで生き残っていた、という強力な状況証拠になる。しかしもしンガンドンとサンブンマチャンの頭蓋骨が実際三〇万年前に近いとしても、東南アジアの人々が、ヨーロッパやアフリカの同時代人とは違う進化の軌跡をたどっていた、とはいえるだろう。

「北京原人」はホモ・エレクトス

中国からも、同じく重要なホモ・エレクトスの化石群が出土している。基本的にはこれも同じ話だ。中国におけるエレクトス発見のもととなったのは、化石を細かく砕いて薬用にするという中国古来の習慣であった。一八九九年、北京のとある薬局で、ヨーロッパ人医師がその薬(化石)にヒトの歯らしいものが混じっているのに気づいた。出どころを捜しているうち、古生物学者たちは竜骨山にある、化石を多く含んだ鍾乳洞・洞穴群にたどり着いた。北京の約四〇キロメートル南西、周口店の近くである。一九二一年、スウェーデン人の地質学者J・G・アンダーソンが、周口店の崩れおちた洞窟で発掘を始めた。この洞窟からは、興味深いことに化石だけでなく、先史時代の人たちが持ち込んだに違いない石英片が発見された。化石を包含

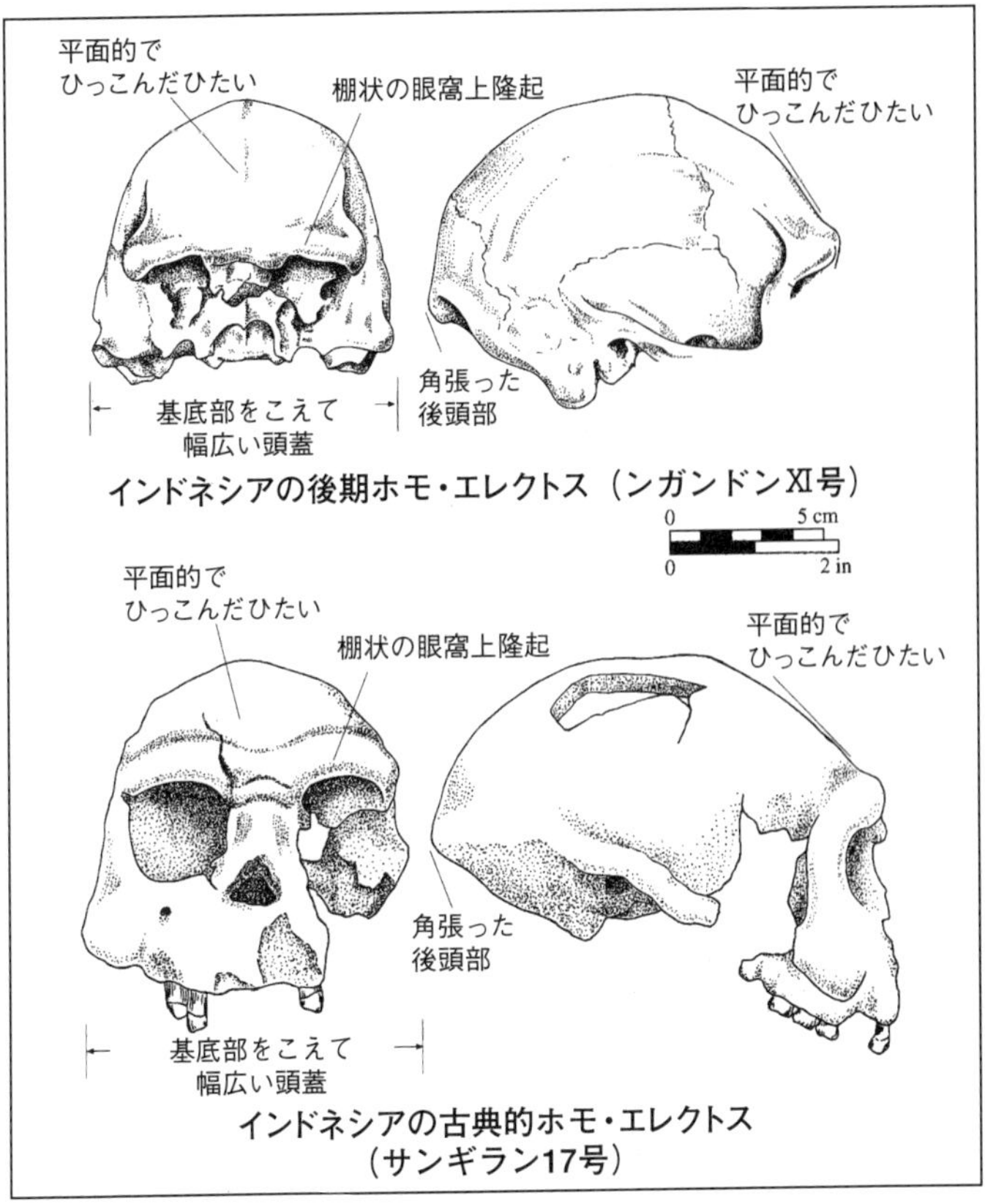

図4-10
インドネシアから出土した古典的および後期ホモ・エレクトスの頭蓋骨。（上：W・W・ハウエルズ『ヒトはどう作られたか』所収、ジャニス・シルリスによるオリジナルをもとにした、キャスリン・クルーズ＝ウリーべによる絵。下：写真をもとにしたキャスリン・クルーズ＝ウリーべによる絵）

する近くの洞窟と区別するため、第一地点と呼ばれている。

アンダーソンの発掘によって、ヒトの歯が二本見つかった。これに注目したのが、北京協和医学院で教えていたカナダ人解剖学者デイヴィッドソン・ブラックで、ロックフェラー財団から助成金を取得し、一九二七年に再び第一地点で発掘を始めた。ブラックは三三年に他界したが、三五年に、シカゴ大学で教えていた著名なドイツ人解剖学者フランツ・ヴァイデンライヒがそのあとを継いだ。発掘は三七年まで続き、最終的に、五個のおおよそ完全なヒト脳頭蓋、九個の大きな脳頭蓋片、六個の顔の破片、一四個の下あごの部分、一四七個の遊離歯、一一個の四肢骨が出土した。標本は老若男女四〇人分を超えていた。

ブラックは第一地点の化石を新たな種、シナントロプス・ペキネンシス（「北京の中国人」）とみなした。三九年、ヴァイデンライヒとG・H・R・フォン・ケーニヒスヴァルトはシナントロプス化石とジャワのピテカントロプス化石を比較し、棚状の眼窩上隆起、ひっこんだ額、天井の低い脳頭蓋、厚く内側に傾斜した頭骨壁などの特徴が非常によく似ていると結論づけた（図4－8）。便宜上、ヴァイデンライヒはそれぞれシナントロプス・ペキネンシス、ピテカントロプス・エレクトスという名称を使ったが、単一の人種ホモ・エレクトスの異型とみなすこともできる、としている。一九六〇年代には、この見解が専門家の合意となり、今日にいたっている。

第一地点の化石は第二次世界大戦開戦時に散逸したものの、ヴァイデンライヒは詳細な論文の中でこれを記述し、また卓抜な石膏の複製を一組作った（現在アメリカ自然史博物館に収蔵されている）。第一地点からは、さらに一九四九〜六六年の発掘で、エレクトスの化石骨片が少数見つかった。しかし最初の第一地点発掘についではっきりとした特徴を備えたエレクトスの化石は、中国東中央部に散在するほかの遺跡から出土している（図4－7）。たとえば、陳家窩から出土した下あご一個と、公王嶺の頭蓋骨一個（いずれも藍田県）、竜潭洞（和県）から部分的頭蓋骨と下あご片、騎子鞍山（沂源県）の裂罅《れっか》堆積物から見つかった頭蓋冠片、曲遠河口（鄖県）河川堆積物から損傷のひどい部分的な頭蓋骨二個、湯山（南京市）近郊の洞窟で発掘された頭蓋骨二個がそうだ（中国の人類学者は化石について、遺跡名より県の名前を用いることが多い）。

中国のエレクトス化石は古地磁気法や、付随する哺乳動物の年代、周囲の堆積物に記録される気候変化などによって、八〇万〜四〇万年前と測定されている。気候による年代測定とは、局地的変化は、深い海底に記録された連続的な地球規模の変化（年代が推定できる）ときっちり相関関係にあるという仮定に基づく。こうした証拠をあわせると、中国最古のエレクトス化石はおそらく、公王嶺（藍田県）の頭蓋骨で、これは八〇万〜七五万年前と測定される。最も新しい化石は周口店第一地点と和県のもので、ここの標本には全部ではないにせよ、五〇万年前以降に蓄積されたものもある。しかし、エレクトスが一〇〇万年前よりずっと以前に東アジアに到着していた、ということにはならない。他種のヒトが西側に現われた後まで、東アジアのエレクトスが生き残っていた、と考えるべきだろう。中国のエレクトス化石は、細かい部分でインドネシアの化石と異なり、この違いは、時間とともに大きくなるように思われる。ここから、中国とインドネシアの標本は東・東南アジアにおいて二つに分岐した進化系統を示すといえるかもしれないが、しかし重要な点は同じである。エレクトスあるいはその異型は、アフリカとヨーロッパの両方で、似た年代の個体群から別々の進化の軌道に乗った、ということだ。

東アジアになぜハンドアックスがないのか？

中国での発見によって、エレクトスにジャワではみられなかった重要な一面が加わった。ジャワの遺跡と違い、中国にはその地のエレクトス個体群が作った大量の石器が存在するのだ。ほとんどの遺跡で、地質学的にみてエレクトスのものと推定されるが、藍田県の遺跡や、とくに周口店の第一地点では、人工遺物が直接エレクトスの化石に付随している。知られている最古の人工遺物は、北京の西一五〇キロメートルほどにある泥河湾遺跡から出土する。遺物を封じ込めていた堆積層を古地磁気学法で分析し、一三〇万～一一〇万年前と測定された。

中国の石器群のなかには、アフリカとヨーロッパで似たような年代層から出土したアシュール石器群と同様、緻密な仕上げや成型が施されたものもあるが、いずれの場合にも、ハンドアックスは見られない。一九四〇年代、初めてこの相違点を強調したのは、ハーヴァード大学の考古学者ハラム・L・モヴィウスであった。北インド以東のアジアではどこからもハンドアックスが発見されていない、と指摘したのだ。この違いは、発掘の程度によるのではない。ヨーロッパでも、特にアフリカでも、ハンドアックスはしばしば地表面で発見されている。埋められたが浸食されて地表に出たか、はじめから埋められていなかった、と考えられる。

モヴィウスは、おおざっぱにインド北部を通る線で、西側のアフリカ、ヨーロッパ、西アジアに広がるアシュール文化と、東・東南アジアの非アシュール伝統が分かれる、と主張した（図4－7）。現在でも、この見解は正しいと認められている。またこの境界線からは、化石が示すのと同じメッセージが読み取れる。つまり、初めて東アジアに到着したときから、ヒトはアフリカとヨーロッパの同時代人とは違う進化の軌跡をたどっていた、ということだ。もし、先述したモジョケルトとサンギランの年代から、ヒトは一八〇万～一六〇年前には東アジアに移住していた、といえるならば、ハンドアックス発明以前にアフリカを発ったわけだから、ハンドアックスが出ないのも不思議でない。しかしインディアナ大学の考古学者、ニコラス・トスとキャシー・シックは他の選択肢を示している。ハンドアックスが登場した後にヒトがアフリカを発ったとすると、一種の「技術的ボトルネック」を経験していたはずだ。おそらく広い土地にはハンドアックスを作るのにふさわしい材料がなかっただろうし、そのうちハンドアックスを作る習慣も忘れたかもしれない。ヒトがそこでうまく生活を続けるうえで、ハンドアックスが不可欠なものでなかったことは明らかだから、他の群と離れて孤立しているうちに廃れていったとも考えられる。西側でハンドアックスが作られなくなった二五万年前以降でも、東と西の石器群にはっきりした相違点が残っていることも、彼らが他と離れて生活していた、と考えれば、おそらく説明がつくだろう。

解剖学的差異と行動面での同一性

解剖学的構造と人工遺物でこのように東西の違いがあるならば、行動あるいは生態面で大きな差異があったのではないか、と考えたくなるのだが、しかしこれまでのところ、それを裏付ける証拠はない。たとえば生態に関しては、どこの場所でもヒトは大型哺乳動物などを食べて生きていた。周口店第一地点は最も情報量の多い遺跡で、実にさまざまな動物骨で埋まっていた。特に数が多いのは、絶滅した二種類のシカだった。この土地のエレクトスはシカに忍び寄ってしとめるのがうまかったのかもしれない。ところが第一地点の堆積物からはほかにも、無数の化石化したハイエナの糞（コプロライト）が見つかっているうえ、動物骨の多くにハイエナの歯型がついている。ハイエナが活動していたことをはっきりと示すこうした証拠から、これら多くの動物骨を持ち込んだのがハイエナだったこと、さらにハイエナが生活の場をめぐってエレクトスと競い、勝ったことも明らかになる。第一地点の証拠に基づけば、他の大型哺乳動物を襲って食べるにしても死体を食べるにしても、エレクトスはハイエナよりも分が悪かったという結論になろう。

アフリカとヨーロッパにおける同時代遺跡から出土した動物骨によって、ホモ・ハイデルベルゲンシスもその直接の後継者も、狩りが下手だったことがみてとれる。ハイデルベルゲンシスとエレクトスの石器は互いに非常に異なっていたにもかかわらずだ。このように生態面の共通点に注目すると、あらためてこう考えさせられる。地域間で石器人工遺物が違うとしても、その基底にある行動がどうだったかという重要な点はわからないのだ、と。ここで重要なのは、ハイデルベルゲンシスとエレクトスの生態上の相似から、解剖学的構造が互いに異なってからも、依然として両者は同じように行動していたということである。このことは、ヨーロッパとアフリカでも例証されている。すなわち、ヨーロッパでヒトがネアンデルタール人に進化し、アフリカで現生人に進化しても、両大陸で見られる考古学的（行動学的）証拠は、驚くほど似通っているのだ。このパターンが崩れるのは、五万年前頃のアフリカで、ヒトが文化を築く能力を開花させ、現生人らしい解剖学的構造と行動様式が世界各地へと広まるようになってからのことである。

第5章　ヒトの発展——現生人、ユーラシアへ

一〇〇万年前には、ヒトはアフリカの北・南海岸にまで広がっていた。南アジアでも、東は中国やジャワにも住みついていた。では、ヨーロッパは？　ドマニシ遺跡によって、一〇〇万年前までには「ヨーロッパの門」であるコーカサス山脈南側にヒトが住んでいたことがわかっている（図5－1）。一八三〇年代からヨーロッパで調査が始まったが、長い間産業活動による遺跡破壊の助けを受けてきたにもかかわらず、間違いなく八〇万年前よりも古いという遺跡は、まだひとつしかあらわれていない。五〇万年より古いとされる遺跡が、一、二ヵ所で発見できただけだ。五〇万年前とか、一〇〇万年前より前の遺跡があると熱心にいいたてる学者もいるが、ライデン大学の考古学者、ヴィル・ルーブルークスらは否定的で、こうした遺跡の年代はたいがい疑わしく、そうでなくても、出土した石器にしても自然の作用による、つまり地質学的プロセスによって岩が自然に割れたものである可能性がある、と述べている。

アフリカと南アジアの違いは歴然としており、ヨーロッパには、とくに氷河期間、初期ヒト

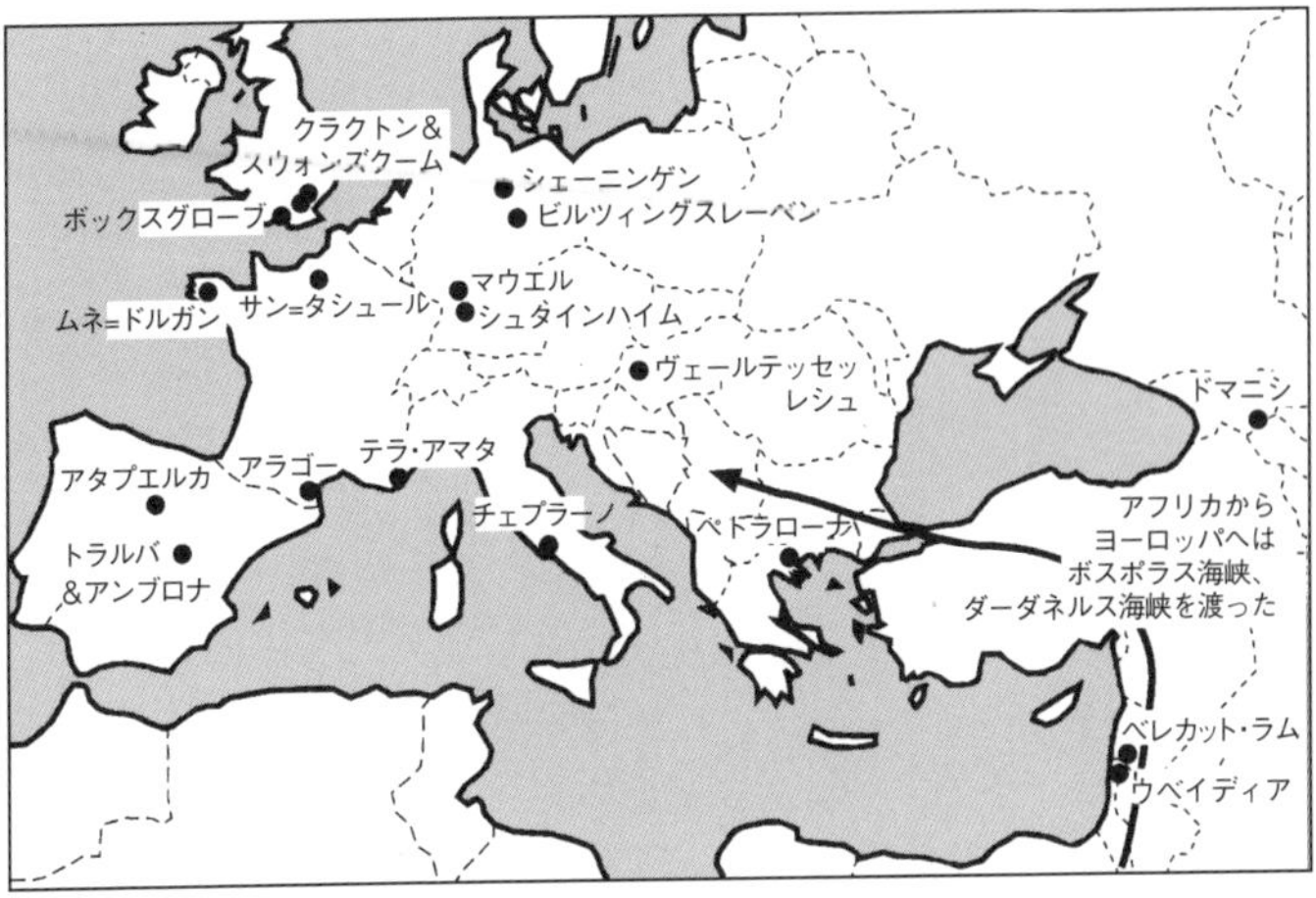

図5-1
本書で取り上げた、ヨーロッパ各地の遺跡。

が定住するには大きな障害があったといえる。初めてヨーロッパに落ち着いたのは後期アシュールのハンドアックスを作っていた人々で、五〇万年前頃、南はスペインとイタリアから、北は英国南部まで広がった。ペトラローナ（ギリシャ）、アラゴー（フランス）などで時折出土するヒト化石から、ハンドアックスを作った人たちは同時代のアフリカ人に似ていたと思われる。またヨーロッパ人はおそらく、拡大を続けながら後期アシュール文化をヨーロッパにもたらしたアフリカ人の子孫だったろう。便宜上、これらのヒトと最初のアフリカおよびヨーロッパの子孫を、ホモ・ハイデルベルゲンシスとしておく。ハイデルベルゲンシスについては、すでに前章で触れた。「典型的」標本は、ドイツのハイデルベルク近くのマウエル砂利採取場で一九〇七年に発見された巨大な下あごである、と指摘したくだりがそれだ。付随する動物により、このあごは約五〇万年前のものとみなされる。

ホモ・ハイデルベルゲンシスは、ホモ・エルガステルやホモ・エレクトスと基本的特徴の共通点が多い。顔は大きく前に突出し、下あごは巨大でおとがいがなく、大きい歯が生えている。大きい眼窩上隆起、低く平面的な前頭骨（額）、幅広い頭蓋底部、ぶ厚い頭骨壁（図5－2）などもそうだ。同時に、脳がずっと大きく――平均して一二〇〇cc（エルガステルは九〇〇cc、典型的なエレクトスは一〇〇〇cc）――眼窩上隆起はアーチ型（ほかのは棚状）、脳頭蓋は正面が幅広で、両側にふくらみがあり、後頭部も角ばっていないという点で、エルガステルともエレクトスとも違っていた。エレクトス同様、ハイデルベルゲンシスもおそらくエルガステルから進化したのだろう。解剖学的構造と地理的分布において、ヨーロッパにやがて出現したネアンデルタール人（ホモ・ネアンデルターレンシス）と、さらにその後にアフリカで進化した現生人（ホモ・サピエンス）にとって、共通の祖先であるとみてよい。

食人習慣はヒト特有の傾向

ヨーロッパで初めて永住する足場を固めたヒトはハイデルベルゲンシスだったかもしれないが、永住に挑戦したのはかれらが初めてではない。ブルゴス（スペイン北部）近く、アタプエルカ山脈にある洞窟の堆積物は、それより以前に、つかの間ながら住みつこうとしたヒトがい

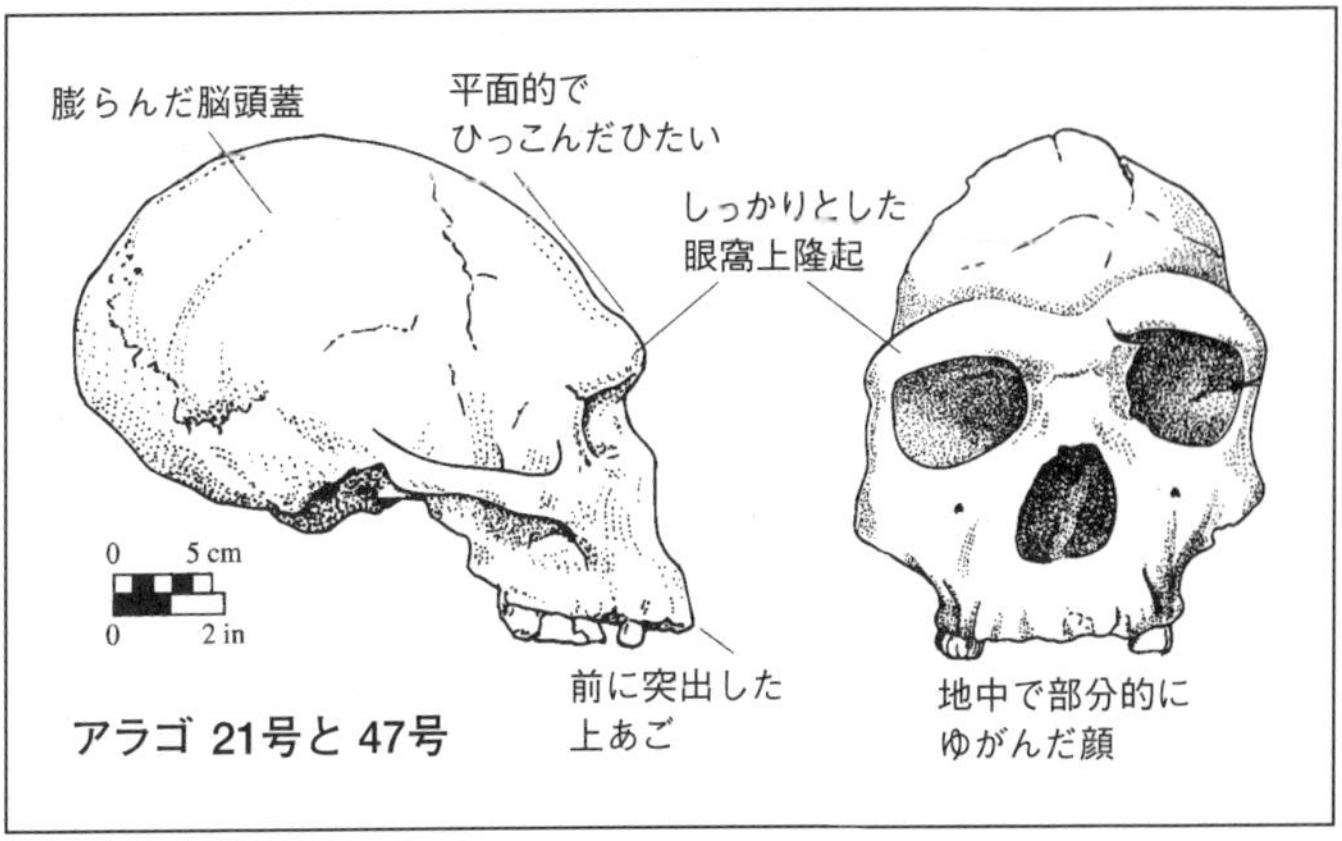

図5-2
アラゴ（フランス）から出土した頭蓋骨の部分復元。ここでは、ホモ・ハイデルベルゲンシスとされている。（写真をもとにしたキャスリン・クルーズ＝ウリーべによる絵）Ⓒ Kathryn Cruz-Uribe

たことを物語る。またローマ（イタリア）近郊、チェプラーノの古代湖堆積物もまた別の挑戦を記録している。

名前と違い、アタプエルカ山脈（シエラ・デ・アタプエルカ）はひとつの山脈ではなく、大きな石灰岩の丘陵であり、文字通り洞窟が蜂の巣状に口をあけている。その二つ、シマ・デ・ロス・ウエソス（「骨の穴」）とグラン・ドリナ（「大きなくぼみ」）は、きわめて注目すべき洞窟である。権威ある『ジャーナル・オブ・ヒューマン・エヴォリューション』誌が一九九七年と九九年、それぞれの洞窟について分厚い特集号を出したほどだ。グラン・ドリナが異彩を放つのは、五〇万年前以前ヨーロッパにヒトが住んでいたことを示す、最も強力な証拠をもたらしたからであり、シマが有名なのは、ネアンデルタール人がヨーロッパのこの地でハイデルベルゲンシスから進化したことを示すヒト化石が大量に発見されたからであった。

グラン・ドリナには、一八メートルもの砂・岩混じりの堆積物がある。二〇世紀に入る頃、現在は廃線となった鉄道の掘割に、この堆積物が初めて顔をのぞかせた。発掘作業が始まったのは、一九七六年のことで、九三年からはさらにスピードが増した。その結果、はっきりと異なる六層の地層に人工遺物と動物骨片が集中していることがわかった。ここで興味を惹かれるのは、下から二つめのTD6といわれる層である。ここからは九〇を超えるヒト化石片と、二〇〇もの剥片石器からなる人工遺物が見つかった。およそ一メートル上にある層は、地磁気が前回の逆磁極期から現在のブリュンヌ正磁極期へと変化したことを記録している（図3－3）。つまり、TD6は七八万年前より古いはずだ。電子スピン共鳴法では、TD6の化石と人工遺物は八五万七〇〇〇～七八万年前の間と測定される。昔絶滅した齧歯類の骨からも、この年代が正しいと考えられる。確定ではないとしながらも、発掘者たちは、保守的立場をとり、TD6をおよそ八〇万年前と位置づけている。

TD6のヒト化石に含まれるのは、頭蓋片一八個、部分的なあご四個、遊離歯一四個、脊椎一六個、肋骨一六個、手と足の骨が二〇個、手首の骨が二個、鎖骨三個、前腕の骨（橈骨）二個、大腿骨一個、膝蓋骨二個ほかの骨片で、少なくとも六人の個体のものである。この死亡時年齢は三歳から一八歳だった。頭蓋片とあごの破片はあまりに不完全なため厳密な判断を下せないが、あごをみると顔はそれほど大きくない。ある点でハイデルベルゲンシスよりも現生人に近いのは明らかだ。発掘者はこれを新種とし、「開拓者」あるいは「先駆者」を意味するラテン語にちなみ、ホモ・アンテケッソルと称した。アンテケッソルと他のヒトとの関係については論争の余地があるが、ハイデルベルゲンシスの祖先ではないと思われる。南ヨーロッパへの移住を試みて失敗した後に姿を消したエルガステルから派生したかもしれない。八〇万～六〇万年前にヨーロッパを襲った過酷な氷河期にうまく対応できなかったことが、彼らの運命を決定したといえるだろう。

ＴＤ6層の人々が残した人工遺物には、フリントの小石や大礫、硅岩、砂岩、石英、石灰石など、洞窟から二、三キロメートル範囲内にある材料が使われている。道具はおもに小さい剥片で、なかには小さな剥片・小片をいくつかの面から叩き、さらに形を作り変えたものもある。考古学ではこうした修正は「二次加工」と呼ばれる。太古の人たちはこうして刃の形を変えたり、安定をよくしたり、使用後になまった刃をといだりした。剥片のほか、ＴＤ6では石の槌数個や、剥片を打ち削ったあとの石核もわずかながら発見されている。他方、ハンドアックスは一切みられない。アフリカや南西アジアでは、ハンドアックスが近い年代の遺跡から一般に出土し、グラン・ドリナでも五〇万年前以降に形成された上の地層からは見つかっている。ハンドアックスがないということは、東アジアのホモ・エレクトス同様、ＴＤ6層の人々の祖先がアフリカからの大移住の途中で、ハンドアックスを作る習慣を失ったことを意味するだろう。

あるいは、小型の人工遺物標本が増えれば、ハンドアックスが出土する可能性もある。これまでのところ発掘で明らかになったのは、TD6層の七平方メートルにとどまっている。もっと広範囲で発掘するには、上にある分厚い堆積物をまず取り除かなければならないが、今のペースでいくと、再びTD6に達するのは二〇〇八年と予想される。

TD6は、もしヒト化石や人工遺物しか出てこなかったとしても充分興味深いが、それ以外に一〇五六個の動物骨片も発見されている。人々がこの骨を切り刻み、削って肉や骨髄を手に入れたのだ。イノシシ、シカ、ウマ、野牛の骨が中心だが、肉食動物やサイ、ゾウの骨もある。大型種に比べて、最小種の動物骨は部位がさまざまだ。小型動物の死体のほうが、手付かずのまま運び込まれるケースが多かったのだろう。同じように小型種と大型種で骨部分が異なるのは、ここに限らず、あらゆる年代にかかわる先史遺跡の特徴であり、予想の範囲内である。

TD6層で驚かされるのは、ヒト化石骨が幅広い部位からなり、さらに石器による損傷の多さやつき方も、小型動物に似ている点だ。人骨の二五パーセントは人為的損傷を（一ヵ所から数ヵ所まで）示している。骨を叩き切って、大きな筋肉を切断したり取り外したりした痕がついたものもあれば、骨に一撃で割れ目を入れ、そこから曲げてばらばらにする際に表面がはがれ、でこぼこになったものもある。骨髄を抽出するため、打撃を与えて細かく割った骨もある。アタプエルカチームのリーダー、古人類学者ファン・ルイス・アルスアーガはこうまとめている。「疑いなく、ヒトの死体をここに積んだのはほかのヒトである。彼らはヒトの死体を食べ、あとで動物の残骸や使った道具とともに骨をおいていったのだ」

損傷痕（ダメージマーク）の範囲や位置をみれば、ＴＤ６層の人々がほかのヒトの身体を切り刻んだのは、儀式目的でなく食物にするためだったと考えられる。一八世紀にヨーロッパ人が初めてイースター島に着いたときの状況と比較してみよう。イースター島では環境が厳しくなっており、いったん繁栄していた人たちも八割がた減ってしまった。生き残った人たちは必死になって、思い切った行動に出た。食人もそのひとつだ。短期的には一部の人が生き残るために役立っても、長い目でみると、絶滅にむかうスピードを早めたにすぎない。ＴＤ６層でおこなわれていた食人習慣が同じように栄養上の理由からだったにせよ、おそらくこの習慣のせいで最終的にアンテケッソルは地球上から姿を消したのだろう。

ネアンデルタール人もまた食人をおこなっていたとみられるが、日常的な習慣ではなかった。またこれが絶滅を招いたとしても、影響は一地域の個体群にとどまっていた。とはいえ、私たちの知る限り、大型類人猿は食糧不足の場合でも仲間を食べることはしない。ＴＤ６層に刻まれた記録、ネアンデルタール人、イースター島、ヨーロッパやアメリカ南西部の後期先史遺跡から考えると、栄養目的の食人習慣は、アンテケッソル、ネアンデルターレンシス、サピエンスの三者が共有する最後の祖先から受けついだ、ヒト特有の傾向なのかもしれない。

ＴＤ６と違って、チェプラーノ遺跡（イタリア）から出土したのは一人のヒト化石のみで、人工遺物はない。しかしこの化石は推定年代と形が重要である。一九九四年のハイウェイ建設工事で、ブルドーザーによって粉砕されてはいるが、ヒト頭蓋冠の大部分が回収できた。近くの地点で、おそらくこれより新しい火山層と古い火山層の両方をカリウム／アルゴン分析した結果、この頭蓋冠は九〇万〜八〇万年前であった。復元したところ（図5-3）、ホモ・エレクトスの頭蓋冠と共通点が多い。たとえば眼窩上隆起が巨大で棚状をなし、頭骨壁は極端に分厚い。側面から見ると後頭部が角ばっていることや、内容量が少ない（一〇五七ccと推定）こともそうだ。もしジャワで発見されたら、エレクトスとみなされただろう。この年代測定が正しいとすれば、チェプラーノから出土したヒトが解剖学的構造上アンテケッソルと違うことから、ヨーロッパに再度移住を試み、失敗したといえる。

六〇万年前、突然脳が拡張した

およそ五〇万年前から、後期アシュールのハンドアックスを作っていた人々は、万難を排して（寒暖ものともせず、といおうか）ヨーロッパに辛抱強くとどまり、さらにそればかりか、アンテケッソルもほかの初期ヨーロッパ人も行き着けなかった北方の地域にも広がっていった。これは五〇万年前以前、原点となるアフリカの地に起こったテクノロジーの進歩のおかげだろう。先に述べたようにアシュールの（ハンドアックスの）伝統はアフリカで一六〇万年前に始まっており、アフリカ、ヨーロッパ、両者を橋渡しする西アジアで二五万年前頃まで存続していた。

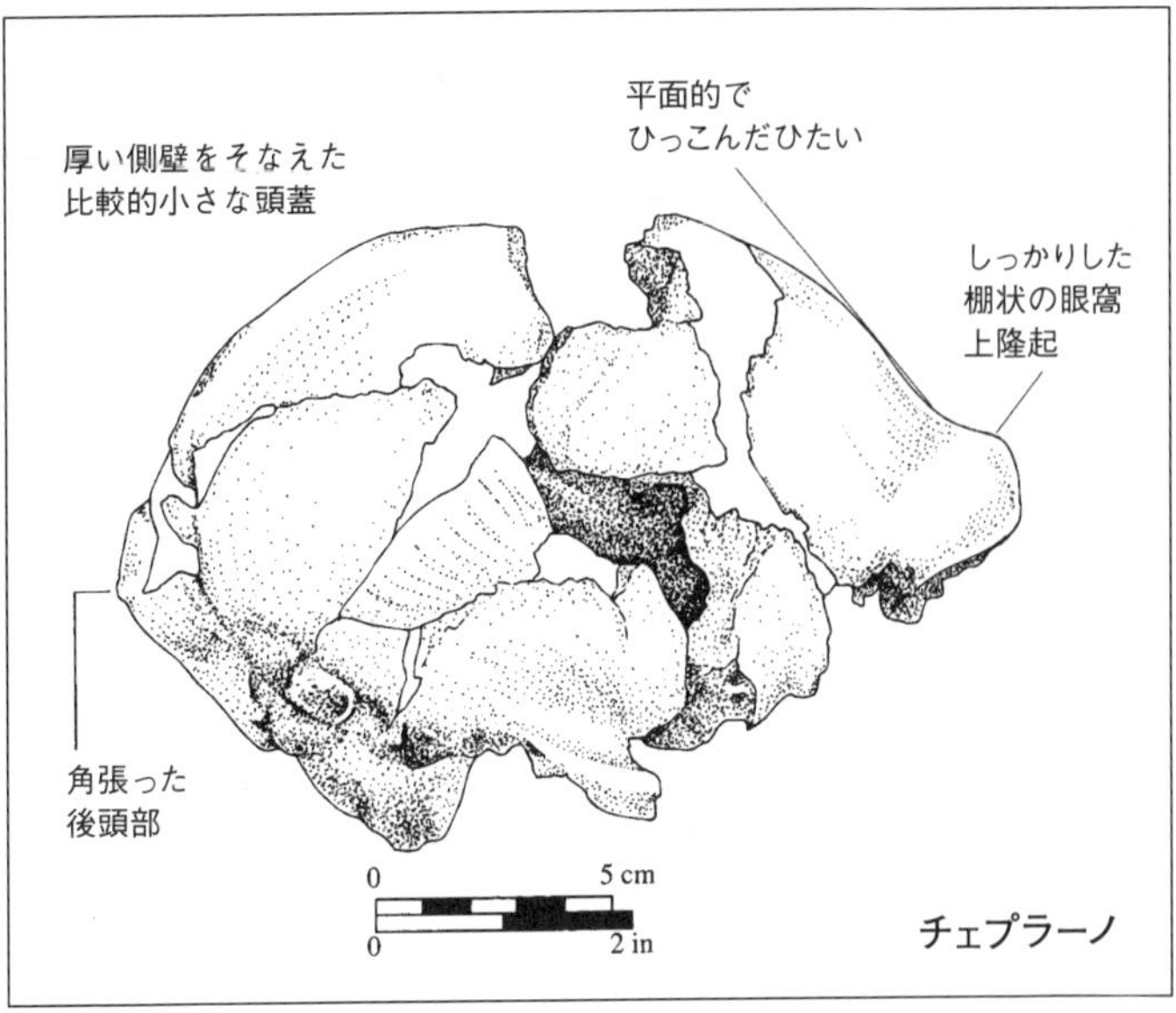

図5-3
チェプラーノ（イタリア）から出土したヒト頭蓋骨。（写真をもとにしたキャスリン・クルーズ＝ウリーベによる絵）Ⓒ Kathryn Cruz-Uribe

アフリカのアシュール遺跡は、ほとんどの場合年代測定があやふやだが、それでも二段階に分けられそうだ。第一段階は六〇万年前以前、比較的分厚く、仕上げが雑で、左右不対称なハンドアックスが普通だった。第二段階は六〇万年前以降で、ハンドアックスは一般的にずっと薄手になり、仕上げもより細やかで、平面図でみても縁からみても、きちんと左右対称になっている（図5－4）。第二段階ではまた、後に現われるヒトと見分けがつかないほど洗練された剥片石器が作られる。彼らの技術が非常に進歩したことは、ヨーロッパでの移住成功にきわめて重要な意味をもっていただろう。

初期アシュール人は雑ながらも平面的に左右対称なハンドアックスを作ろうとした。これは先行するオルドワンの人たちよりも認識能力が進んでいたことのあらわれだ、とコロラド大学の考古学者トーマス・ウィンは強調する。もしこの見解が正しければ、後期アシュールの多くのハンドアックスが立体として見事な左右対称となっているのは、同じく重要な進歩のしるしといえる。材料である岩の塊を前にして、彼らは頭の中で最終的な道具の形を思い描けるようになった。初期アシュールから後期アシュールへいつどのように移行したか、まだ確定されていないけれども、およそ六〇万年前頃に突然起こったとすると、生物人類学者クリス・ラフ、エリック・トリンカウス、トレント・ホリデイが明らかにした急激な脳の拡大と重なった可能性もある。彼らの分析によれば、一八〇万~六〇万年前、脳のサイズは現代平均の六五パーセントあたりでかなり安定していたが、その後まもなく、同比九〇パーセントくらいまで増大した。脳の容量の爆発的増加や、それにともなう頭蓋骨の変形が、ハイデルベルゲンシスの登場を誘発したならば、六〇万年前のこの脳拡張も安定期を揺るがす一大事件——一〇〇万年以上前のエルガステルのように——となっただろう。今後、ハイデルベルゲンシスと後期アシュールの技術のつながりが、エルガステルとアシュール文化のおこりの間に仮定されるつながりとパラレルであることが確証されれば、なおさらしっくりするはずだ。

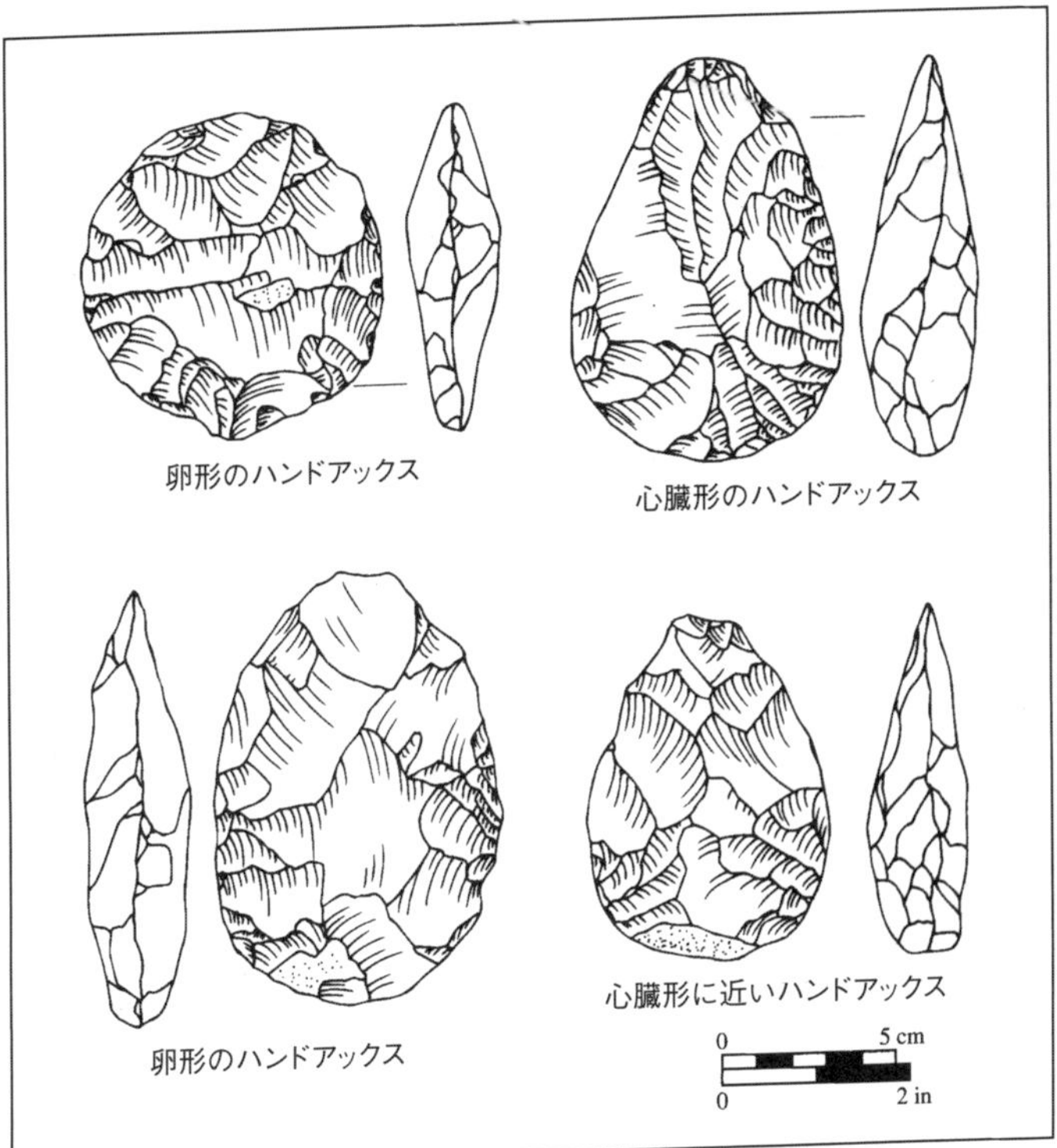

図 5-4
英国南部から出土した後期アシュールのハンドアックス。（J・J・ワイマー『英国における下部旧石器時代の考古学』（1968 年）P.147 の図を再描）

ヒト言語の発展の第一歩

今考えてきたように、脳が唐突に急拡大したというにはもっとリサーチが必要だが、ヒトが進化した五〇〇万〜七〇〇万年の間に脳のサイズがおよそ三倍に増加したことは疑いようがない。この期間、身長も増したとはいえ、その程度ははるかに小さい。その結果、現生人の脳はただ大きいだけでなく、大脳化が進んだ。つまり、身体のサイズの割に脳が並外れて大きいのだ。哺乳動物は一般に他の動物よりも大脳化し、脳が発達している。最初期の哺乳動物でさえ、身体の大きさが同じくらいの爬虫類よりも、脳は四倍ほど大きい。サイズの違いは、大脳皮質——ヒトの脳といって思い浮かべるとき真っ先に思い出すしわのよった灰白質の部分——の発達に起因する。

もともと哺乳動物はおそらく夜行性だった。そこで食物と安全な場所を求める際に、視覚、嗅覚、触覚、聴覚といったさまざまな感覚器官から情報が脳に送られ、発達した脳で加工処理する必要があったのだろう。哺乳動物の脳はこうして進化し続けたが、ほとんどの場合、早い時期に身体と脳のサイズ比は平衡に達している。その最も顕著な例外が霊長類で、登場して以来六五〇〇万年ほど、脳の拡大はとぎれることなく続いた。ヒトももちろん霊長類に属する。この点で、他に例をみないヒトの大脳化は、長く続いた進化の頂点とみなせるだろう。

ＵＣＬＡの神経科学者ハリー・ジェリソンの計算によれば、ヒトの脳は、他の哺乳動物の脳と身体のサイズ比から予想される大きさのざっと六倍であるという。調査対象をサルと類人猿に限り、ヒトの身体のサイズに調整しても、それでも三倍近い。化石の記録をみたところ、大脳化現象はいったん始まると必ず急スピードで進んでいる。ヒトの脳がそのよい例で、実際のところ、脊椎動物史上、最も急速に進化した器官だといえる。

脳が大きければどんなプラスがあるかは明白だが、しかしマイナス面もある。現代人の場合、脳は体重の約二パーセントでしかないのに、代謝エネルギーのおよそ二〇パーセントを消費している。さらに脳が大きく、二足歩行のせいで産道が狭められたため、出産が容易でなくなった。他の哺乳動物の調査から考えれば、生まれた時点で、ヒトの脳はもっと大きくなっているはずなのだ。もっと正確にいえば、ヒトの妊娠期間は本来より三ヵ月ほど短いと考えられる。妊娠期間が九ヵ月であるため出産はそれだけ楽になるが、類人猿や他の哺乳動物に比べて、誕生時、自分では何もできない。したがって、とくに母親の側にさらなる犠牲が課される。明らかに、脳はますます大きくなったことから、プラス面がマイナス面を上回ったはずである。その最も一般的なプラス面は、新たな行動を蓄積できる能力に他ならないとジェリソンは述べる。さらに脳の、特に大脳皮質の主要なはたらきは、「現実世界」について知的なイメージあるいはモデルを構築できることだという。彼の言葉を使えば、「別の方法ではこなせない大量の情報を脳が処理できること」であり、それが「知性にとっての生物学的基盤」である。六〇万年前以降の脳の拡張によって、ヒトの脳が加工処理できるデータは増加しただろう。そして今度は、より洗練された知的モデルを作り上げることができるようになった。ジェリソンはこう記す。「脳は結局、情報処理器官である。脳を拡大した自然淘汰は、情報処理能力を増加し、改良する方向に進んでいた」

ヒトは六〇万年前以前も、間違いなく、自分たちの世界についてすでに進んだ知的モデルを構築していた。しかし同時期に起こった脳の急拡大は、こうしたモデルを他人に伝える能力を高めた――すなわち、ヒト言語の発展における大きな一歩を刻みつけたのではないか。言語の進化という話題は、最も興味をそそり、しかも具体的にどう取り組んだらよいかが最も難しい。ジェリソンが指摘するように、言語は一種の第六感である。人々は言語のおかげで、他人の主要感覚器官から情報を引き出し、五感を補うことができる。この点でみれば、言語はきわめて複雑な知的モデルの構築を促す「知覚」のようなものだ。言語ひとつをとっても、脳の拡張によるマイナス面を補って余りあるといえよう。

五万年前頃に起こった完全に現代的な行動の発展――「人間の文化の曙」――は完全に現代的な言語の発展を特徴とするのではないか。さらに、この発展の一因は神経学的変化にあっただろう。この後に以上二点についてお話しするつもりだ。ここであえて断言しないのには理由がある。ヒトの脳がほぼ現代の大きさになったのは六〇万年前直後のことなのだ。もし神経学的変化が五万年前に起こったとして、これは脳構造の内部に限られている。頭蓋骨化石からは、私たちのと形がまったく違う頭蓋骨でも、脳の構造についてはほとんど何もわからない。六〇万年前以降、神経学的変化によりヒトの行動が変化した、とする議論は、それを示唆する行動学的（考古学的）証拠がなければ検証できない。

シマ遺跡の発見

ここでしばらく、頭のなかで考えるのでなく、証拠を出して話を進めることにしよう。証拠というのは五〇万年前以降のヨーロッパの化石の記録である。私たちにとって、これはきわめて重要な意味をもつ。なぜならば、現代人がアフリカで進化していたとき、ネアンデルタール人はヨーロッパで進化した不思議な存在であったことを示すからだ。プロト・ネアンデルタール人の化石は、四〇万～二〇万年前のスウォンズクーム（英国）と、シュタインハイム（ドイツ）などの遺跡から出土しているが、ネアンデルタール人の起源に確信をもつ根拠となるのがアタプエルカのシマ・デ・ロス・ウエソス遺跡（しばしば「シマ」つまり「穴」と略す）である。

同種のグラン・ドリナ遺跡と違って、シマ発掘は鉄道工事などの企業活動がきっかけとなったわけではない。もともとの入口はずっと前に崩壊していた。床面積一七平方メートルそこそこの小室にたどりつくには、今日でも、入口から〇・五キロメートルほどのところにある深さ一三メートルの穴をおりるしかない。近郊のブルゴス出身の青年たちが、昔から、トーチとロープを手に地下洞窟を探検したいと思わなかったら、この小室が科学界に知られることはなかっただろう。落書きをみると、一三世紀末までには青年たちはシマ洞窟に足を踏み入れていた。

一九七〇年代半ばに、ある現地調査団が古生物学研究者に、シマ洞窟にはクマ骨がたくさんありますよといった。この骨が注意をひき数も多かったので、シマ洞窟はそれにちなんで名づけられている。

最初のヒト化石（下あご）があらわれたのは、一九七六年。洞窟の床面にクマ骨や岩石が散乱しているなかから発見された。このあごにスペインの古人類学者たちは興味を覚えたが、シマを発掘調査しても目立つものは出てこないようにみえたため、ほかの近くの洞窟に目を向けた。八二年、またシマに戻った彼らは、ちょっと寄ってみた。すると――「ほかにヒトの化石が出るとは思いませんでした。下あごが発見できただけで、もう満足していましたから」と、ファン・ルイス・アルスアーガは回想する。ところが、ほんの少し探しただけで、二つのヒトの歯が見つかった。シマにはほかにどんな宝が眠っているのか、彼らはきちんと調べることにした。八四年以降は毎年夏の一ヵ月間、発掘チームの数名がはしごをおりて洞窟に入り、酸素も十分でないような窮屈な場所で、うずくまって作業にあたった。酸素不足のせいで、作業時間は三〇分に限られた。地面には荒石が散らばっている。ヒトの骨があるのは、ドウクツグマの骨が詰まった層の下の堆積物だった。荒石とドウクツグマの骨を取り除かなければならないが、一回あたりバックパック一個というペースで、五年かかった。そこまで済んで初めて、人骨化石を発掘するという面白い仕事が始められる。

一九八九年、照明が据えつけられ、隣の小室には地表から換気口が開けられた。これで、一度に三時間、洞窟内部にいることができる。彼らは木の板に横たわり、へらを使って、個々の人骨から湿った粘土層をこそげおとしていった。その様子は、化石ハンターというより彫刻家のようだった。アルスアーガはこの遺跡を手術室にたとえている。発掘中の小さいエリアを残して、地表をすっぽりビニールシートでおおっているからだが、発掘と手術が似ている点はほかにもいろいろある。化石は取り出して外気で乾かせるまで、大変もろいので、貴重な標本を壊さないように、手術さながらの正確さで手を動かさなければならない。アルスアーガは「季節ごとに、発掘できるのはわずか一平方メートル、深さは二〇センチメートルだけです。しかしこんな小さいスペースで、二〇〇〜三〇〇ものヒト化石が見つかっています」と語っている。

シマが古人類学界にとってきわめて重要な遺跡であることを証明するには、二、三年間、寒いところで窮屈な作業を続けなければならなかった。早い段階から、発掘チームは手指の小さい骨を見つけ出していた。アルスアーガはいう。「シマ・デ・ロス・ウエソスに完全な骨格があることは私たちにはわかっていました。しかし誰も信じてくれませんでした。今でこそ科学界も興味をみせていますが、八〇年代には、この遺跡に関心をもつ人など誰もいなかったのです」。事情が一変したのは一九九二年だった。この年、アルスアーガと共同調査者たちは最初のヒト頭蓋骨を発見したのである。

まず取り出したのは額の一部で、眼窩上隆起が際立っていた。忍耐強く調べを続けたところ、眼窩上隆起は脳頭蓋とつながっていた。発掘チームは大喜びし、作業の手を休めて、広めの隣室でシャンパンを味わった。続けていくと、大きな上顎の犬歯を、次に二つめの脳頭蓋が見つかった。やがて、これを最後に来年まで閉鎖するというとき、洞窟に戻ったメンバーのイグナシオ・マルティネスが、あともう少しだけ掘ろうといいはった。三〇分のうちに、二つめの脳頭蓋にぴったりあう顔が出てきた。一年後にはその下あごも発見、頭蓋骨化石は記録上最も完全なものになった。同じ時期、さらにもうひとつの頭蓋骨を発見した。これで三人分だ。

シマ遺跡の年代を測定する試みは今も続いているが、現在の時点で最も妥当とされる推定年代によれば、ヒト化石出土層位は三〇万年前頃となり、ここで取り扱うハイデルベルゲンシスと、次章で論じる本格的ネアンデルタール人の中間である。重要な解剖学的構造でも、シマの人たちは両者の間に位置する。ネアンデルタール人の頭蓋骨はきわめて大きい。脳容量の平均一五二〇ccという数字は、現代人の一四〇〇ccにも匹敵する。シマ頭蓋骨のうち二つは比較的小さく、脳容量は一一二五〜一二二〇ccだが、三番めの頭蓋骨は一三九〇ccと、充分ネアンデルタール人のレベルに達している。実際、これは一五万年前より古い遺跡から出土した頭蓋骨のなかで、最大である。さらに印象的なのは、これが、さまざまな原始的ヒトが共有する頭蓋骨の特徴と、いかにもネアンデルタール人らしい頭蓋骨をつなぐ橋渡しになっていることだ（図５－５）。ネアンデルタール人と違って、大きな乳様突起がある（耳の後ろと下で、骨が下方に突き出ている）。その一方で、ネアンデルタール人さながらに正中線（顔の上から下まで二つに分ける線）に沿って顔が前にぐっと突出し、また後頭部は首の筋肉上部にぼこぼこした

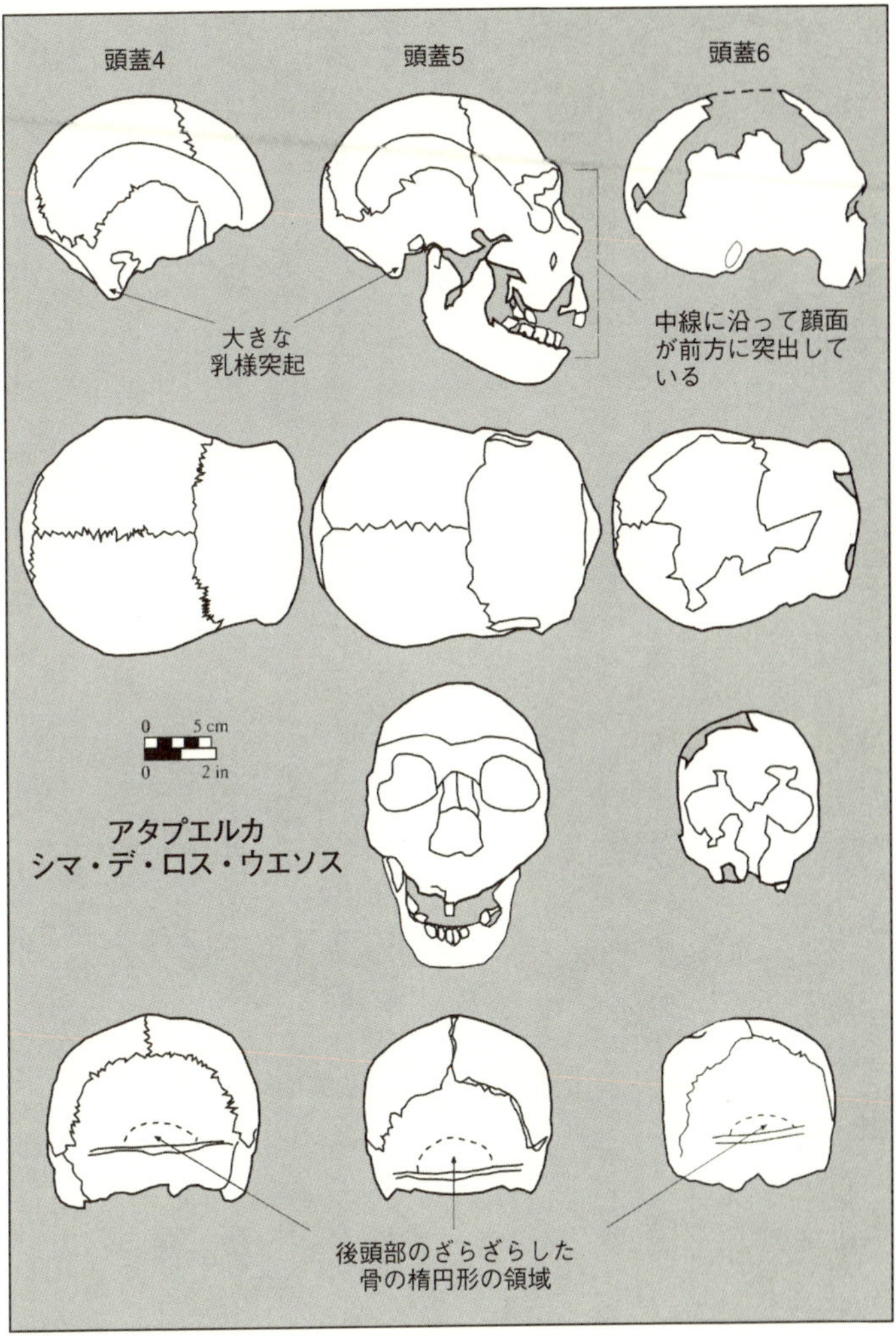

図5-5
アタプエルカ（スペイン）のシマ・デ・ロス・ウエソスから出土したヒト頭蓋骨。

楕円形の骨がある。原始的な頭蓋骨の特徴が残っているため、ネアンデルタール人とはいえないが、ネアンデルタール人を生み出す系統に、あるいはその近くにいたことは確かだ。

シマの化石は、のちのヒト進化のパターンをはっきりと証明する。しかしこれでまた新しい謎がひとつ持ち上がった。この化石はどうやって洞窟に入ったのか？　化石出土層位には人骨片しかないうえ、骨はぎっしり詰め込まれている。人工遺物や炉など、人がこの洞窟で生活していたことを示すものは何もない。発掘された骨の標本は、二〇〇〇を超えた。このなかには頭蓋骨三個、他の大きな頭蓋片が六個、それより小さい頭蓋片あるいは顔の破片が無数、完全あるいは部分的な下あごが四一個、遊離歯多数、頭骨以外の身体の骨が数百個含まれる。

これは少なくとも三二人分に相当する。あごと歯を測定した結果、男性と女性がほぼ半数ずつであった。歯のはえ具合や摩滅具合から、うち一七人は一一～一九歳の若齢個体、一〇人が二〇～二五歳であることがわかった。一〇歳未満は三人だけで、三五歳を超える人はいなかった。子どもの数が少ないのは比較的骨が軟らかく、地中に残りにくいからかもしれない。壮年者がみられないのは、ネアンデルタール人と同じく、三五歳以上年齢を重ねることはめったになかったからだ。それでも、この年齢分布は不思議な感じがする。事故や伝染病のように、ごく普通の日常的死因によるものならば、一〇代や二〇代前半の若者よりも、年寄りや体の弱い人たちのほうがずっと多いはずだ。したがって、彼らは日常的原因で死んだのでなく、みなが巻き込まれた大災害の犠牲となったと考えられる。ひとつの可能性は伝染病だが、それでもこの洞窟にどうして死体が集まっているのか、説明できない。死因と死体処理の両方を説明する別の可能性としては、近隣集団によって壊滅的な攻撃を受けたということだろう。しかしそうだとすれば、シマの人骨には槍や棒によって傷跡がついているはずだが、それがない。グラン・ドリナの骨と違って、石器による損傷の跡もないから、食人行為があったとは考えられない。唯一傷がついているのは、キツネなどの小型肉食動物に咬まれたあとだ。おそらく、ヒト死体の腐敗臭に誘われて洞窟の小室に入り込んだのだろう。

シマの標本には、骨格のほとんど全部分がほんの小片にいたるまで含まれるため、すべてばらばらにでなく全身そろった形で洞窟に入ったと発掘チームは考えている。骨はほとんど折れ、折れた端がなめらかになったものもある。堆積流のせいかもしれないし、あるいはドウクツクマに何度か踏みつけられたからかもしれない。それで骨がばらばらになって、洞窟の床にばらまかれたのだろう。もし死体一体一体が運び込まれたとすれば、経緯が問題になる。今のところ、他の人が穴から死体を落としたと考えるのが妥当だが、ではこの習慣は儀式的なものか、それとも単なる衛生上の理由だろうか。儀式・祭儀の可能性も頭から否定できないが、堆積物からは特別な人工遺物も、かつて肉がついていた動物骨も出ていない。また儀式での供え物あるいは埋葬品と解釈できるものも見つかっていない。そうなると、自分たちの生活圏から遠く離れたところに死体を処分したいという欲求から捨てた、と考えるのが確実なところだろう。かりに衛生目的だったとすれば、ネアンデルタール人の先を行っていたといえる。ネアンデルタール人も、しょっちゅうではないにせよ、少なくとも時折死体を埋め、墓を掘った。墓はぎりぎりの浅さで、埋葬品もなく、ただ死体を突っ込むだけだ。明らかに思想や宗教的ニュアンスをもつはるかに精巧な墓が作られるのは、五万年前以降のことである。ヒトの文化の曙という言葉を考えるとき、このことは重要な意味をおびる。

人類最初の人形

シマの人たちは、当時ヨーロッパ、西アジア、アフリカに広まっていた後期アシュール文化に属していた、とみてまず間違いない。ほとんどのアシュール遺跡からは、芸術品（アート）と見紛うものは何も出土していないが、考古学につきものの例外もある。最もはっきりした例外が見られるのは、シリア領ゴラン高原のベレカット・ラム遺跡（現在はイスラエル支配下にある）である。ベレカット・ラムは典型的な後期アシュール遺跡で、そこからは八個の小型ハンドアックス、無数のルヴァロワ剥片、さらに二五万年前以降アシュール文化を受け継いだヒトのように、注意深く二次加工を施した剥片石器などが出土している。下と上の層に含まれる溶岩をカリウム／アルゴン年代測定法で分析した結果、これら人工遺物出土層は四七万〜二三万三〇〇〇年前と推定される。発掘チームのリーダー、ヘブライ大学の考古学者ナアマ・ゴレン＝インバールらは、二八万〜二五万年前と考えている。

ベレカット・ラムでは、剥片石器の人工遺物とともに、長さ三五ミリメートルほどの小さい

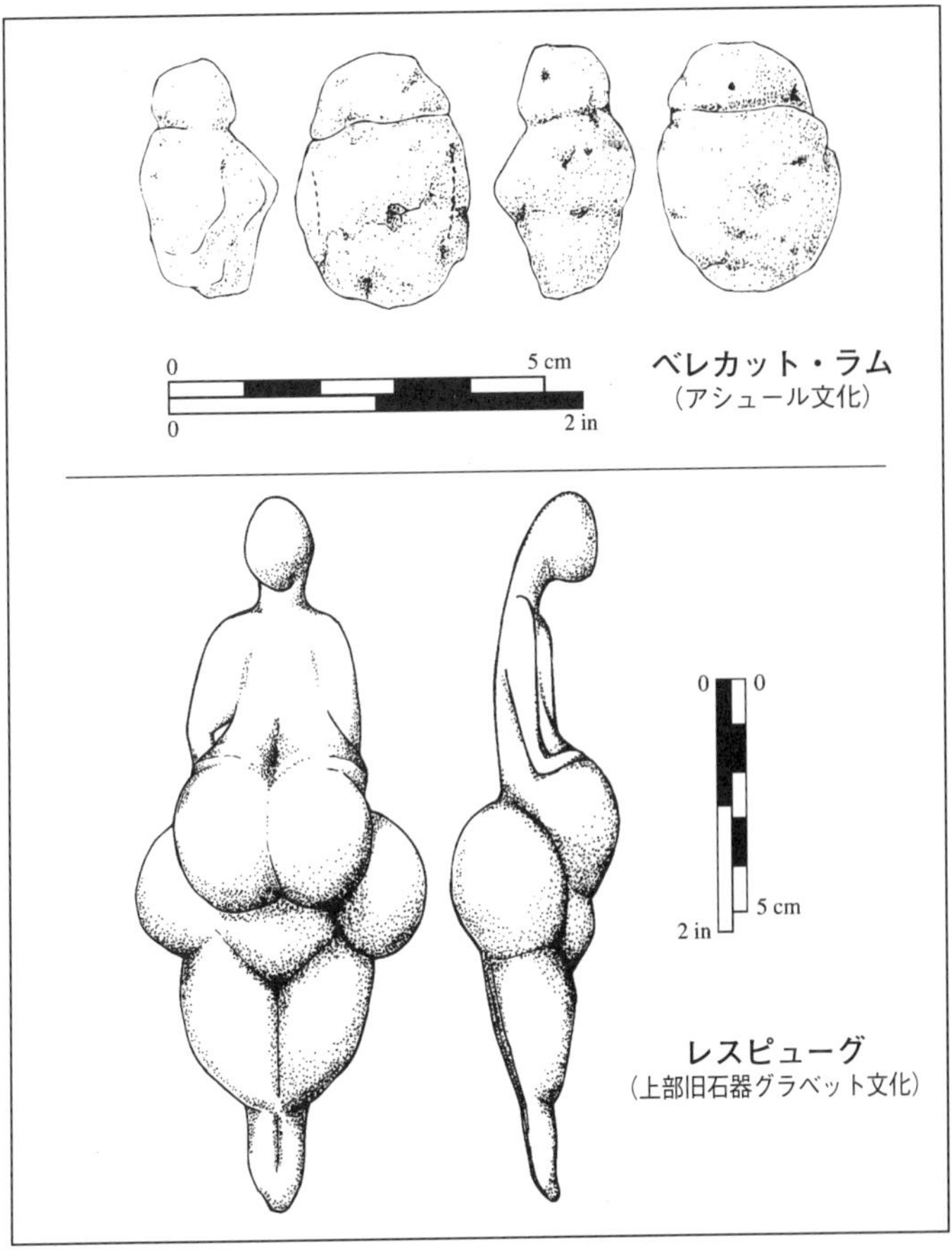

図5-6
上：人をかたどったフィギュリンらしき遺物。ゴラン高原のベレカット・ラムにあるアシュール遺跡で発見された。(写真をもとにしたキャスリン・クルーズ=ウリーベによる絵)
下：上部旧石器時代の「ヴィナス」フィギュリン。レスピューグ（フランス）で発見された。（復元化石をもとにしたキャスリン・クルーズ=ウリーベによる絵）

溶岩塊が発見された。人間をかたどった粗雑な小立像（フィギュリン）らしい（図5-6）。狭く丸い端を一周する深い溝は、頭と首をあらわすものだろう。両脇に浅い溝がカーブして刻まれているのは、腕だと考えられる。

第一に、最も明白な問題は、この溝が自然にできたのかどうかだ。そこで考古学者フランチェスコ・デリコとエイプリル・ノウェルは刃の鋭いフリント道具を使って、似たような小石を切る実験をおこない、フィギュリンとおぼしきこの塊の溝と比べてみた。実験でできた溝はいくつかの点で、自然にできた溝とは明らかに違っていた。底面と両側面も違う。ここで小石を割ってから、鋭い刃でざらつきを落としているのだ。顕微鏡でみると、フィギュリンの首をあらわす溝は、実験でできた溝によく似ている。二人は、この溝を人為によるものと結論づけた。これほど確定的ではないが、腕の溝も実験との比較から人為的だと考えられる。

しかし二人は、手を加えたこの塊がフィギュリンであると証明したわけではない、と慎重な態度を示す。丁寧に作り上げられた美しい人間のフィギュリンを——四万年前以降、ヨーロッパでヒト文化の曙をしるしづけたあのフィギュリンを——どことなく思い出させるだけにすぎない。誰がみても芸術的なものだったとしても、これは特殊な例である。アシュール文化だけでなく、ベレカット・ラムの場合も、パターン化した創造的表現は確立しなかった。五万年前以前から時折みられる芸術品らしきものもそうだが、こうしたフィギュリンがあったとしても、後になって創造力の爆発が起こったという見方が揺らぐことはありえない。

「火」を支配した最古の証拠

後期アシュール文化の人たちが芸術品を生まなかったとしても、剥片石器を作る能力にかけては、先行者たちをはるかにしのいでいた。狩猟にも力を注いだことは、この後お話ししよう。また火を使いこなすという非常に重要な点とあわせ、彼らは際立って人間的だったと思われる。ジョージ・ワシントン大学のアリソン・ブルックスやハイファ大学のアヴラハム・ローネンといった考古学者は何度といわず、ヒト進化における火の役割の大きさを主張している。『ディスカヴァリング・アーケオロジー』誌でブルックスはこう語った。「これが人間の始まりなのです。火があれば、みなでキャンプファイアを囲んで座るでしょう。環境を変えることもできます」。ローネンは「道具である以上に、火はシンボルである……人間が意のままに消し、再生できる唯一の物質である。……自意識、および他者に対する根本的な意識を呼び起こすものがあったとしたら、火こそがその刺激となった」という。したがって、人々がいつ初めて火を管理できるようになったか、と問うのは、いかにも当然のことだ。が、答えは曖昧にならざるを得ない。

ヒトは一〇〇万年前にはアフリカ各地に、さらにユーラシアにも広がっていた。理屈上、身体を暖め、自分を狙う獣から身を守り、食物を用意するために、火が必要となったと考えられる。しかし火の使用を考古学者が疑いの余地なく証明しようとすれば、炉の化石が必要だ。灰や炭痕を囲むように、石器や折れた動物骨が並んだ化石がほしい。しかし、こうした化石が出土する見込みは薄い。初期ヒトの遺跡は、比較的乾燥した熱帯あるいは亜熱帯の古土壌表面にできる場合がほとんどで、炭や灰が残りにくいからだ。洞窟はそれより保存状態がよいけれども、一五万~二〇万年前より古い洞窟はたいてい崩壊しているか、そうでなくてももともとの堆積物は失われている。そこで野外遺跡に集中するしかないが、東アフリカのこうした二つの遺跡では、一部地面が焦げている。このことから、ヒトは一四〇万年前までには火を管理していたと思われる。しかしどちらの場合も、単に野火で切り株や草木がくすぶっただけかもしれない。スワルトクランス洞窟(南アフリカ)の一五〇万年前の人工遺物に時折共伴する炭化骨も、問題は同じだ。骨が炭化していることは明らかだが、洞窟外部から出土しており、自然発火による可能性もある。

明白な炉の化石にこだわるならば、ヒトが火を支配した最古の証拠として確実なのは、二五万年前より新しいアフリカとユーラシアの洞窟遺跡だけである。文化の曙光がさす前にヒトが火を支配したのは間違いないが、それでもハイデルベルゲンシスと後期アシュール文化より後になる。

しかし、ここでは証拠第一主義をやめ、ヒトはもっと前から火を使いこなしていたはず、という議論を受け入れたい。先入観を排除せずに、証拠の必要条件を緩め、焼骨、四方八方に散らばった鉱物灰、焦土の一画、火壺らしきもの、あるいはこれらのセットが不自然なほど頻繁にあることも、証拠に含めてよいとしよう。そうすれば、有名な「北京原人」洞窟（周口店）、モンタギュ洞窟といみじくもそう呼ばれているケーブ・オブ・ハース（「炉の洞窟」）、一握りのヨーロッパの遺跡――ヴェールテッセッレシュ（ハンガリー）、テラ・アマタとムネ・ドルガン（フランス）、ビルツィングスレーベンとシェーニンゲン（ドイツ）など――で五〇万～三〇万年前に火を使用していたことになる。こうした議論は、中国北部のエレクトスとヨーロッパのハイデルベルゲンシスには特にぴったりあてはまりそうだ。両者が住んでいた環境では、火は贅沢品というレベルをはるかに超えて重要だったはずだ。

シェーニンゲンの槍

ヒトの胃は、動物の筋繊維を生のまま消化する力が弱いから、火がなければ、二五万年前のヒトが狩猟したいという気になることは少なかったかもしれない。とはいえ、もしさかんに狩猟をしていなかったら、五〇万年前、ヨーロッパに移住できたとは思えない。狩猟について疑問の余地のない証拠が示されたのはシェーニンゲン遺跡（ドイツ）であった。正直なところ仮のものではあれ、当時火を使っていた証拠が出土した遺跡のなかでも、シェーニンゲンは傑出している。

シェーニンゲンは今も現役の野外褐炭坑だが、たまたまそこで、ヨーロッパ最大級の情報量を誇る初期人工遺物が発見されたのだ。それは一九九四年一〇月のこと、炭鉱会社の巨大回転掘削機が遺跡をならす予定日まで、二週間を切っていた。ドイツ政府の考古学者ハルトムート・ティーメと共同研究者は、石器の人工遺物と動物骨をできるだけたくさん回収しようと作業を進めていた。そのとき、両端が人の手によって細くとがっている短い木の棒を発見した。シェーニンゲンの堆積物は水浸しで、中はびっしりと詰まっており比較的気密な状態になっていた。こうした珍しい条件に恵まれたからこそ、木製の遺物が保存できたのである。古木製の人工遺物はそもそも考古学的に非常に稀少であり、この発見のおかげで、ティーメはさらにワンシーズン発掘作業を続けることになった。翌年、四〇万〜三五万年と推定される地層から、見誤りようのない三本の木槍を発見した。それぞれ長さ二〜三メートルで、トウヒの成木の心材でできている（図5-7）。さらに近くで、野生のウマの骨が少なくとも一〇頭分見つかった。その多くに、肉を切り取る際に割ったり切断したりした痕がついていた。石器時代の狩猟民は、かつての湖畔近くに潜んでウマを待ち伏せし、湖水に追い込むと、すばやく槍でしとめた——とティーメは結論づけた。

この発見は『ネイチャー』誌一九九七年二月号に掲載された。この号には、たまたまクローン羊ドリーに関する驚愕のレポートも収められており、一般大衆の関心はクローン羊に向けられた。しかし考古学者はティーメの槍に注目した。シェーニンゲン以前でこれに匹敵する発見があった遺跡は、二つしかない。ひとつはクラクトン（英国）で、シェーニンゲンと同年代と推定される堆積物から、先の尖った長さ三〇センチメートルの木槍が出土している。もうひと

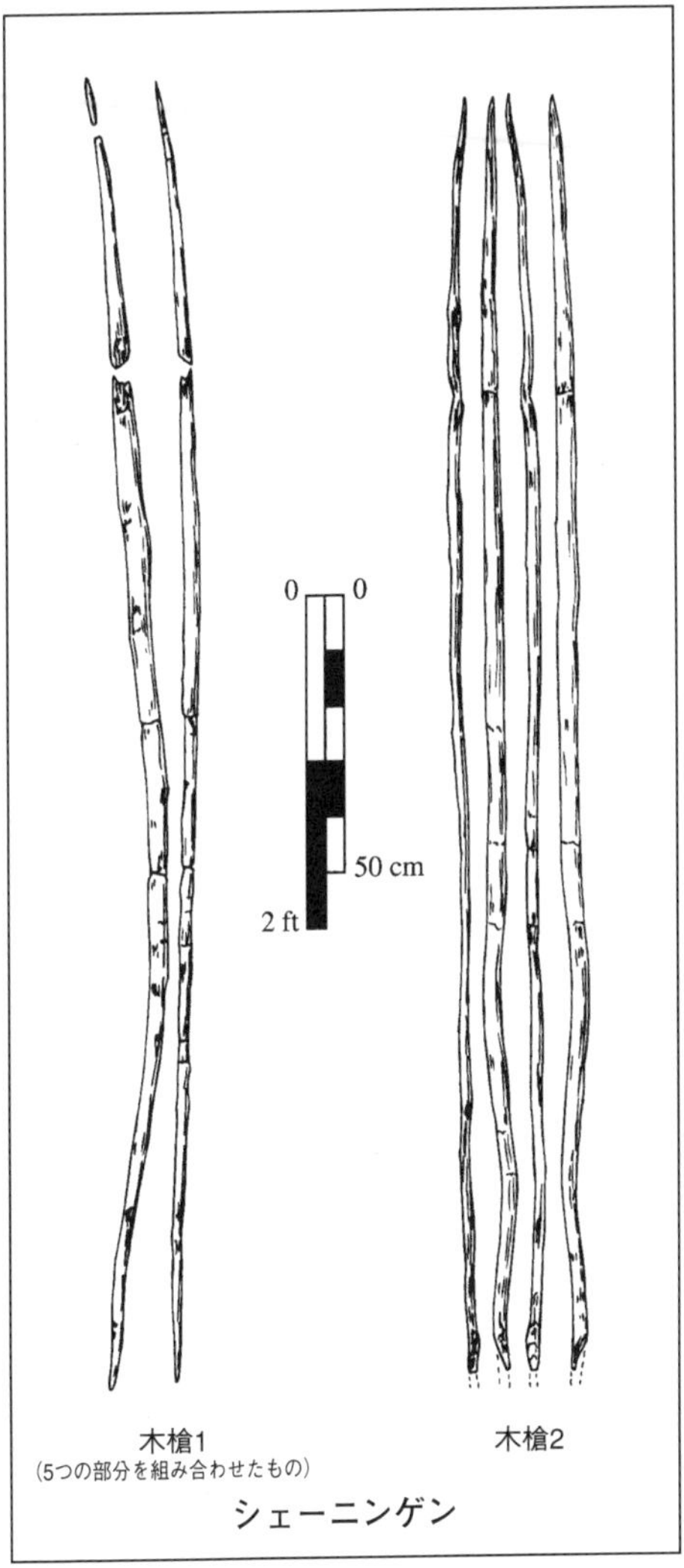

図5-7
シェーニンゲン（ドイツ）から出土した木槍。（『考古学通信』26（1996年）、H・ティーメ論文の図9を再描）

つ、レーリンゲン（ドイツ）では、おそらく一二万五〇〇〇年前の堆積物から、ゾウの肋骨の間から完全な槍が見つかっている。

ティーメは、シェーニンゲンの槍が現代の投げ槍と同じように、先にいくにつれて重く、後ろに向かって細くなっていることを強調し、したがってこの槍は投げるためのものだと主張した。飛び道具の進化を研究してきたストーニー・ブルック大学の考古学者ジョン・シーは、ずっと新しいレーリンゲンの槍よりも、こちらのほうが空気力学にかなっている、と認めている。レーリンゲンの場合は、重心の位置が後ろすぎて投げづらい。とはいえ、シェーニンゲンの槍でも遠くまで投げられたか、とくに致命傷を与えることができたかは疑問だという。シーはこう述べる。「興奮した野生の雄ウシに向かい、巨大な爪楊枝で押さえ込もうとするようなものだ。こうした武器は狩猟に用いられたのだろう。これに他の使用法は考えにくい。しかし、たいして効果的な武器ではなかった」

石器時代の飛び道具を専門に研究するデューク大学の生物人類学者スティーヴン・チャーチルは、シェーニンゲンの人々が意図的に槍を投げたのかも疑問だとする。彼は有史時代の狩猟採集民が槍を使った証拠を探して学会誌や初期民族誌学レポートをあさった。狩猟の詳細がわかった九六グループのうち、多くは刺し槍を使っていた。短距離から投げる場合もある。しかし必ず数メートル以上槍を投げるグループは、二つしかなかった。オーストラリアのメルビル島原住民と、タスマニアの一部土着民だ。どちらの投げ槍も、シェーニンゲンよりはるかに細く軽く、ねらった獲物はウマよりずっと小さい動物だった。

オーストラリアのアボリジニやメキシコ中部のアステカ族を含め、有史時代の民族集団には、遠方から大型動物を狙える槍をもっていたものもある。しかしこの目的で使うには、槍発射機がなければならない。槍発射機というのは木製か骨製のさおで、一方の端がかぎ状になっており、そこに槍の尖っていないほうの端のへこみ（切れ込み）をさしこむ。槍のシャフトをさおに沿わせ、手からさおをのばすと、腕がそれだけ長くなる。力学をうまく利用したこのやりかたならば、槍をはるかに遠くまで、しかもぶれずに飛ばすことができる。しかしこのシェーニンゲンの槍は、発射機と合わせて使うには大きすぎるし、形もふさわしくない。発射機が出土するのは、年代がずっと下って二万年前以降の遺跡だけである。

ネアンデルタール人とは二五万年前に枝分かれ

シェーニンゲンで発見されたウマの骨には、折られ、カットマークがついていた。したがってたとえ槍がそれほど役に立たなかったとしても、人々はとにかく大型動物をしとめていたと考えられる。カットマークや、強く叩かれたあとのある骨は、ほかにもトラルバ、アンブローナ（スペイン北・中央部）、ボックスグローブ（英国南部）、西ケープ・プロヴィンスのエランズフォンテイン（南アフリカ）など五〇万〜四〇万年前の遺跡でも発見され、同じ結論が成り立つ。それでも、石器のしるしがついた骨それ自体では、人々がどれくらいの頻度で獲物を手に入れたか、つまり成功率はわからない。この問題に答えるには、石器痕のある骨について考えるだけでなく、痕のない骨や、肉食動物の歯型のついた骨と比べてそれがどれだけ多いかをみる必要がある。遺跡数ヵ所を調べればよいのだが、それによると、後期アシュールの人たちはあまり大型動物を手に入れていなかったようだ。南アフリカの大西洋沿岸、ケープタウンから五〇キロメートル北にあるダイネフォンテイン2号遺跡でも、このことが証明される。

地中に埋められた遺跡の例にもれず、ダイネフォンテイン2号が発見されたのも、おもに企業活動のおかげだった。この土地を所有する南アフリカ電気供給委員会が、一九七三年、近くに原子力発電所を建設することになり、地質調査のためにブルドーザーが運び込まれた。たまたまその二、三日後、私（クライン）と友人がそのあたりを歩いていると、ブルドーザーの作業現場に遭遇した。捨土のなかに、無数の動物骨が混じっていた。折れた象牙もあった。掘割に入ると、地表から六〇センチメートルほど下の壁から、骨と石器の列がみえる。二日後、ためしに掘ってみると、古地表面にこれらの遺物があらわれた。七五年、発掘作業は拡大したが、発電所建設のため、遺跡にはその後一〇年以上も近寄ることができなかった。建設業者は注意深く地図にしるしをつけた。一九九〇年代半ば、私たちは、この遺跡の無事を確認した。一九九七〜二〇〇一年、五回の発掘作業で、四九〇平方メートルを超える古地表面があらわになった。出土した人工遺物と骨の位置は、ひとつひとつ注意深く記録におさめた。

大がかりな発掘の結果、骨はおそらくそれぞれの死体の形のまま、クラスター状になってい

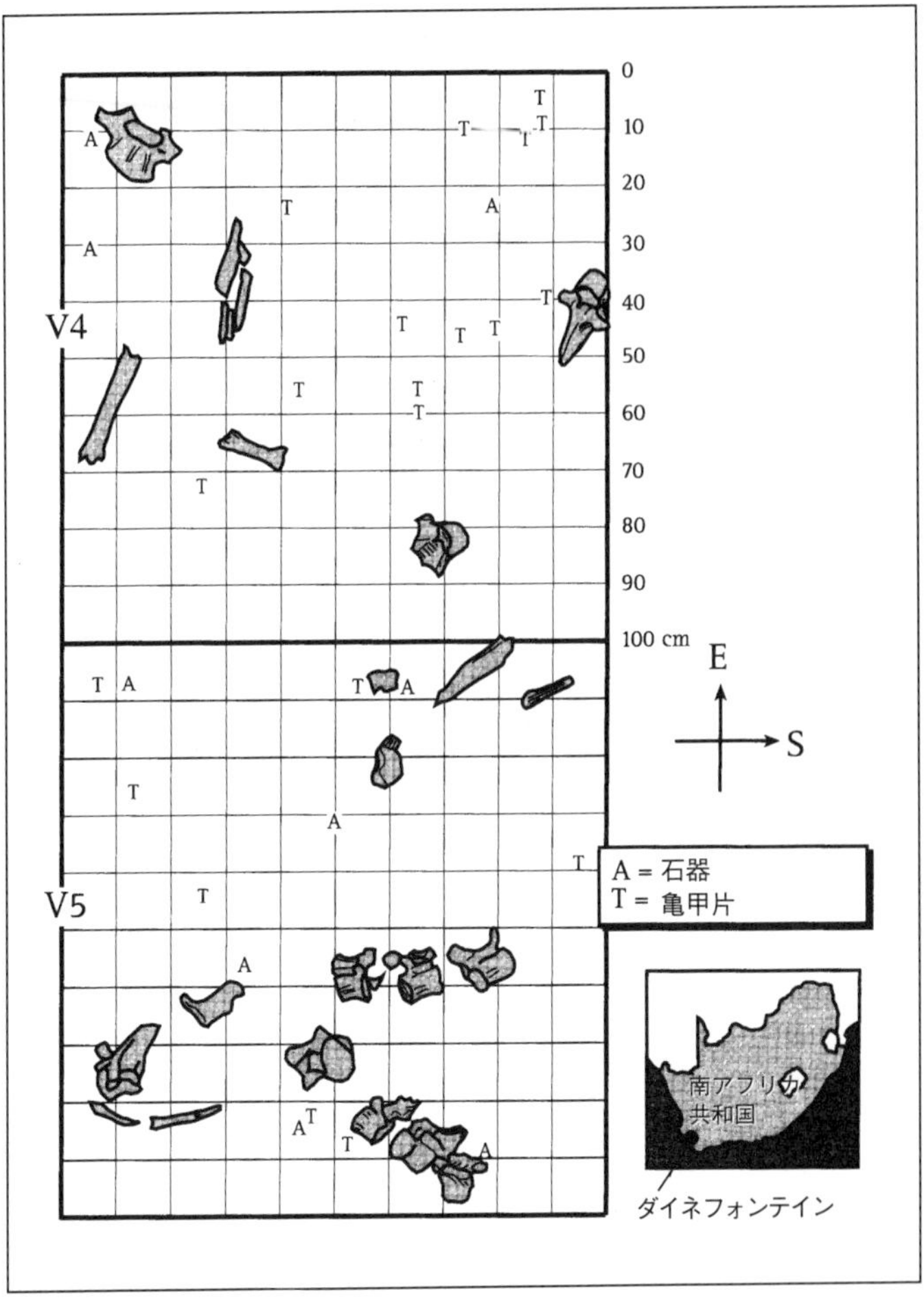

図5-8
ダイネフォンテイン２号の発掘地区Ｖ４、Ｖ５に散在する石器、バッファローの椎骨（および他部分の骨）、亀甲片。

ることがわかった。最も多いのはワイルドビースト、クーズー、それから現アフリカスイギュウの親戚で大型の絶滅種である。カバ、リードバックなど水棲動物の骨が時々見つかるのは、近くに沼か湖があったのだろう。人工遺物には、アシュールのハンドアックス（完全なものと割れたもの）、できのいい剥片石器、そのもとになった石核が含まれる。道具と骨が多くは互いにぴったり並んで出土することから、同時代であるとみてよいだろう（図5-8）。どれくらいの年月で蓄積したのかは推定しようがないが、数ヵ月、数年というよりは、数十年、数世紀かかったと思われる。

ダイネフォンテインの堆積物は砂丘なので、電子スピン共鳴法と似たルミネセンス法で、年代が測定できる。ルミネセンス法は、砂の粒の結晶の欠陥に捕獲された電子に熱あるいは光をあてる。すると電子が放出され、砂粒は蛍光を発する。この光（ルミネセンス）の量は放出された電子数に比例する。太陽光もまた、捕獲された電子を放出させる。つまり放出された電子はすべて、砂の粒が地中に埋められる直前から蓄積している、ということだ。蓄積の割合は、土壌中に自然に発生する低レベルのバックグラウンド放射線量と正比例の関係にあり、この放射線量は今日現地で測定できる。一年間に及ぶダイネフォンテインでの測定によって、現地における年間放射線量がわかった。幸い、発電所から放射性物質が漏れたというような異常は認められなかった。実際には、ルミネセンス年代測定をおこなうと、よく障害にぶつかる。たとえば、地下水の循環でウランなど放射性物質量が増減すると、年間放射線量は時とともに変化する可能性がある。ルミネセンス法につきもののこうした問題が解決し、あるいは除外できるとすれば、ここで年代は、放出される電子全体の数を年間推定蓄積割合で割った数で示される。ダイネフォンテインの古土壌表面でルミネセンス年代測定法を用いると、砂（と付随する人工遺物と動物骨）が埋められたのは三〇万年前頃となった。骨には風雨にさらされてできる風化がほとんど見られないから、埋められる前、長い間地表面にあったとは考えにくい。三〇万年は地質学的年代にきわめて近いはずだ。したがって、遺跡はアシュール期末に形成されたことになる。

これまでのところ、ダイネフォンテイン2号遺跡からヒト化石は発見されていない。しかしもし頭蓋骨が出土したとすれば、南アフリカ内陸部のフローリスバット遺跡の頭蓋骨に似ているることだろう。この頭蓋骨は電子スピン共鳴法によって、仮に二六万年前と推定されている。ちょうど、五〇万年前のホモ・ハイデルベルゲンシスと、一三万年前以降の現生人に近いアフリカ人の中間である。ハイデルベルゲンシス同様、これも頭骨壁が分厚く、顔は広く大きいが、その一方で、ずっと後に登場するヒトのように、額が高くそそりたち、顔は平面的で前に突出していない。シマ・デ・ロス・ウエソスの頭蓋骨がネアンデルタール人の頭蓋骨を予想させるのと同じような意味で、フローリスバットのこの頭蓋骨は現生人の頭蓋骨を思わせる。そして現生人の系統とネアンデルタール人の系統が少なくとも二五万年前までには枝分かれしていたことを示す直接の証拠ともなる。

シカゴ州立大学の考古学者リチャード・ミロはダイネフォンテイン2号の動物骨を一個一個、損傷がないか念入りに細かく調べ、シェーニンゲンのような石器痕を見つけた。しかし彼の調査によると、石器痕は肉食動物の歯型があちこちにみられるのに比べてずっと少ない。六〇キロメートル北にある古生物学遺跡ランゲバーンヴェーフから出土した骨も、そうだった。ランゲバーンヴェーフ遺跡では、骨が古土壌表面に散らばった動物の死体の形どおり、かたまって出土している。動物はダイネフォンテイン2号の場合とほぼ同じである。しかし、ランゲバーンヴェーフ遺跡の年代は約五五〇万年前とされ、これは最古の石器より三〇〇万年前にあたる。当然、骨には石器も石器痕もない。三〇万年前のヒトが狩猟中心だったのか死肉あさり中心だったのか、ダイネフォンテイン2号からは決定的証拠が得られないが、しかしランゲバーンヴェーフの骨と同じように人為的な傷が少ないことからみて、いずれにせよ、ほかの大型動物に対してさほど影響を与えることはなかっただろうし、獲物を全部合わせてもごくわずかにすぎないと思われる。アンブローナ、トラルバ、エランズフォンテインなど、同年代の遺跡でも石器痕のついた骨はめったに出土しない。条件つきながら、ここでも結論は同じだ。

では、どの遺跡でも、これほど多くの骨と石器がぴったりと付随して出土するのはなぜか。答えはおそらく、水源がそばにあり、長い年月にわたりヒトと動物が集まっていたからだろう。水を飲みにきたヒトが動物とかかわりをもったとは考えにくい。動物の骨すら踏みつけられて土中深く埋まったり、草木に隠されたりして、ヒトの目にふれなかっただろう。三〇万年以上もたった今、私たちの目には、動物骨と石器は同時に堆積されたように映る。地質学的な意味では、そうだ。しかし両者の間には、数週間、数ヵ月、数年という時間差があったかもしれない。私たちには知るすべもないのだ。

アシュールの人たちはなかなか大型動物を仕留めることができなかった、といって正しいならば、理由は技術が未熟なせいだろう。その結果、ヒト個体群は小規模のままだった。これは、ダイネフォンテイン2号で、古地表面に多数見られるアンギュラータリクガメの骨を調べれば確かめられる。カメは、特別な知識や技術がなくてもつかまえることができるから、石器時代にこの地に住んでいた人々は、数万年間カメを獲物にしていた。最初にとるのは最も大きいカメのはずだ。最も目につきやすいし、肉もついているからだ。採集する人数が増えれば、カメの平均的サイズは当然小さくなる。ダイネフォンテイン2号から出土するカメは古地表面で自然死しているが、しかしその大きさは、当時の人たちがどれだけさかんに採集したかを反映する。平均すると、カメはアンギュラータリクガメとしてはほぼ最大の大きさだった。一三万から六～五万年前、初期の解剖学的現生人の遺跡で付随して出土するカメは、平均してもっと小ぶりで、五万年前以降の遺跡ではさらに小さい。ここから、後期アシュールでは人口規模が小さかったこと、後になって増大したこと、文化の曙光がさしてから初めて有史時代のレベルに達したことが読みとれよう。

アフリカ人が競争で有利に立つ

アフリカにあるほかの後期アシュール遺跡もそうだが、ダイネフォンテイン2号は出土する動物、道具の材料となった石の種類など、細かい部分でヨーロッパの同時代遺跡と異なる。しかも、アフリカ人とヨーロッパ人は間違いなく別々の進化の系統に属していた。ところが、これら諸遺跡をみても、両者の間に重要な行動上の差異があったことを示すものはない。どちらの大陸でも、ヒトの行動は現代の水準から見れば、同じように原始的だっただろう。アフリカ人とヨーロッパ人は、約五万年前まで似通った――依然として原始的な――行動パターンを続けていた。そして約五万年前、アフリカ人は解剖学的構造だけでなく、行動面で現生人らしさをみせ始め、またたく間に、アフリカ人とヨーロッパ人はまったく違う行動をとるようになった。結局、競争で有利に立ったのは、現生人的行動様式を身につけたアフリカ人であった。彼らはたちまちユーラシア各地に広がった。三万年前までには、住む場所にかかわらず、人々はみな、現生人らしい外見と行動をみせていたのである。

第6章　ネアンデルタール人はどこへ？

ドイツのデュッセル川はライン川に注ぎ込む手前で、緑豊かなネアンデル渓谷を流れる。ネアンデルという地名は一七世紀のある地元の司祭であり作曲家でもあった人物の名にちなんでつけられた。基岩は石灰岩で、谷の壁にはかつてぽつぽつと洞窟が口を開いていたが、一八五六年までには、石灰岩切り出し作業のおかげでほとんど壊れてしまい、二つだけが残った。同年八月、採掘作業員がフェルトホーフェル洞窟の周りの石を取り除こうとして、入り口を爆破した。内側の瓦礫を片づけていると、誰かのつるはしがかちんと音を立てた。暗褐色の頭蓋冠にあたった音だ（図6‐1）。他の骨——おそらく全身骨格——も、近くからあらわれた。しかし作業者たちは頭蓋冠と腕の骨数本、大腿骨一対、骨盤の一部、肋骨数本だけを回収した。採掘場のオーナーは、それをクマのものだと思いながらも取っておき、地元の学校教師で、アマチュア博物学者のヨハン・フールロットに見せた。フールロットにはぴんときた。これは人骨だ。しかも、自分の知らないヒトのものだ。特に驚いたのは、頭蓋冠が長くなだらかに平面的で、眼窩の上に隆起が突き出し、四肢骨ががっしりしていることだ。この化石はノアの洪水で洞窟に流れ込んだのではないか、と想像された。

フールロットはこの人骨化石をボン大学の著名な解剖学教授ヘルマン・シャフハウゼンに譲った。シャフハウゼンは慎重に現生人のさまざまな標本と比較し、一八五七年、これをゲルマン人やケルト人より先に北ヨーロッパに住んだ「未開で野蛮な人種」と結論づけた。次の一歩は、ダーウィンの高名な友人トーマス・ハックスリーに任された。この頭蓋冠をじっくり研究した末、一八六三年、ハックスリーは絶滅したヒトの一種だろう、と考えた。翌六四年、アイルランド人解剖学者ウィリアム・キングはこのフェルトホーフェルの化石を新しい種とみなし、ドイツ語のネアンデルタール（ネアンデル渓谷）から「ホモ・ネアンデルターレンシス」という名前を考えた（現代ドイツ語では、Thal（渓谷）の綴りはTalとなるため、専門家のなかにはNeanderthalよりNeandertalという俗語的な綴りのほうを好むむきもある。どちらも使われるものの、私たちのようにキングの原記載に賛成する者にとっては、専門的な名称はneanderthalensisでなければならない）。

当初、ハックスリーやキングの意見を認める学者はほとんどなかった。これがヒトの進化という概念に一部矛盾することが問題だった。フェルトホーフェルの骨がどれほど古いか示す証拠もまだなかった。証拠は一八八六年に登場した。考古学者たちがベルギーのスピー洞窟で、解剖学的構造が似ている二体の骨格を発掘したのだ（図6-2）。付随する石器とマンモス、サ

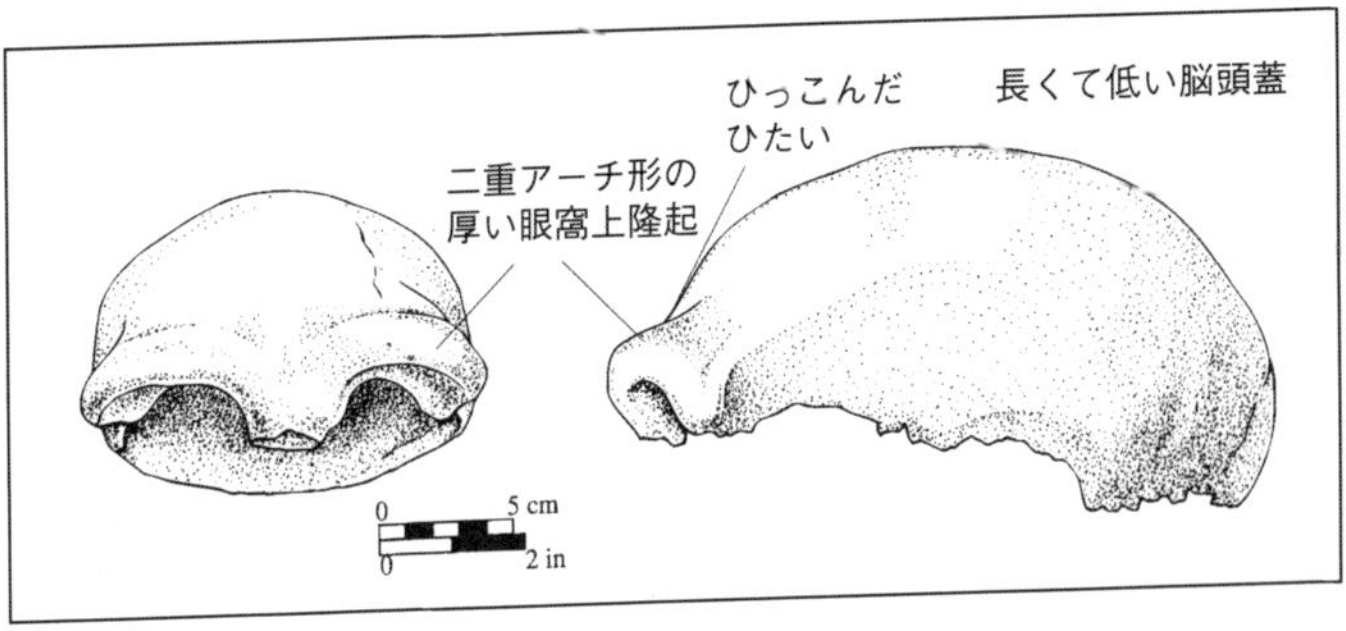

図6-1
フェルトホーフェル洞窟（ドイツ）で1856年に発見されたヒト化石の頭蓋冠。（写真をもとにしたキャスリン・クルーズ=ウリーベによる絵）©Kathryn Cruz-Uribe

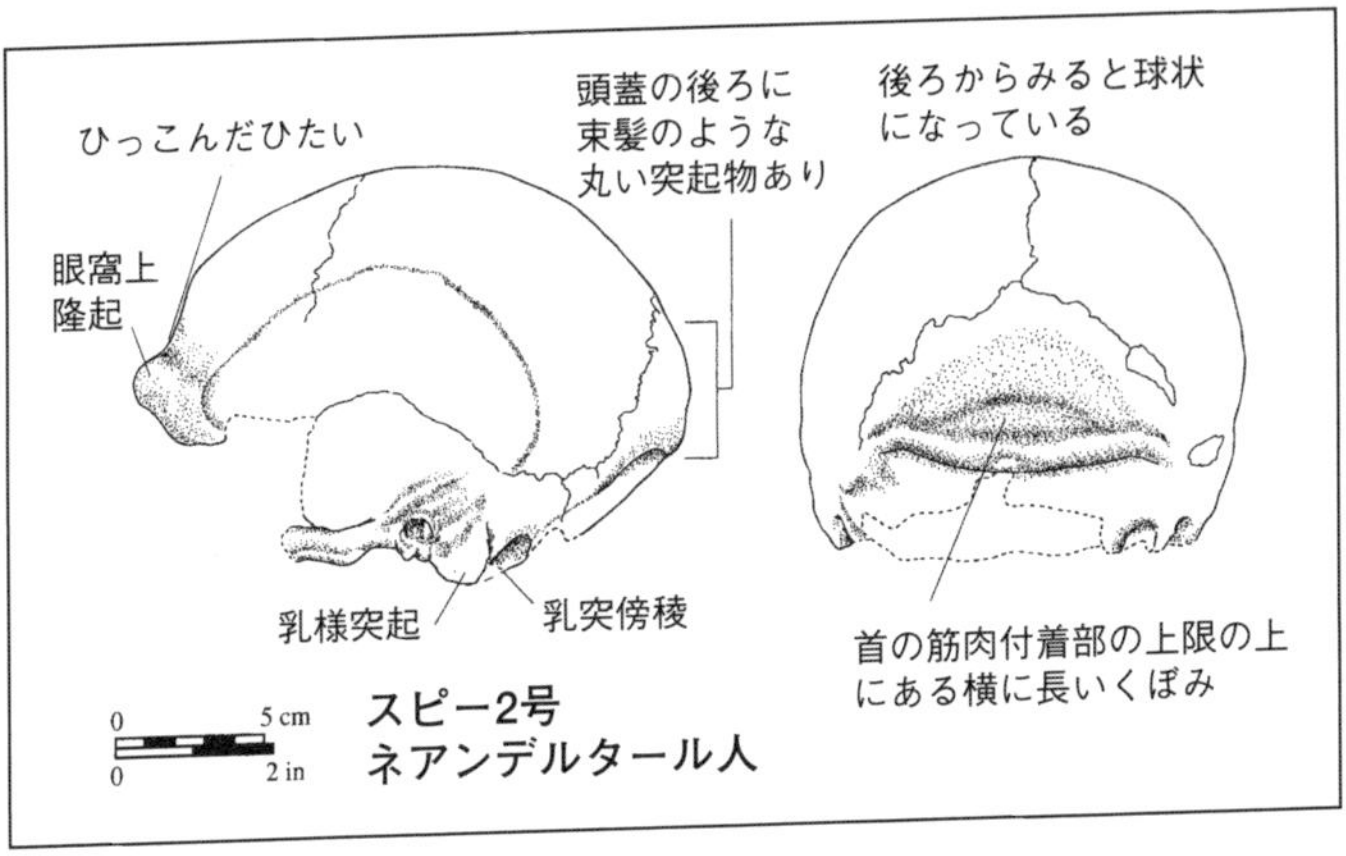

図6-2
スピー洞窟（ベルギー）で1886年に発見された2個のネアンデルタール人の頭蓋骨の1つ。（『人類進化ジャーナル』7（1978年）、A・P・サンタ・ルカ論文の図を再描）

イ、トナカイなど動物骨から考えて、非常に古い骨格とみなされた。一九一〇年までには、西はフランスから東はクロアチアまで同様の化石群が認められ（図6-3）、フランス人考古学者たちはヨーロッパの石器文化の基本的遷移を解明していた。ネアンデルタール人と完全な現生人の道具が同じ遺跡に残された場合、ネアンデルタール人の道具のほうが必ず深い層から出土することに注目したのだ。したがって、最初にヨーロッパにいたのはネアンデルタール人に違いない。今なお続く論争の舞台が、こうしてできあがった。論点はこれだ――ネアンデルタール人がそのまま現生人に進化したのか？　それとも、現生人が他の土地からやってきて、ネアンデルタール人は絶滅してしまったのか？　本書ではすでに「絶滅した」と答えを出している。どうしてそう考えるのかをこれからご説明しよう。

脳が大きくとも機能していなかった？

ネアンデルタール人は時折「原始人」と呼ばれている。ある意味でこれは正しい。しかし、もっと正確にいえば、「私たちとは違うヒト」。解剖学的構造の多くの点で、実際のところ現生人よりも特殊化が進んでいた。共有した最後の先祖からさらに変化してきた、ということだ。この祖先は、五〇万〜四〇万年前、アフリカとヨーロッパを占拠していたホモ・ハイデルベルゲンシスである。遺伝子レベルで比較すると（後述する）、この頃、ネアンデルタール人の系統と現生人の系統が枝分かれしたという可能性がさらに濃厚になる。

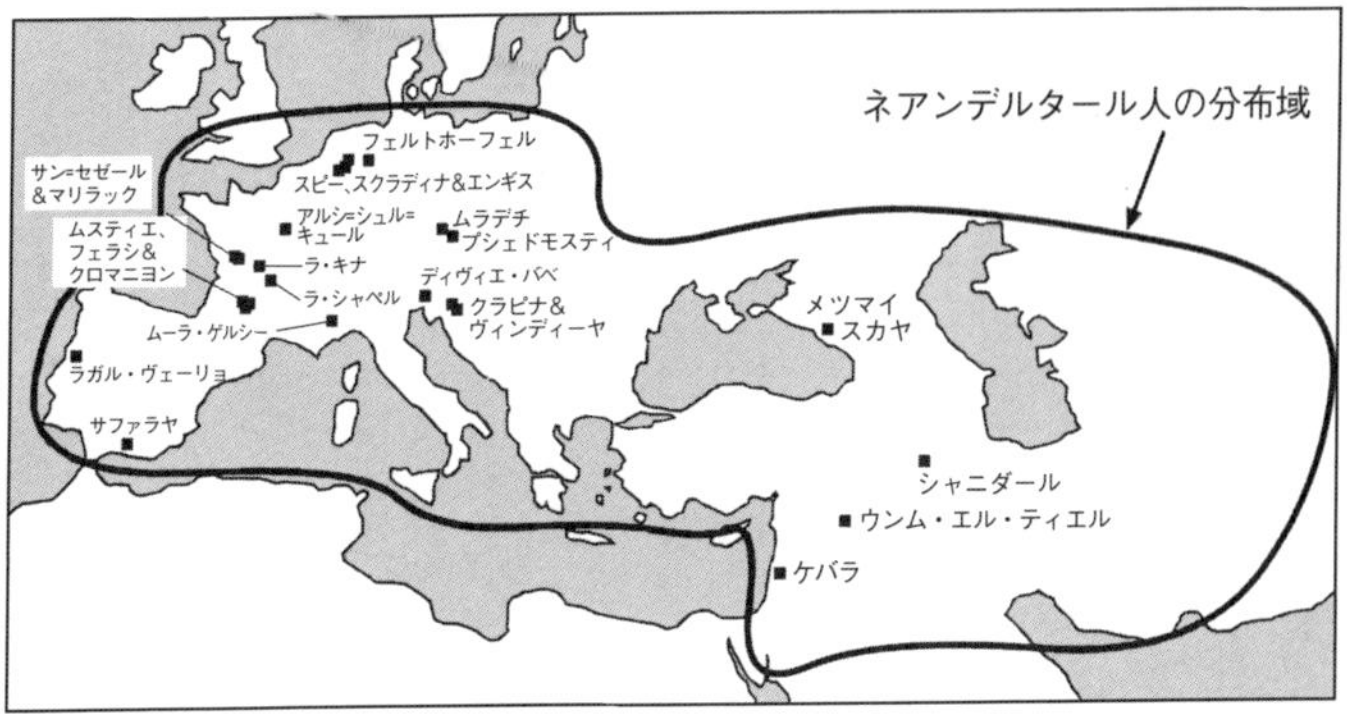

図6-3
ヨーロッパ・西アジアにおけるネアンデルタール人の遺跡。本章で取り上げたもの。

前章では、ネアンデルタール人の顔と頭蓋骨にユニークな特徴がいくつかあったことをお話しした。こうした特徴をすべてそなえたヒトは他にない。特徴ひとつひとつをとってもこれがみられるのは、ネアンデルタール人が登場する直前にヨーロッパで生活していたヒトだけである。三〇万年前のシマ・デ・ロス・ウエソス化石がよい例だ。彼らをネアンデルタール人の祖先と呼ぶのは、シマの人たちが重要な点でネアンデルタール人を予見させたからだ。同時代のアフリカとアジアのヒトが、ネアンデルタール人のように特殊化しなかったことから、別々に進化の軌跡をたどったといえる。

ネアンデルタール人の顔がユニークなのは、正中線(顔を右半分と左半分に分ける線)に沿って前に突出している点だ。現生人の顔が軟らかい粘土でできているとしたら、二本の指を鼻の両脇に置いて、五センチメートルほど手前に引っぱり出すと、だいたい同じような容貌になるだろう。ほお骨と中心線に沿ったパーツは後ろにひっこんでいる。歯列は突き出し、第三大臼歯（親知らず）の後縁と下顎枝つまり頭蓋底部と関節する部分の前縁との間に大きな空隙がある（図6-4）。解剖学では、この空隙は「臼歯後隙」と呼ばれる。第三大臼歯の後方に隙間があるのは、ネアンデルタール人とその直接の祖先だけだ。他の点でも、ネアンデルタール人の顔は独自といわないまでも、変わっている。たとえば縦に長く、鼻が大きい。眼窩も大きく丸く、そのすぐ上に眼窩上隆起がくっきりと二重のアーチを描いている。

脳頭蓋側面も珍しい形で、外側に膨らみ、後ろから見ると球状になっている（図6-2）。後頭部は、首の筋肉がついている骨のすぐ上に、ごつごつした骨のくぼみがあり、耳の下後方の乳様突起の近くには膨らみと溝が並んでいる。乳突傍隆起と呼ばれるこれらのでっぱりのひとつは乳様突起のすぐ内側にあり、普通は乳様突起よりも大きい（図6-4）。それ以外の、脳頭蓋が横から見るとなだらかな輪郭を描いていること、後頭部がロールパンのように膨らんでいることなどでは、他の化石人類とあまり大きな違いは認められなかった。が、これがネアンデルタール人に特有の特徴と結びつくと、特異性が明らかになる。またネアンデルタール人の脳頭蓋は飛びぬけて大きかった。脳容量は一二四五cc〜一七五〇cc、平均すると約一五二〇ccである。現生人平均よりもおよそ一二〇cc上回る。

ネアンデルタール人は身体もまた目を引く。この場合、他と一線を画すのはその質より量だ。有史以来のヒトの範疇からは少しはずれるものの、ネアンデルタール人が現生人と連続してい

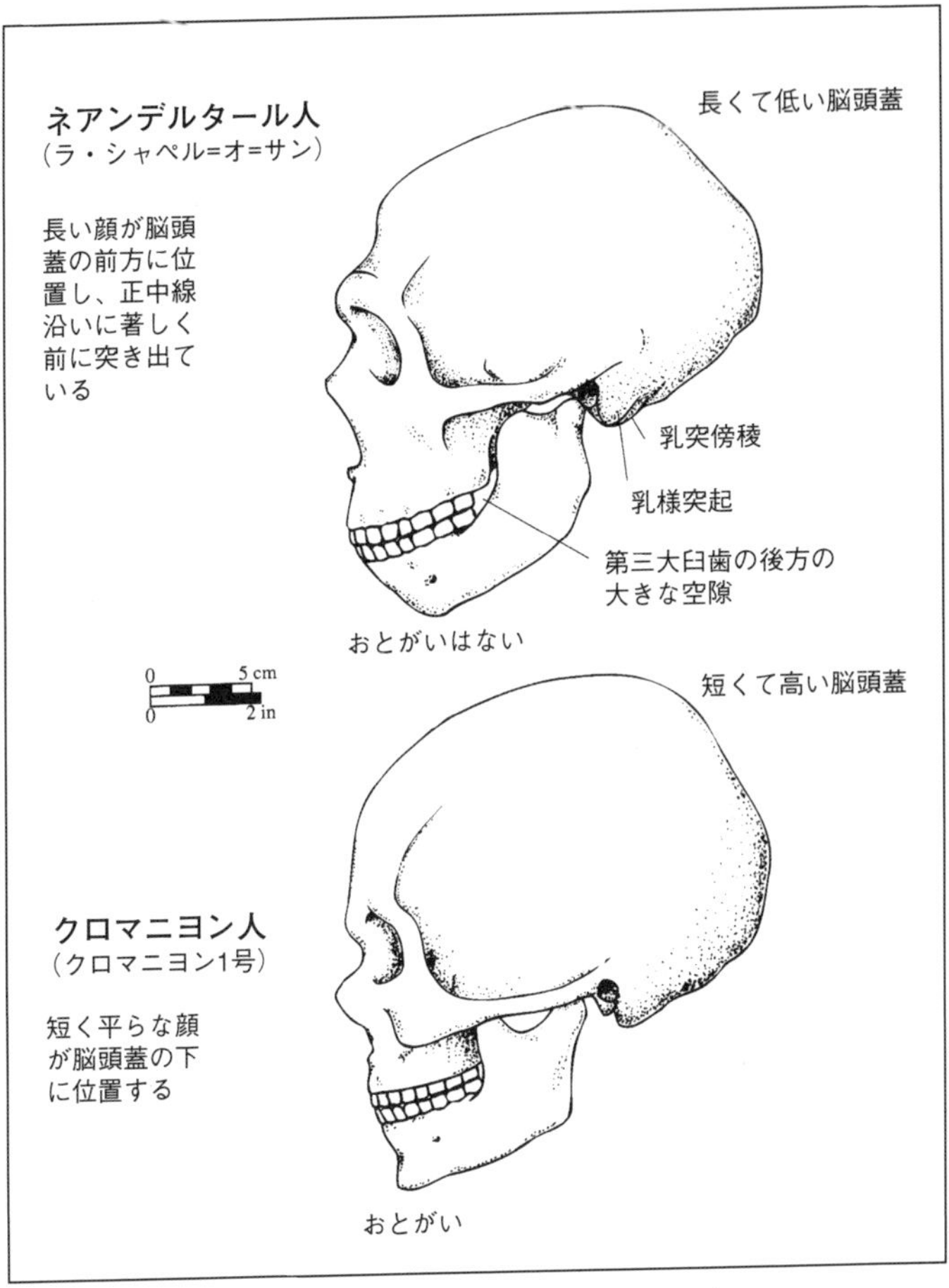

図6-4
古典的ネアンデルタール人と古典的クロマニヨン人の頭蓋骨（復元）。(復元化石をもとにしたキャスリン・クルーズ=ウリーべによる絵)
クロマニヨンという名称は、一般に上部旧石器時代ヨーロッパの初期現生人全体についても用いられる。

るとみなされる理由もここにある。胴が太く手足が短いのは、イヌイット（エスキモー）と同じだが、彼らの場合、それが極端なのだ。四肢のいわゆる末端部分、つまりひじと手首の間の前腕の骨と、ひざとくるぶしの間の脛骨は特に短い（図6－5）。手足の骨は非常にがっしりしていて、関節の両端は太く、骨幹は彎曲し、隆々たる筋肉がついている。簡単にいってしまえば、消火栓型の胴に独特な頭が乗っているようなものだ。裸でいたら、今日のどんなフィットネスクラブにいても周囲の視線を集めるだろう。それなりの格好をすればニューヨークの地下鉄に乗っていても気づかれまい、という人もあるが、どうだろうか。一緒に地下鉄に乗っているのがネアンデルタール人でなければ、あるいは多くのニューヨーカーのように、他人に無関心というのでなければ、やはりまわりから妙だと思われそうだ。

ネアンデルタール人の特徴を人類学的に説明しようとすると、「こういう機能を果たしただろう」という話になる。歯が欠け、引っ掻き傷や小さい割れ目がつき、変わった摩滅がみられることから、前歯をやっとこや万力代わりに使っていたと考えられる。顔が長く、前に突出しているから、咀嚼力は強かっただろう。乳様突起部のふくらみや溝も、ぎゅっと噛んでいる間、下あごと頭を固定する筋肉を支えたとすれば、関連があるかもしれない。こうした機能面からの説明をあっさり退けるわけにはいかないが、しかしここには少なくとも問題点が二つある。一つが、伝統的イヌイットもしばしば前歯を使って皮を加工しており、そのせいで、ネアンデルタール人ほど広範囲でないにせよ、同じように歯が欠けたり割れたりしている。しかし彼ら

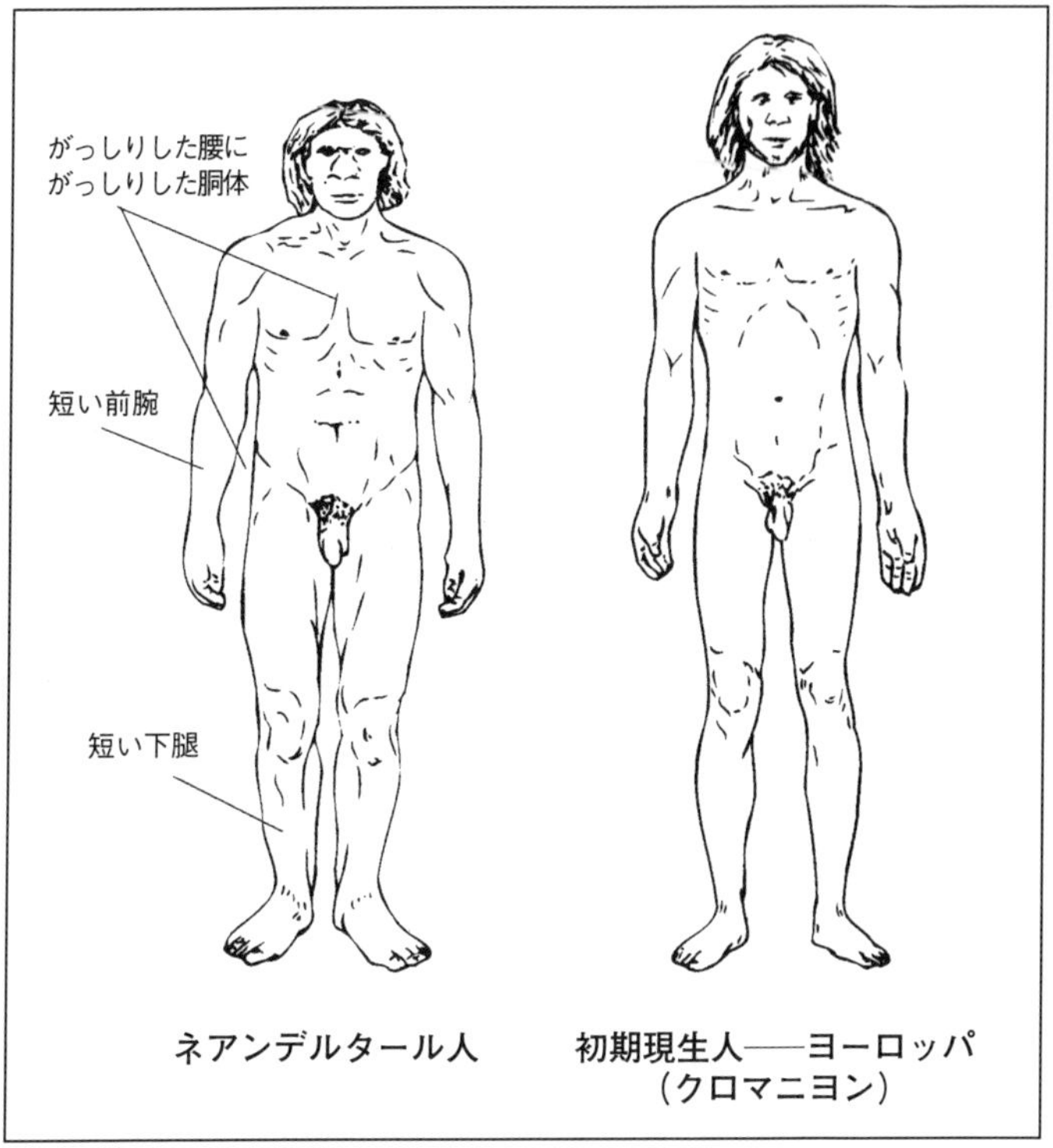

図6-5
ネアンデルタール人とクロマニヨン人(上部旧石器時代ヨーロッパ人)の体格比較。
(『サイエンス』255(1999年)、J=T・ウブラン論文のP.115の図を再描)

には、ネアンデルタール人の頭蓋骨の特徴である特殊化がまったく認められない。次の問題は、もっと難しい。シマ・デ・ロス・ウエソスなどヨーロッパの「前ネアンデルタール」遺跡から出土した化石は、ネアンデルタール人の特殊化をいくつか示しているが、しかし全部がみられるのではなく、遺跡によって（あるいは頭蓋骨によって）示される特徴は異なる。特殊化は統合された機能の集まりとして進化したのでないということだろう。他に考えられる説明で説得力のあるのは、これが孤立した小個体群における遺伝的浮動、つまり偶然の遺伝子変化によるというものだ。狭い地域内で定義される恣意的な美の水準にのっとって相手を探す性的選択という傾向のおかげで、この遺伝子変化も加速したのではないか。

ネアンデルタール人の身体は説明しやすい。男女ともがっちりした筋肉質である。そんな体格になった理由は当然――よく身体を動かしていたからだ。厳しい環境で食物を手に入れるためだけでも、身体を十二分に動かす必要があっただろう。骨太にもかかわらず、骨折は珍しくなかった。人類学者トーマス・バーガーとエリック・トリンカウスによれば、ネアンデルタール人は今日のロデオの騎手並みに、しょっちゅう頭や肩に傷を負っていた。暴れ馬やブラーマブル（ブラーマブル・ライディングは大型の牛を乗りこなすカウボーイのロデオ大会競技の一つ）に乗っていたわけではなかろうが、野生のウマやウシを追いかけることは、彼らにとって、ロデオ並みに生傷の絶えないものだっただろう。特に（後で述べるように）、武器が未熟だとしたら。

ネアンデルタール人の胸部がビア樽のように幅広く、手足が短いのは、気候に適応したからという理由で説明できる。約四〇万年間、ネアンデルタール人がヨーロッパで進化していると き、地球の気候は、寒冷な氷河期と温暖な間氷期を周期的に繰り返していた。平均すれば、氷河期のほうがずっと長期にわたった。有史時代の気温に近い期間はほとんどなく、あっても短い。つまり、ネアンデルタール人が生活していたとき地球はだいたい寒冷・酷寒だったことになる。現在、寒冷な地域に住む人々は、暑い熱帯気候下にいる人々よりも、はるかに寸胴で手足が短い傾向がある。イヌイットのずんぐりした体躯とナイロート族アフリカ人のすらりとした長身を比べてみれば、一目瞭然だ。トゥルカナ・ボーイや、他の本当のヒトの体格について説明したくだりで、どうして違いが生じるか考えた。重要なのは、胴の体積が増えても、皮膚表面積はずっとゆっくりとしか増大しないということだ。だから寸胴のほうが、保温には適している。短い手足も同じように、熱を発散しにくい。赤道付近地帯では、体温を低く保つ必要がある。そこでほっそりして手足が長ければ、熱を逃がしやすい。要するに、ネアンデルタール人の身体プロポーションは、当時の寒冷な状況から予想できる。

しかし、話はここで終わらない。ネアンデルタール人はイヌイットよりもずん胴で、手足が短いが、ネアンデルタール人が生活したヨーロッパ中緯度地帯は、氷河期間でさえ、有史以来イヌイットが住んでいる北極よりも温暖である。もちろんイヌイットは、身体形態よりも文化によって環境に適応した。独創的で暖房のきいた家と、注意深く仕立てられた毛皮の衣服は有名である。が、遺物をみても、ヨーロッパでネアンデルタール人の後に完全な現生人が登場するまで、こうした特徴はみられなかった。赤道付近地域が起源だと示すかのように、ヨーロッパに到着した現生人は長く直線的な、熱帯向きの身体プロポーションをそなえており、氷河期の厳しい寒さに直面しても、「北極」向きの身体形態にはならなかった。また、ネアンデルタール人も含めてそれまで誰も住めなかった、北東ヨーロッパと北アジアで最も苛酷な環境の内陸部にも現生人は定住することができた。少しでも文化があればどれほどの違いが生じるか、このことが明らかに物語る。高等な文化的能力があったからこそ、彼らはこれほど早く、すっかりネアンデルタール人にとって代わったといえるだろう。

最後に、ネアンデルタール人の大きな脳について説明する必要がある。ある意味では、遺伝子の点から説明しなければならない。脳が大きくなったおかげで、従来と違う環境に適応した行動が可能になった。そのひとつが、すぐれた剥片石器を作る能力である。しかし現生人の場合、一般に脳のサイズが平均して最も大きいのは、隆々たる筋肉がついている人たち、いいかえれば特に寒冷な環境で生活している人たちである。その第一位にくるのがイヌイットだ。イヌイットの脳のサイズは、平均してネアンデルタール人に近いか、または同等である。最初期のヨーロッパ現生人の脳は、それよりさらに大きかった。筋肉もしっかりついて、氷河期の寒さに対応していた。要するに、ネアンデルタール人も現生人と同じ、生理学的基本原則にしたがっていたと仮定するならば、脳の大きさは、おそらく知能や行動能力には無関係だったと思われる。身体の大きさに対する脳の大きさの割合に注目すると、ネアンデルタール人は、現生人ほど大脳化が進んでいなかった。ここでいう現生人とは今日生きている人すべてが含まれる。身体の大きさでいうと、現生人はネアンデルタール人にかなわない。ただし、イヌイットのように、脳のサイズで近い人たちはいる。大脳化が遅れていたといっても、それだけで、必ずしもネアンデルタール人の知能が劣っていたことにはならない。しかし、劣っていたかもしれない。実際そうだっただろう。遺跡などから、ネアンデルタール人の行動が革新的でなかったことが推察されるからだ。

ネアンデルタール人の遺伝子

ネアンデルタール人の作った石器は、比較的種類が少ない。おそらく同じ石器で肉を切り刻み、木で何か作り皮を加工し、といくつもの作業をこなしたのだろう。対照的に、彼らの後にあらわれる現生人は、概して、まったく違う道具を多種作っており、ひとつひとつの道具の目的は一、二に絞られていた。比べてみればネアンデルタール人は道具を用いる効率が悪かったといえる。今日の住宅建築で、もし釘を打つだけでなく、ねじを回すにも木を挽くにもハンマーを使わなければならないとしたら、工事はうまく進まないだろう。最初期のヨーロッパ現生人は、ネアンデルタール人よりも筋肉が薄かった。歯を道具代わり使っていたという証拠も、ないといっていい。こうした事実を踏まえて、大物学者のなかにはこう考えるむきもある。進んだ道具一式を与えられたら、ネアンデルタール人はいとも簡単に現生人へと変身できたのではないか。ネアンデルタール人の解剖学的特徴は、成長するにつれて後天的に備わったものであり、遺伝子によるものではない、というわけだ。

この考え方はなかなか魅力的だが、しかし明らかに誤りがある。第一に、幼児も含め、年の若いネアンデルタール人の頭蓋骨ほかの骨が出土しており、これをみると古典的ネアンデルタール人の顔・頭蓋骨の特殊化が認められる。最も幼いものは道具を使ったことがなかっただろうから、ネアンデルタール人本来の特徴とみて間違いない。第二の理由はもっと強力で、今や私たちはネアンデルタール人の遺伝子を手にするにいたっており、現生人内部の各集団が互いに分かれるよりずっと前に、ネアンデルタール人が遺伝子レベルで現生人から分岐したことが確かめられている。

最近まで、ネアンデルタール人の骨から遺伝子物質を抽出することは、生物学で石から血を絞り取るようなものと思われていた。問題は、生物の死後まもなくDNAが微生物や風雨にさらされて劣化し始めることだ。骨が一種のシェルターになるが、太い骨でもDNAを完全に保護できるわけではない。専門家の間では、一〇万年あたりがタイムリミットとされ、それでも、比較的寒冷な環境に埋められなければ保存は難しい。条件にあいそうな遺跡のなかに、フェルトホーフェル渓谷が挙げられる。一九九〇年代初め、スヴァンテ・ペーボとマシアス・クリングス（現在はライプツィヒにあるマックス・プランク進化人類学研究所）率いるチームが、フエルトホーフェルの原初的ネアンデルタール人の右上腕骨片三・五グラムから、DNAを取り出し始めた。

生体の骨にはたんぱく質が豊富に含まれ、そのたんぱく質はアミノ酸からできている。ペーボのチームは分析の第一歩として、フェルトホーフェルの骨にたんぱく質構成と同じ割合で数種類のアミノ酸が残っているか、埋められている間、物理的な状態は大きく変わっていなかったかどうか調べた。この二点から、たんぱく質がどの程度残っているか予想したうえで、彼らはミトコンドリアDNA（mtDNA）に焦点を合わせた。核内DNAは各細胞に一個ずつだが、mtDNAは核外部にあり、細胞にエネルギーを供給する数百個の小器官ミトコンドリアに含まれている。生きている人間の体内にあるmtDNAの（核内DNAに対して）数をみても、このフェルトホーフェルの骨の場合、いくつか残存している可能性は高いと思われる。mtDNAには、進化史を理解するうえで、核内DNAにまさる強みが二つある。変化（変異）がより早いmtDNAは、近年における個体群の分裂の過程をよりはっきりと示してくれる。また女性のみから遺伝するので、個々の進化系統がさかのぼりやすい。これに対して女親と男親から半々ずつ受け継ぐ核内DNAではそれがやっかいだ。妊娠して両者のDNAがいったん組み合わされると、どちらの親から何を受けたかが調べるのが難しい。子どもが父親と母親の旧姓を勝手に組み合わせて自分の姓を作れるとしたら、家系をさかのぼるのがどんなに難しくなるかを想像してほしい。核内ＤＮＡを用いる煩雑さ、ｍｔＤＮＡの利点がおおよそ理解できるだろう。

一九八七年、カリフォルニア大学の遺伝子学者レベッカ・キャン、マーク・ストーンキング、アラン・ウィルソンは、現生人におけるｍｔＤＮＡの変異について画期的な研究結果を発表し、古人類学界にｍｔＤＮＡによる方法論をもたらした。彼女らの発表によれば、ｍｔＤＮＡが最も多様なのはアフリカであり、ほかの土地はもともとアフリカにおける変異の部分集合であって、最古の（最も深い）ｍｔＤＮＡ系統樹はアフリカにある。多様性がパターン化される形からみて、現生人と共通のｍｔＤＮＡをもつ最後の祖先はアフリカに住んでいたに違いない。キャンらは仮定されるｍｔＤＮＡの変化率をもとに、この最後の祖先は――当然「女性」である――二〇万年前に存在した、と考えた。科学と聖書のメタファーを溶かし込み、この「ひとりの幸運な母親」はまもなく「アフリカン（ミトコンドリア）・イヴ」として広く知られるようになる。その後、二〇〇〇年一二月、ペーボのチームが発表した徹底的な分析をはじめ、現生人のｍｔＤＮＡ多様性についてさまざまな研究がおこなわれたが、結局そのつどカリフォルニア大学チームの正しさが確認されることになった。ペーボのチームがネアンデルタールのｍｔＤＮＡを探し始めた時点ですでに、現生人の遺伝子が古代ユーラシアグループ（ネアンデルタール人も、東アジアのホモ・エレクトスもここに含まれる）に由来するという考えは否定されていた。核内ＤＮＡについて、父親と母親の双方から受け継ぎ、受精時に組み合わされるという問題をうまく回避するように考えた研究をおこなうと、やはり同じ結論にいたった。さらに強力な確証となるのが、最近のY染色体分析である。Y染色体は男性だけを通じて遺伝されるので、おおまかにいえば、ｍｔＤＮＡの男性版にあたる。現生人におけるY染色体の変異のパターンを調べた結果、ミトコンドリア・イヴには男性の相手がおり、その「アフリカン・アダム」は二〇万〜五万年前にアフリカに存在していたことがわかった。

ＤＮＡはヌクレオチドと呼ばれる四種類の塩基（A、T、C、Gと略される）からできた鎖状の構造になっている。進化史を構築するため、現在の遺伝学者はヌクレオチドの配列を比較する。もし二人の人が同じ配列を共有していれば、比較的最近まで共通の祖先がいたと推定され、配列が別々であれば、関係が薄いとみなされる。現生人の場合、ｍｔＤＮＡのゲノムは一万六五〇〇個のヌクレオチドからできている。ペーボのチームは、フェルトホーフェルのネアンデルタール人から完全な配列が見つかるとまで期待していなかった。実際、腕の骨から小断片が取り出せたときは大喜びで、複製連鎖反応（PCR）を用いてこの断片を増幅した。現代の分子遺伝子学研究は、もはや有名となったこの実験が基盤になっている。まず、一四〇年前の発見以来、フェルトホーフェルの骨を扱ってきた人たちの皮膚細胞やくしゃみでとんだ唾がこの断片に入りこんでいないかを見極める必要がある。断片の一〇パーセントの配列を見ると、現代の汚染物質であるが、残りの九〇パーセントは容易に区別できた。ペーボのチームはここに着目した。

このフェルトホーフェルの骨のいわゆるミトコンドリア・コントロール領域から断片の三七

九のヌクレオチド配列を確定し、さらに世界各地に住む現生人九九四人のコントロール領域の同位置での配列と比較した。平均して、現生人どうしの場合、配列に違いがあらわれるのは八つのヌクレオチドだが、ネアンデルタール人と現生人では、二七の位置で異なっていた。四〇〇万〜五〇〇万年前にチンパンジーとヒトが分岐したことから推論される配列の分岐率を用いて、ペーボらは、ネアンデルタール人と現生人が共有した最後のmtDNAをもつ祖先が生きていたのは六九万〜五五万年前だ、と推定した。同じ手続きを現生人の配列に適用すると、現生人が共有するmtDNAの祖先はもっと年代が下り、一五万〜一二万年前に存在していたと考えられる。実際にネアンデルタール人の系統と現生人の系統が分かれたのは、共有した最後のmtDNAの祖先より遅いはずだから、推定年代は、ホモ・ハイデルベルゲンシスと後期アシュール人工遺物が五〇万年前頃にアフリカからヨーロッパに広がった後でヒトが枝分かれしたことと見事に符合する。

研究結果の信頼性を高めるため、ペーボのチームはフェルトホーフェルの腕の骨の標本をひとつペンシルベニア州立大学人類遺伝子学研究所に送った。独自に実験をおこない同研究所でも同じ配列をもつmtDNAを抽出すると、両研究所は共同で結果を発表した。これは『セル』誌一九九七年七月号に掲載され、「古代DNAを調査した大手柄」とするコメントが添えられた。

ペーボらはその後、同じフェルトホーフェルの骨からもう少し長いmtDNA断片の配列を決定した。ネアンデルタール人と現生人でmtDNA配列が異なる位置を数えると現生人どうしの場合に比べて約三倍となった。標本がフェルトホーフェルのネアンデルタール一体であるという問題があったが、しかし二〇〇〇年三月、ウィリアム・グッドウィン率いるグラスゴー大学チームは、ロシア南部のメズマイスカヤ洞窟で発掘されたネアンデルタール人の子どもの肋骨を分析し、同様の結果を発表した。同年一〇月、ペーボのチームはクロアチアのヴィンディーヤ洞窟から出土したネアンデルタール人骨片から、三つめとなる配列を確認した。ヨーロッパ各地に広く散在していたにもかかわらず、ネアンデルタール人どうしのつながりが、どの現生人とのつながりよりも（ヨーロッパ人かどうかによらず）密接であったことは、疑いあるまい。ペーボのチームにいわせれば、化石のＤＮＡ配列は、「結局、ネアンデルタール人のｍｔＤＮＡが現生人の遺伝子プールに注ぎ込まれることはなかった」ことを証明したのである。

だからといって、ネアンデルタール人と現生人の通婚はありえなかったとか、決して通婚がなかったとかいうのではない。しかしＤＮＡの分析結果は、化石や考古学による議論、つまり通婚はかりに起こったとしてもごくまれでしかない、という議論が正しいことを明示している。ネアンデルタールと現生人がずっと前から別々の進化の軌跡をたどっていた、という化石の証拠と考え合わせると、ホモ・ネアンデルターレンシスとホモ・サピエンスは別々の種である、とみて間違いない。

クロマニヨン人との競争に負ける

ネアンデルタール人と現生人は種が違う、という言葉の裏には、ネアンデルタール人は絶滅し、現生人だけが生き残った、という含みがある。ではネアンデルタール人に何が起こったというのだろう。数十万年もの間ヨーロッパで栄えていたのに、今日まで生き残れなかったのは、あるいは遺物が示すように三万年前の手前で姿を消したのは、どういうわけか。答えははっきりしている。四万年ほど前に出現したアフリカ起源の現生人との競争に敗れたからだ。

考古学者は、ネアンデルタール人が作った一括人工遺物を「ムスティエ文化」とみなしている。一八六〇年代からこうした人工遺物が出土したフランス南西部のル・ムスティエ岩陰にちなんだ名称である。ムスティエ文化はまた「中期旧石器文化」ともいわれ、ヨーロッパでおもにアシュール（ハンドアックス）文化としてあらわれた下部旧石器文化の後にさかえた文化である。このムスティエ文化がアシュール文化と違う点は、おもに大型のハンドアックスなど大きな「石核」道具がないことだ。ムスティエ文化で大型ハンドアックスが作られなかった理由はいまだ不明だが、木の柄に石の剥片をつけられるようになった、と考えれば無理がない。この新たな道具をハンドアックスと比べると、機能は同じでも作りやすく持ち運びもしやすい。

アシュール文化からムスティエ文化へ移行した時期はまだ確かでない。しかも各地域で時期がぴったり重なるとは限らない。アシュール文化最後の人たちが二五万〜二〇万年前、ヨーロッパで生活していたことは、現在明らかな証拠がある。ムスティエ文化は五万年前以降まで存

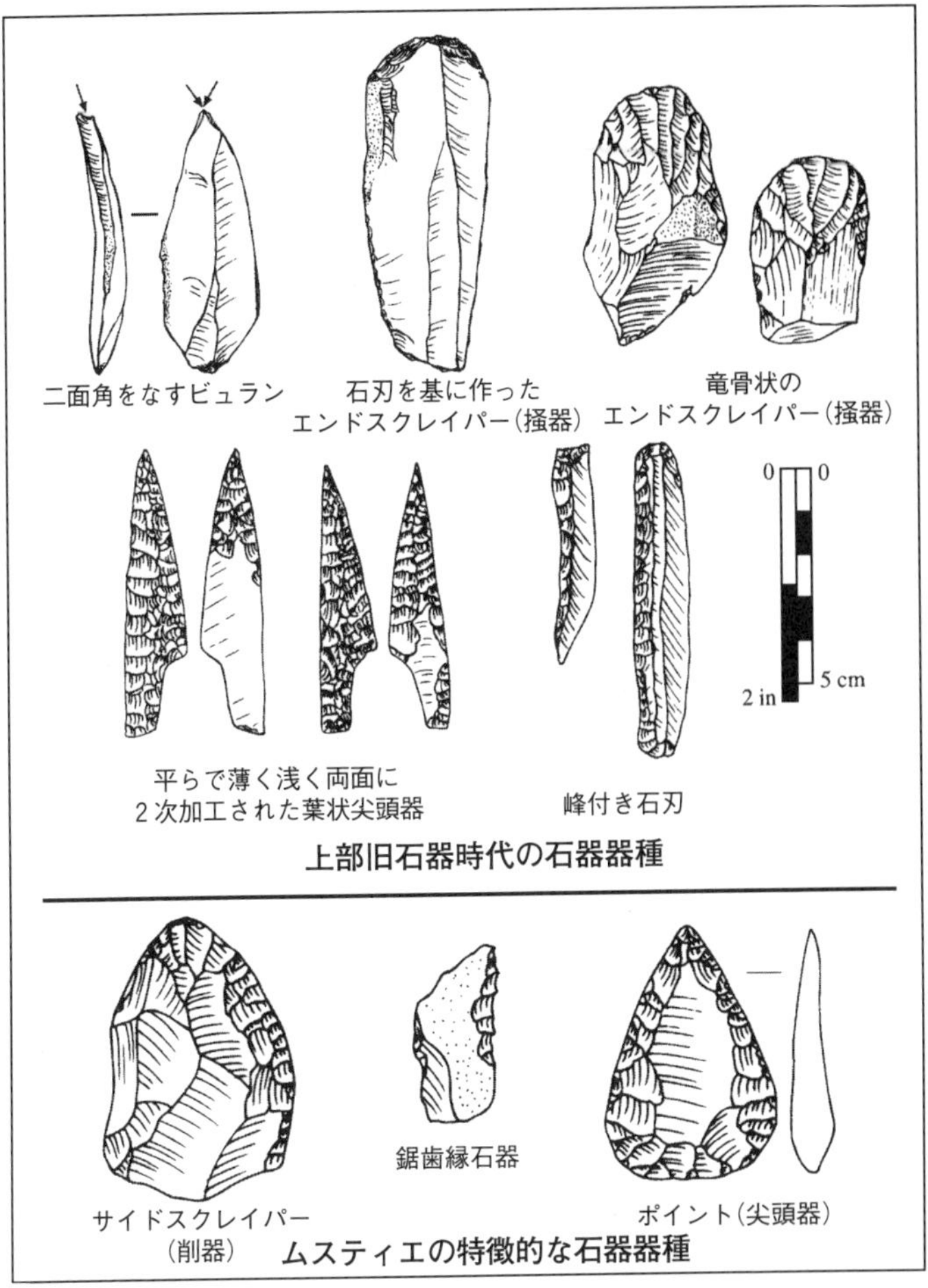

図6-6
ムスティエおよび上部旧石器時代の特徴をよく示す石器のいろいろ。上部旧石器時代には、容易にそれと判別できる石器器種が多種類にわたって作られた。石器器種の変異は年代と場所により、さまざまである。

続し、五万年前になって上部旧石器文化がとって代わった。概して、上部石器文化ではムスティエ文化と違い、「石刃」という特に長い剥片石器（特別に調整された石核から作ることが多い）や、端がのみ状になった石器「ビュラン」が非常に多い（図6-6）。ビュランという言葉は、現代の金属彫刻の道具を意味するフランス語に由来する。おそらく上部旧石器文化の人々はよく石のビュランを用いて、骨、象牙、角を彫り刻んでいたのだろう。さまざまなビュランのほか、石や骨を使って、一目でそれとわかる実に多種多様の道具を作った。時期と場所が限定されるものもあり、これによって上部旧石器文化にいくつものバリエーションがあったことが認められている。最も有名なものとしては、三万七〇〇〇〜二万九〇〇〇年前、ブルガリアからスペインにまたがるオーリニャック文化、二万八〇〇〇〜二万一〇〇〇年、ポルトガルから南・中央ヨーロッパ、さらにロシアのヨーロッパ側まで広がるグラヴェット文化、二万一〇〇〇〜一万六五〇〇年前、フランスとスペインに存在したソリュートレ文化、一万六五〇〇〜一万一〇〇〇年前、フランス、スペイン北部、スイス、ドイツ、ベルギー、英国南部でさかえたマドレーヌ文化がある。一般に、上部旧石器文化は一万一〇〇〇年前に終わった、といわれるが、その後に来る文化との相違点は、人工遺物にあるのでなく、一万二〇〇〇〜一万年前に始まった間氷期に対する適応の仕方にある。

いつ上部旧石器文化が初めてあらわれたか正確に確定することは、今ここで重要な意味をもつ。同文化の人工遺物を作ったヒトは、解剖学的構造が現生人と認められるからだ。一八六八年、フランス南西部の岩陰で初期上部旧石器文化（オーリニャック文化）人工遺物とともに発見された人骨は、地名にちなんで「クロマニヨン人」と呼ばれている（図6－4）。古代遺跡では、人工遺物のほうが人骨化石より多く出土する。最初期上部旧石器文化の人工遺物がヨーロッパ各地に出現した様子をたどれば、ムスティエ人（ネアンデルタール人）がいかにあっけなく屈服したかが見えてくる。わかりやすくするため、本章では、ネアンデルタール人＝ムスティエ文化、クロマニヨン人＝上部旧石器文化とする。とはいえ、この等式には不都合が多い（後で述べる）。後期ネアンデルタール人にも上部旧石器文化に属する人工遺物を作ったものはあるし、ネアンデルタール人と同時代のアフリカ人は、解剖学的構造でクロマニヨン人に近かったといえ、ムスティエ文化に似た人工遺物を作っていたのだ。

ネアンデルタール人とクロマニヨン人は高度な行動様式を多く共有していた。たとえば両者とも、剥片石器を作るすぐれた能力をそなえ、毎回でないにせよ死者を埋葬し、火を完全に支配し（遺跡に炉が多いことからわかる）、おそらくおもに狩猟によって得た肉を食事の中心としていた。そのうえ、どちらからも重い障害を抱えたヒトの骨化石が時々出土している。つまり、老人や病人の面倒をみる仲間がいたということだ。人間性を共有したことを示す証拠として、これ以上説得力のあるものはないだろう。

そうはいっても、行動面でみるといくつもの点で、ネアンデルタール人はクロマニヨン人よりかなり原始的だったようだ。第一に、最大のポイントは（ひとつやっかいな例外があるが、これについては後で述べる）は、芸術品あるいは装身具を作ったという明白な証拠がない。また、これと関係があるだろうが、ネアンデルタール人の墓には埋葬の儀式や祭儀を示すようなものがない。彼らが墓を掘ったのは、不愉快で都合の悪いものを生活の場から捨てるためでしかなかったのでは、とさえ思われる。ネアンデルタール人が剥片石器を作る技術は並外れて洗練されていたといっても、クロマニヨン人と比べれば、いかにも石器らしい石器の種類が非常に少ない。骨や象牙、貝、角などを材料に何らかの道具を作ることもめったになかった。石器のパターンが限られ、骨製道具がほとんどなかったからだろうが、ネアンデルタール人の一括人工遺物は、地域や年代が多岐にわたるわりに意外なほど単調である。上部旧石器文化があらわれると、一括遺物は時間、空間にしたがって急速に変化した。すでにふれた多様な上部旧石器文化はそのあらわれである。上部旧石器文化は、年代と場所にしたがってより小さな単位に分けることができる。こうした単位は、確固たる自意識をもった、今日的意味での民族集団にもつながるだろう。このように民族性を示す有力な物的証拠は、ムスティエ文化からも、先行する文化からも出ていない。

ネアンデルタール人もクロマニヨン人も、しばしば洞窟に隠れて生活していた。ムスティエ文化層は上部旧石器文化層の下にある。これが、ヨーロッパでネアンデルタール人を先、クロマニヨン人は後、とする最初の証拠となったのだが、しかし、ネアンデルタール文化層では人工遺物の含まれる密度が低い傾向がある。また、ヨーロッパ各地でネアンデルタール人の洞窟はクマ、ハイエナ、オオカミによく乗っ取られていた。対照的に、クロマニヨン文化層からは、人工遺物がびっしりと出土している。洞窟を自分たちで占有していたといえる。このことから、クロマニヨン人のほうが数も多く、クマなど洞窟に住みつこうとする動物と戦ったとき有利だったと思われる。実際に、ドウクツグマが絶滅に追い込まれたのはクロマニヨン人のせいではないだろうか。今のところ最後のドウクツグマ化石は上部旧石器文化の最初期のものとされているからだ。もうひとつ、ネアンデルタール人が洞窟外の場所で生活していた場合、酷寒にさらされることも多かったはずだが、ここで実質的な「家」といえる証拠が見つかっていない。明らかな「廃墟」といえる最古の遺跡を作ったのはクロマニヨン人である。この遺跡を見ると、どうやら暖かく暮らしていたようだ。それまで誰も住むもののなかった北東ヨーロッパの最も苛酷な内陸部へと、クロマニヨン人が拡がっていけた理由は、この暖かな住まいを考えれば理解できるだろう。

　ネアンデルタール人とクロマニヨン人の行動面での差異を並べ立てるのは、いささかネアンデルタール人バッシングではないか、つまり一種の古・人種差別であり古人類学に関心をもつ人ならば抵抗すべきだ、と考える考古学者もいる。しかし、ここでいいたいのは、骨格化石と遺伝子の分析から、ネアンデルタール人は現生人の「人種」(これをどう定義するとしても)とは異質らしい、ということだ。現代の「人種」はずっと時代が下って、ほとんどはここ一万年で発生したものであり、異なる人種どうしで日常的に通婚がおこなわれていることは、遺伝子を調べるまでもなく明らかだ。また、現生人の場合、どの人種に属していようと、どの文化においてもその完全な成員になれることには豊富な証拠がある。ヒトの進化という概念を受け入れるならば、古人類のなかには、外見だけでなく行動能力においても、現生人と異質なヒトがいたことを認めるべきだ。考えるに、ネアンデルタール人は脳が大きく、明らかに人間的性質をもち、比較的最近まで生存していたとはいえ、この「現生人とは違うヒト」にあてはまる。要するに、彼らが姿を消したのは完全な現生人のような行動をしなかったからだというだけでなく、したくてもできなかったからではないか。これを完全に証明するには、ネアンデルタール人の脳構造を分析する必要があるが、この証拠はまだ挙がっていない。おそらく今後も得られないだろう。

埋葬儀式をもたなかったネアンデルタール人

ネアンデルタール人は芸術品や埋葬儀式をもたなかった、と述べてきたが、読者のなかには、しかし一般にはそれと正反対の報道がなされているのではないか、と疑問をもつ人もあるだろう。こうした逆の観察が世間の熱い注目を集めるのは、つまりそれが大変珍しいケースであるからにほかならない。上部旧石器文化では芸術品や儀式の証拠が出たところで当たり前とされ、ニュースにもならない。この点からも、両者の文化が質的に異なることがわかる。自然にできたものが芸術に似ることがままあること、上部旧石器文化の遺物がムスティエ層に入り込み、見破れない可能性があること、考古学者はすでに数十ものムスティエ遺跡を発掘していることを考えれば、ムスティエ遺跡から明らかな芸術品や儀式用具がめったに出てこないのが不思議に思われるのではないか。本物も含まれるかもしれないが、ここでよくみられる問題点を示す二つのケースについてお話ししよう。その問題とは、一見芸術品にみえるものも実は自然作用によってできたのではないか、少なくともその可能性がある、ということだ。

最も有名といえそうな第一の例は、イラク北部のシャニダール洞窟から出土した。ネアンデルタール人はヨーロッパ起源だといったが、八万〜七万年前、地球が急に寒冷な気候になったとき、彼らは西アジアへと拡大した。およそ一二万五〇〇〇〜九万年前、最終間氷期の初期にあたるとくに温暖な頃、解剖学的構造が現生人と同じ、あるいは近いヒトが、アフリカで南西アジアとの境界地域へと広がっていたが、ネアンデルタール人が彼らを追い出したらしい。

一九五七〜六一年、コロンビア大学の考古学者ラルフ・ソレッキはシャニダール洞窟で、厚い上部旧石器層の下に、もっと厚いムスティエ層があるのを発見した。ムスティエ層では、墓からとはいいきれないものの、ネアンデルタール人化石九体が出土した。彼は発掘作業の間、堆積物からとった標本を常に分析し、古代の植生を明らかにするような花粉が残っていないか調べていった。シャニダール4号というネアンデルタール人成人男性の骨格近くで標本を採取したところ、この二つには、八種類の植物の花粉の大きなかたまりが無数に含まれていた。有史以来、この地のヒトはその八種類のうち七種類を薬草として利用していた。また他の墓から採取した堆積物の標本には花粉がなかったことから、ソレッキは、こう考えた。4号男性はネアンデルタールの薬師あるいはシャーマンで、花に包まれ埋葬されたのだろう。「花と結びつけると、私たちが考えていたネアンデルタール人の人間性に、まったく新たな一面が加わる。『魂』があった、ということだ」。

ソレッキの魅力的な結論を頭から否定することはできないが、概して古人類学者は、ヒトの文化（行動）についての説明を認めるには、その現象が自然作用によるものである可能性が一切否定されなければならない、と考える。この場合、自然作用で説明できないかと考えると、小型齧歯類動物アレチネズミに似たペルシャスナネズミが掘った穴である可能性が濃厚となる。シャニダールで埋葬されたヒトそれぞれの近くの堆積物は、ペルシャスナネズミなど小型齧歯類が掘ったおかげで穴だらけだった。ソレッキのチームはしばしば、これらの穴の数や角度をつかって墓の可能性のある場所の見当をつけた。ペルシャスナネズミは掘った穴の中によく種や花を大量に蓄えることが知られているから、シャニダール4号近くに花粉がたまっても、不思議はない。このようにペルシャスナネズミの仕業とすると、ヒトの埋葬と考えるよりも面白みはないが、シャニダール洞窟内のほかのヒト化石を含め、ほかのネアンデルタール人の化石に、埋葬儀式らしい証拠がひとつもないことも、これなら辻褄があう。

第二の例は、スロベニアのアルプス丘陵にあるディヴィエ・バベ洞窟1号で発見された。クマもヒトと同じようにムスティエ洞窟に住んでいた、といわれるとき、真っ先に思いつくのが

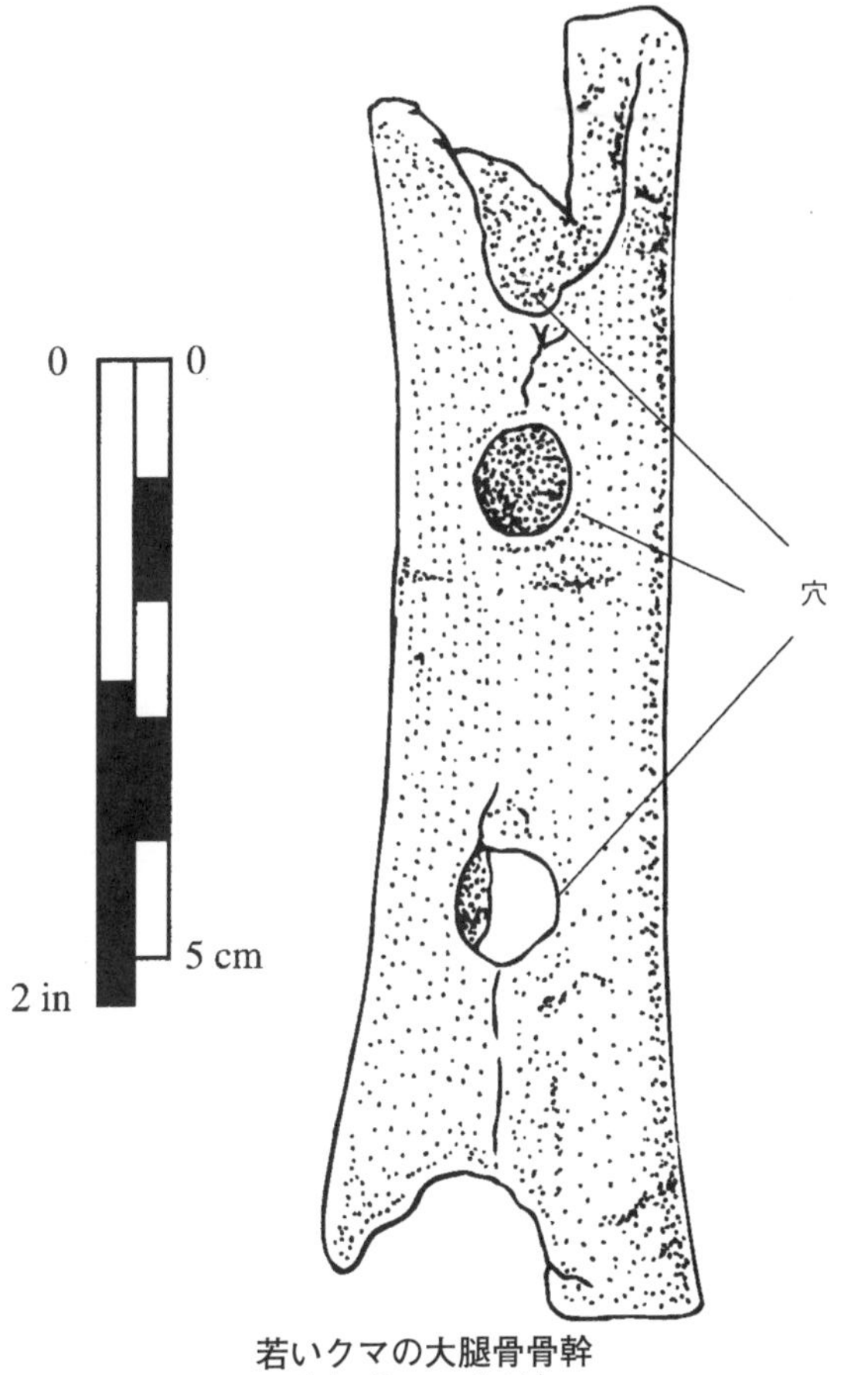

図6-7
ディヴィエ・バベ1（スロベニア）から出土した骨製の笛らしきもの。（写真をもとにしたキャスリン・クルーズ=ウリーベによる絵）

このディヴィエ・バベ1号だろう。スロベニア考古学研究所のイヴァン・トゥルク指揮による発掘作業の結果、二、三〇のムスティエ人工遺物と数ヵ所の炉の化石が見つかった。しかし骨の九九パーセントは、その場で死んだらしいドウクツグマのものだった。一九九五年、トゥルクのチームがムスティエの炉を新たに発掘したところ、近くで、ドウクツグマの仔の脛骨で作ったと思われる笛が一本あらわれた。長さ一一センチメートルほどで、表面には丸い穴が均等間隔で四つあいている（図6－7）。穴の二つは完全だが、ほかの二つは、折れた骨の両端にそれぞれ半分だけあいている。

ディヴィエ・バベ1号から出土したドウクツグマの骨もほとんどそうだが、この笛とおぼしきものにも、はっきりした石器の跡は認められない。重要なのは、ヒト以外の何者かが穴をあけた可能性があるかだ。ベレカット・ラムのフィギュリンを研究したフランチェスコ・デリコがこの研究に加わり、ドウクツグマのすみかから出土した骨を詳しく分析した。ここからは、人工遺物と炉がいっさい出土しないため、クマだけが住んでいたと思われる。デリコのチームは、クマの骨の四〜五パーセントに、先の笛らしきものと同じような穴があいていたことを発見した。ドウクツグマなど大型肉食動物が咬んだ痕とみるのが、最もわかりやすい。笛にみえたのはまぐれで、ドウクツグマや他の肉食動物に食べられて偶然できたにすぎない、と結論づけた。

ディヴィエ・バベの笛以外で、紛れもない最古の楽器は鳥の骨から作った笛で、ガイセンクレステルレ洞窟（ドイツ南部）と、ピレネー山脈のイストゥリッツ洞窟（フランス）の三万〜三万二〇〇〇年前のオーリニャック層から発見された。どちらの遺跡からも、疑いようのない芸術品、なかには圧巻ともいえるものも出土している。ムスティエ文化との違いが歴然である。

ここで話を広げ、ヨーロッパと西アジア各地に散在するムスティエ遺跡から出土した芸術品らしき一五個を入れてしまってもいい。ディヴィエ・バベの笛のように、全部自然や動物の仕業だとあっさり片付けられるわけでもない。しかし、上部旧石器文化の標本並みに説得力のある芸術品は、ひとつも出ていないのだ。ケンブリッジ大学考古学者ポール・メラーズの言葉を借りて、結論としよう。「これらの品々は数もきわめて少なくバラバラにしか出ない……そのため、この種のシンボル表現がネアンデルタール人の行動にとって本当の重要な要素だったとは考えにくい」

ネアンデルタール人の食人習慣

ネアンデルタール人の遺跡からは、しばしばシカ、ヤギュウ、ウマなど中程度の大きさの哺乳動物の骨片が出土する。これらの骨を調べると、二つの点でネアンデルタール人がさかんに狩猟をしていたことが読みとれる。第一に、骨を木やひもでこすったあとがみられ、ムスティエ人は三角形の剥片石器を木製槍の両端に装着したことがわかる。第二に、人骨に残ったたんぱく質分析の結果、肉食中心だったことがわかっている。

ストーニー・ブルック大学（ロングアイランド）の考古学者ジョン・シーは、イスラエルのケバラ洞窟など、南西アジア遺跡のムスティエ層から出土した三角形の（ルヴァロワ）ポイント（尖頭器）について研究をおこない、叩き切られた先端部や衝撃による割れ目を何度も観察した。突いたり投げたりしてもこうした傷はつくだろうが、三角形の剥片がついた槍は重すぎるし投げにくい、至近距離から直接相手を突き刺す武器として用いられたのだろう、とシーは考えた。この目的ならば、シェーニンゲンから出土した四〇万年前の木槍より、はるかに有効だ。しかし相手に近づかなければならないから、狩猟者側のリスクはやはり大きかっただろう。ネアンデルタール人の化石にしばしば骨折の治癒痕があるのも、これで説明がつきそうだ。またデューク大学の生物人類学者スティーヴン・チャーチルは、槍を突くのに繰り返し身体を使ったから、体が筋肉質になったのだろう、とも述べている。ウンム・エル・ティエル（シリア）のムスティエ遺跡発掘で見つかった野生ロバの頸椎は、ネアンデルタール人がものを突き刺す力の強さを物語る。椎骨には長さ一センチメートルの三角形のルヴァロワ・ポイント片が埋め込まれていた。ロバを仕留めたとき、取れてしまったのだ。ポイントがここに埋まったのは、たまたまではないだろう。椎骨に刺されれば、脊髄が切断され、ロバは完全に自由を奪われたはずだ。それでも、大型動物に近寄ることはやはり危険だったから、ネアンデルタール人にとっては、集団での狩猟が主要な戦略だったと思われる。これなら、獲物をしっかりと取り囲むことができる。シーは彼らを「ナイフをもったオオカミ」にたとえている。

先に述べたように、古い人骨には時々たんぱく質（コラーゲン）のあとが残留し、遺伝子学者はDNA抽出という難しい作業に取り組む前に、たんぱく質が残っていないか調べていく。たんぱく質の痕跡はそれじたい貴重な意味をもつ。ここから、古代の食生活が解明できるのだ。オオカミやライオンなど肉食動物に含まれるたんぱく質は、窒素のアイソトープである窒素15を豊富に含む。マリラック（フランス）、スクラディィナ、エンギス、スピー（ベルギー）、ヴィンディーヤ（クロアチア）の洞窟から出土したネアンデルタール人骨についてはすでに窒素15組成が確かめられ、どの場合も肉食に偏った食生活だったことがわかっている。この肉食の偏りぶりは死肉あさりの結果にしては極端だ。ポイントを装着した槍同様、ここからも、狩猟がさかんだったことがうかがえる。

ネアンデルタール人の後に登場したクロマニヨン人も、おもに中程度の大きさの哺乳動物を獲物にしていたが、動物骨だけでは、ネアンデルタール人とクロマニヨン人で狩猟方法がそれほどかけ離れていたとは考えにくい。けれども遺物の状況から、二つの点で、狩猟の成功率はクロマニヨン人のほうがかなり高かったといえる。まず、年代単位あたりの遺跡数を比べるとクロマニヨン人のほうがネアンデルタール人より多く、生活をしのばせる痕跡も多く含んでいる。環境条件は大体同じだったかもしれないが、クロマニヨン人口のほうが多かったことになる。第二に、クロマニヨン人は、間違いなく優れた武器をもっていた。石器・骨器といった遺物には、おそらく飛び道具――おそらくはじめは投げ槍か投げ矢、あとになると弓矢――の一部も含まれていた。武器が精巧になったことで、クロマニヨン人が、筋肉はしっかりついていてもネアンデルタール人に比べれば筋肉質でなかった理由、また骨折が少なくなった理由も説明できる。筋肉組織が減少したとすれば、平均的クロマニヨン人の一日あたり必要カロリーも減ったはずだ。こうして、食糧にできる動物や自然の資源はネアンデルタール人と変わらなくても、クロマニヨン人は人口増大できたのだろう。

最後に、次の話題に入る前に、ネアンデルタール人の食人習慣について触れておこう。ヨーロッパに最初期に住んでいたヒト（八〇万年前グラン・ドリナ洞窟の住人たち）が食人をおこなっていたことは先に述べた。本書では食糧として必要があったからとみて、有史時代に入るか入らないかというところの現生人にみられる食人習慣も、同じ理由で説明できる、と述べた。しかしこれまでのところ、クロマニヨン人のどの遺跡からも、食糧目的で食人をおこなったことを示す確たる証拠は出ていない。他方、ネアンデルタール人の場合、一、二ヵ所でこうした証拠が上がっている。証拠は不充分だが、遺跡の全体数でいうとネアンデルタール人のほうがずっと少ないから、ネアンデルタール人が食人をおこなった頻度は高かったと思われる。おそらく、彼らのほうが厳しい飢餓に見舞われていたからだろう。ここで最も重要なネアンデルタール人の遺跡は、クラピナ岩陰（クロアチア）とムーラ・ゲルシー岩陰（フランス南東部）の二つである。

クロアチア人古人類学者ドラグティン・ゴリヤノヴィッチ＝クランベルガーは一八九九〜一

九〇五年、クラピナでネアンデルタール人骨をおよそ九〇〇個発見した。その発掘方法は現代の水準からみれば粗雑だが、ヨーロッパにおけるネアンデルタール人の古さと地理的分布を確証する一助となった。この発掘で、クラピナには墓も関節でつながったような骨格もないことが明らかになった。骨格はほぼ全部分が残っていたが、堆積物のあちこちに散らばっていて、ほとんど折れていた。その後の研究によって、この骨格は少なくとも二〇体分に相当し、その多くは一〇代から二〇代前半とわかった。硬化剤が骨表面をおおっているため、今では石器や肉食動物の歯による損傷の程度を推定することは不可能である。残念としかいいようがない。というのも共伴する動物骨の一部はクマ、ハイエナ、オオカミのもので、もしかするとここに集積する人骨はこの動物の餌食になったのかもしれないからだ。ムスティエ人工遺物はネアンデルタール人の骨よりほんの少し多いだけだから、ヒトがかたまって住んでいたとは思えない。それでも、人骨がこれほどまで数多くしかもバラバラになっていることを説明するならば食人行為とみるのが妥当だろう。自然死しそうにない年齢層のヒトの骨が多いことから、ネアンデルタール人集団が他集団によって意図的に滅ぼされたと考えられる。

それ以上に説得力があるのが、ムーラ・ゲルシー岩陰から出土した証拠である。一九九一年、フランス国立科学研究センターの考古学者アルバン・ドフルールは、ムスティエ層15から一二のネアンデルタール人の骨を回収した。骨の数個には、石器のカットマークがあった。金属製の発掘道具は、石器によるカットマークによく似た傷をつけることがある。それで作業を続ける際、チームのメンバーに指示して、金属製でなく代わりに竹製道具を使うことにした。また、骨表面を曖昧にしかねない硬化剤は決して用いなかった。ムーラ・ゲルシーの骨はきわめて保存状態がよく、表面はほとんどもとのままだ。

一九九九年、ドフルールらは、前回より標本の数を大きく増やし、同じムスティエ層から出土したネアンデルタール人骨七八個について発表した。ここで、人骨片とオオジカの骨（動物骨の一括遺物では最多）約三〇〇個とを比較している。ヒトもシカも、骨はほぼ全部位にわたる。人骨は少なくとも六体分で、死亡時の年齢は六、七歳から成年までとみられる。シカは少なくとも五頭分で、乳幼児や胎児、成年も含まれていた。どちらも石器による徹底的な損傷がみられる。ヒトであろうとシカであろうと、損傷の位置は似通っている。道具を使って最初に身体をばらばらにしてから肉を切り取り、頭蓋骨と長い骨を開けて脳と骨髄を取り出したのだろう。解体作業が終わると、彼らは人骨とシカの骨を区別することなく、地表面に散らかした。

こうして、七〇万年前のグラン・ドリナの住民同様、ムーラ・ゲルシーのネアンデルタール人も、他の動物を食べるのと同じようにヒトを食べていたといえる。他のムスティエ遺跡からは、カットマークのついたネアンデルタール人骨が出ることもあるけれども、大半はそうでない。ムーラ・ゲルシーでも、他の地層からは出ていないのだ。動物は異種どうしで競争するという視点に立てば、食人習慣はどうみてもゼロサムゲームだ。あるいはマイナスになるおそれもある。現生人と同じく、ネアンデルタール人も、日常的にヒトを食べたわけではあるまい。

クロマニヨン人との通婚はあったのか

厳密にいえば、交配して繁殖力のある子をもうけることができないときにかぎり、ネアンデルタール人と現生人は別々の種に位置づけるべきだ。ところが、生物学者にはしばしばこの基準をゆるめる傾向がみられる。ほとんどは、イヌとオオカミを別々の種とみなしている——イヌとオオカミの交雑はよく知られているし、雑種も通常繁殖力があるのに、だ。重要なのは、野生のオオカミとイヌが交雑するケースは少なく、両者とも行動上、解剖学的構造上の特殊化が進み、交雑の可能性は低いということである。ネアンデルタール人と現生人の遺伝子をみると、両者が仮に通婚したとしても、その頻度は高くなかったと思われる。行動面が異なるから自然と生活の場が隔離したのだろう、と考えるが、これには同意しない人もあるし、最近発見されたラガル・ヴェーリョの上部旧石器時代の骨格化石を挙げて反論されることもある。この骨格は、発表者によればネアンデルタール人とクロマニヨン人の雑種という。

一九九八年一一月、トヘス・ノヴァス（ポルトガル）のトヘジャナ洞窟学・考古学学会のジョアン・マウリシオとペドロ・ソウトが、ポルトガルの西中央にあるラペド渓谷の石灰岩芸術を調査していた。通りがかったラガル・ヴェーリョ岩陰は、六年前の道路工事の際、堆積層はブルドーザーでおおかた除去されたあとだったが、そこに残った堆積物にウサギが穴を掘っていた。マウリシオは手を伸ばし、子どもの左前腕と手の骨を引き抜いた。さらに調べてみると、骨格の残りの部分もほとんどまだ埋まっていた。ただし、ブルドーザーのおかげで、頭蓋骨や他のある部分は砕かれ、散乱状態だった。ポルトガル考古学研究所の考古学者ジョアン・ジリャンと自然人類学者シダリア・ドゥアルテはすぐに発掘にかかり、残っているものを回収した。

ジリャンとドゥアルテが興味を寄せたのは、この骨格が上部旧石器時代のものと思われるからだった。そう推定されるのは、堆積物のもともとの表面からおそらく深さ二メートルのところにあり、また赤色の物質に包まれていたからでもある。ネアンデルタール人もクロマニヨン人も、天然に存在する赤いオーカー（酸化鉄）を手に入れていた。ネアンデルタール人がオーカーで身体を彩色していた、と推測する考古学者もいる。それ以外に、一般に受け入れられている見解では、オーカーを使って皮をなめし、また木製の道具の表面を加工処理したようだ。対照的に、クロマニヨン人は一般にオーカーを細かく砕いて、壁画用の絵の具にした。ネアンデルタール人と違って、墓にもオーカーをしばしば大量にまき散らしている。ラガル・ヴェーリョ岩陰では骨格の周囲に顔料が集中していた。死体を包んで埋葬したのだろう。この死体は仰向けに寝かされ、胴と頭がかすかに岩陰の壁側に曲がっていた。足は伸ばし、交差している。緊急発掘で見つかった人工遺物は、穴のあいた貝殻のペンダントだけだったが、しかしブルドーザーで掘り起こされた堆積物を注意深く調べたところ、さらにいくつかの骨格片とともに、穿孔されたアカシカの犬歯が三個見つかった。

ジリャンは死体の配置、赤い彩色、穴をあけた貝と歯から、これを上部旧石器グラヴェット文化期（二万八〇〇〇〜二万二〇〇〇年までヨーロッパ各地に広がった文化である）の子どもだろうと考えた。その後、付随する炭素と動物骨を放射性炭素法年代測定法で分析した結果、この骨格は二万四五〇〇年前のものとされた。ジリャンの見解がこれで確かめられた。

ドゥアルテと共同研究者たちは、ワシントン大学の古人類学者エリック・トリンカウスに依頼し、骨格分析に加わってもらった。歯列の状態から、この子どもの死亡時年齢は四歳ほどとされた。ほぼすべての点で、この骨は現生人の四歳児に近かった。グラヴェットの年代を考えれば、この点は驚くにあたいしない。しかしトリンカウスとポルトガル人科学者らは、ネアンデルタール人の特質らしき二つの点に注目していた。ひとつは下あごの正面で切歯の下にある骨が後ろに傾いていること、もうひとつは、大腿骨に比べて脛骨が短いことだ。短い脛骨は典型的ネアンデルタール人の特徴であり、ネアンデルタール人が生理学的に寒冷適応したと考えられる重要な理由にもなっている。一九九九年、ドゥアルテとトリンカウスらほかの共同研究者たちは、『プロシーディングス・オブ・ザ・ナショナル・アカデミー・オブ・サイエンシズ』に調査結果を発表した。そして、ラガル・ヴェーリョの子どもはネアンデルタール人と現生人が通婚した証拠である、と結論づけた。

アメリカ自然史博物館の人類学者イアン・タッタソールとピッツバーグ大学のジェフリー・シュワーツは、この発表論文に対する批評で懐疑的姿勢を見せた。この子どもは解剖学的構造上、ほぼ現生人といってよく、骨格にはネアンデルタール人の特徴が一切みられない、と指摘したうえで、さらにこう論じた。混血の第一、第二世代であれば、現生人とネアンデルタール人それぞれの特質がはっきり混合されるだろうが、ラガル・ヴェーリョの子どもが生きていたのはポルトガルやスペインに生存した最後のネアンデルタール人から数えて、少なくみても二〇〇世代後だ。混血といわれたのは「グラヴェット時代のずんぐりした子どもにすぎない。数千年前に侵略し、イベリアからネアンデルタール人を追い出した現生人の子孫である」と結論づけた。この問題で公式に人類学者が意見を求められることはなかったが、訊かれたならば、やはりたいていこの結論を受け入れるだろう。DNAをこの子どもの骨から抽出できれば、もっと多くのことがわかるだろうが、それは期待できない。子どもの骨に、もともとのたんぱく質が残っていないからだ。

通婚を示す証拠には、ほかにもっと疑わしいものもあるが、最初期のクロマニヨン人にはかなり頑丈なものもいたから、その意味で時々ネアンデルタール人を思わせる。そのいい例が現チェコ共和国のムラデッチ近くに住んでいたオーリニャック人である。しかし、ハンブルグ大学のギュンター・ブロイアーと同僚のヘルムート・ブレークが最近になってこの頭蓋骨を詳細に分析した結果、ネアンデルタール人の特殊性はまったく認められなかった。それより多少若い時代のチェコ人の頭蓋骨でも同じだった。つまり、ラガル・ヴェーリョを除けば、初期上部旧石器時代の骨格化石をみるかぎり——現生人の遺伝子研究の結果と合致するが——、クロマニヨン人とネアンデルタール人にもし通婚がおこなわれていたとしても、非常にまれなケースだっただろう。

シャテルペロン文化という例外

しかしもちろん、初期クロマニヨン人とネアンデルタール人が遺伝子を交換していなかったとしても、顔を合わせたことは間違いないし、当然何らかの接触もあっただろう。ヨーロッパ全土で、人工遺物の数はヒト化石を大きく上回る。両者が互いに関わりをもっていたのではと思っても無理はない。ところが、おそらくそうした関係はなかった。ムスティエ層と上部旧石器層をともに含む遺跡では、たいてい上部旧石器層がムスティエ層の上にくる。人々が互いに接触した証拠もなければ、かといって年代が大きく開いているともいえない。クロマニヨン人は地質学的にいえば一瞬のうちにネアンデルタール人にとって代わったと考えられよう。他のほとんどの地域でも同様だったと思われる。しかし、例外もある。通常と違い、ムスティエ文化と上部旧石器文化の人工遺物が混合し、しかもそれが発掘作業の拙さでは説明がつかない遺跡が現にあるのだ。ネアンデルタール人は生物学的理由から現生人らしい行動ができなかった、とする立場にとって、頭痛の種である。

これにあたる主要な遺跡は、スペイン北部とフランスの西・中央（ローヌ川の西）に限定され、考古学者にはシャテルペロン・インダストリー（文化）と呼ばれている（図6-8）。成層した堆積物では、シャテルペロン層がムスティエ層のすぐ上に重なり、さらに初期上部旧石器オーリニャック文化の人工遺物がその上にくる。知られているオーリニャックのヒト化石は、たとえばムラデッチ遺跡のものも含めて、すべて完全な現生人となったクロマニヨン人のものだ。最初期のオーリニャック一括人工遺物にさえ、異論の余地のない芸術品（しかも目を見張るようなものも）や、出来のいい骨製器具が含まれる。放射性炭素年代測定法で顔料に混ぜられた炭素を調べた結果、オーリニャック人も壁画を描いたことが明らかになった。シャテルペロンの年代と初期オーリニャックの年代は、一部かなり重複している。今日の方法では測定不可能なほど、時間差が小さすぎるのかもしれない。シャテルペロン文化が四万五〇〇〇年前に始まったこと、おそらく三万六〇〇〇年前までは続いたこと、そのときすでにオーリニャック文化が近くに出現していたこと。今のところ、なるほどといえる推論は、ここどまりである。サン・セゼールとアルシ・シュル・キュール（フランス）の洞窟で発見されたヒト化石から、ネアンデルタール人がシャテルペロン文化を展開したことがわかっている。両遺跡で、シャテルペロン文化期に住んでいたのは、おそらく最後のネアンデルタール人だったろう。

もし石器だけをみれば、シャテルペロン文化は最後のムスティエ文化の一種だと思える。実際、三万七〇〇〇～三万八〇〇〇年前のシャテルペロン文化前期はその程度だったかもしれない。しかしアルシ・シュル・キュールで、シャテルペロン文化を支えた人たちは、ムスティエ文化と上部旧石器文化が混じったタイプの石器を遺しただけでなく、上部旧石器文化の典型である、骨製道具と個人的な装飾品も作っていた（図6-9）。シャテルペロン層からは、装飾が

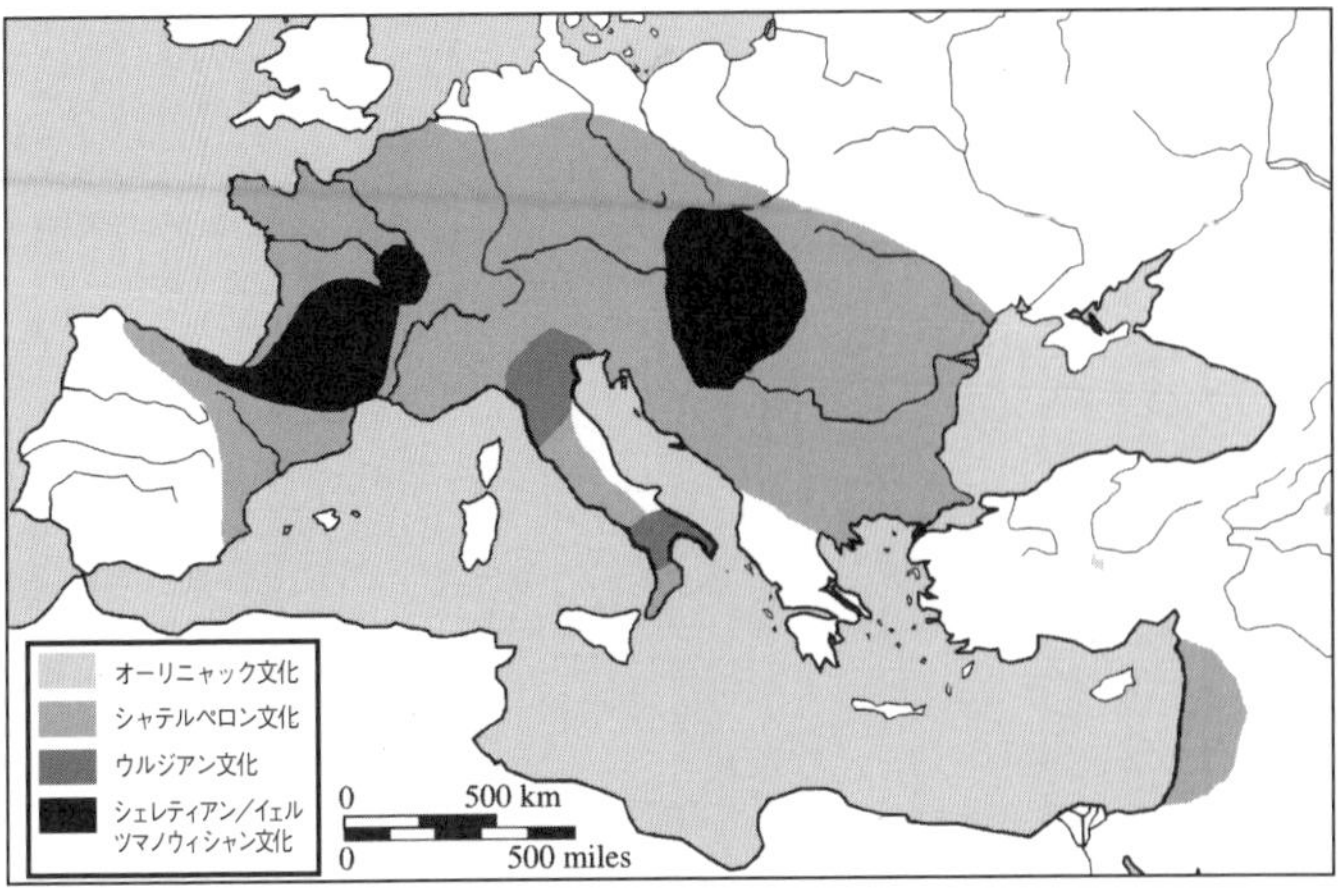

図6-8
初期上部旧石器オーリニャック文化と、それに先立つシャテルペロン文化、ウルジアン文化、シェレティアン／イェルツマノウィシャン文化の分布図。（P・A・メラーズ『現生人の起源と精密な年代測定法による影響』所収、図1を再描）

施されたようなものを含め、一四二ものの骨製器具が出土した。また、三六個の動物の歯や象牙、骨、貝殻には、ビーズやペンダントとしてぶらさげるため、穴が開けられたり、溝がつけられたりしていた。キンセー洞窟（フランス）のシャテルペロン層でも、ほとんど同じように穿孔された歯が発見された。フランチェスコ・デリコによれば、アルシのシャテルペロン文化を担った人たちは、そこで骨製の人工遺物や装飾具を作った。しかも独自のテクニックを用いて。

上部旧石器時代以前ではそれほどみられなかったが、アルシのシャテルペロン文化の人々は、生活空間に大きく手を加えていた。シャテルペロン層には、住居設営跡がいくつも含まれている。なかでも、弧を描いて並ぶ一一個の杭穴は、最も保存状態がいい。この三～四メートルの円は一部、石灰岩の飾り板でおおわれていた。アルシの堆積物から回収された花粉によって、近くには木がほとんどないことがわかっている。杭に使ったのは、おそらくマンモスの牙だろう。マンモスの牙は、旧石器時代の洞窟のなかで、アルシ遺跡で最も多く発見されている。

ジョアン・ジリャンとフランチェスコ・デリコは、ネアンデルタール人が自分たちだけでシャテルペロン文化を発明した、とするが、ここで最も説得力のある上部旧石器文化の要素があらわれるのは、シャテルペロン文化も末期が近くなってからだ。シャテルペロン文化をもった人たちは、近くに住んでいた初期オーリニャック文化のクロマニヨン人から基本的なアイディアを借用したのだろう。ふたりは可能な限りの遺物の年代を注意深く分析した。その結果、オーリニャック文化が中央・西ヨーロッパに広がった三万六〇〇〇～三万七〇〇〇年前、後期シャテルペロン文化も繁栄していたらしいとわかった。後期シャテルペロン文化は長く続かず、三万五〇〇〇年前までには、オーリニャック文化だけが残った。

イタリアと中央ヨーロッパの考古学者のなかには、初期上部旧石器文化がネアンデルタール人に与えた影響が、ウルジアンとシェレティアン／イェルツマノウィシャン文化に反映される、と述べるものもある（図6－8）。今後の調査によって、どちらか一方、あるいは両方とも、シャテルペロン文化と同等の説得力が加わるかもしれない。しかし、もしシャテルペロン文化はやはりユニークだった、という結果になっても、ひとつの問題が浮上する。というのは、もし

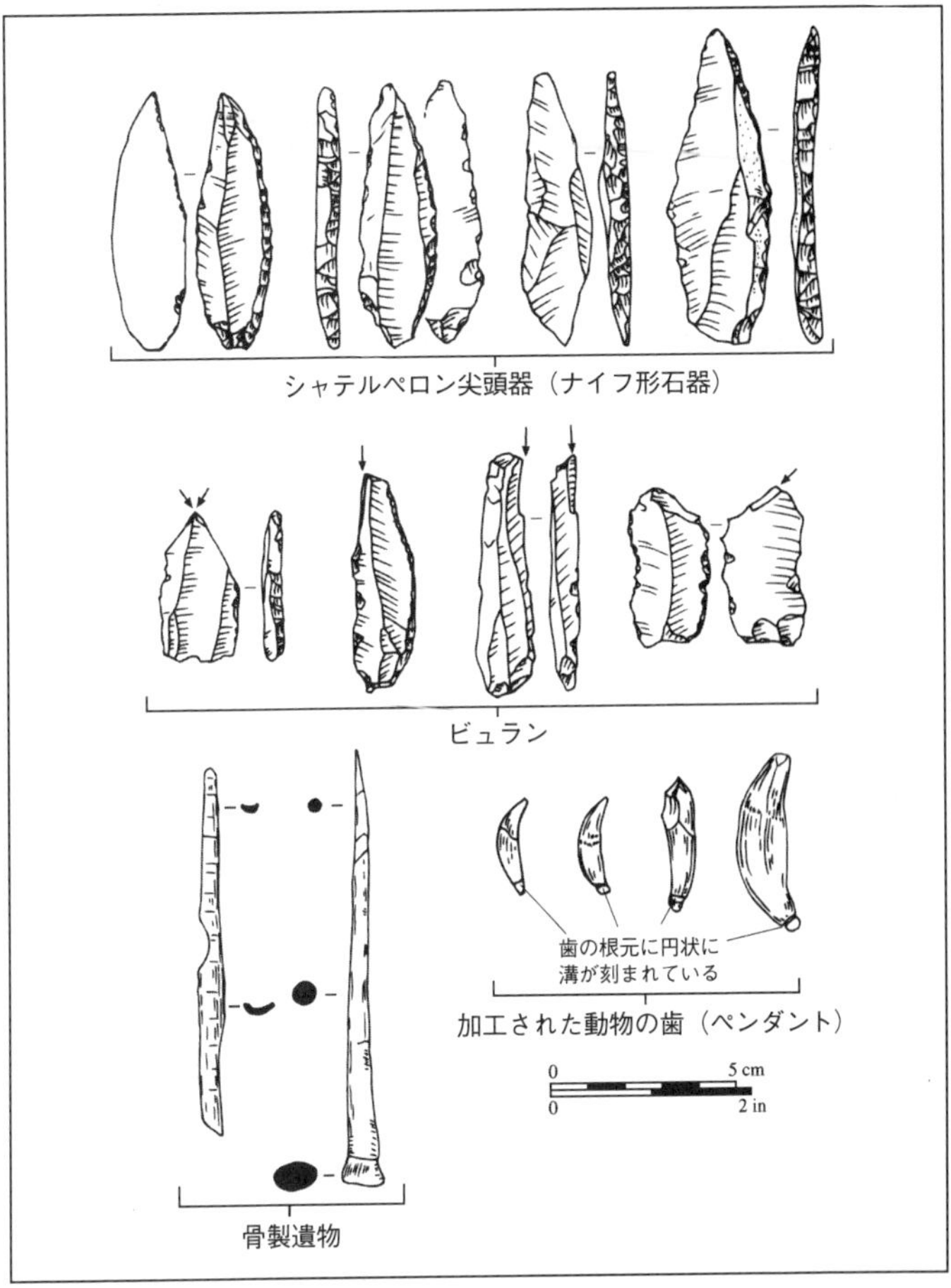

図6-9
アルシ=シュル=キュールのトナカイ洞窟（フランス）から出土したシャテルペロン文化遺物。一般には、形の整ったビュラン、骨製遺物、ペンダントを作ったのは上部旧石器時代のクロマニヨン人だけだが、トナカイ洞窟では、ネアンデルタール人がこうした遺物をシャテルペロン層に残したと考えられる。

ネアンデルタール人が上部旧石器文化をまねた可能性があるとすれば、上部旧石器文化にみられる行動は生物学的に不可能とはいえないからだ。そしてもし、私たちの考えるように、上部旧石器文化がよりすぐれていた（少なくとも、人口拡大を促した）ならば、ネアンデルタール人はもっと広くそれを取り入れていたはずだ。彼らの解剖学的構造の特質や遺伝子が、のちの個体群にもっとはっきりあらわれてもおかしくない。ネアンデルタール人が絶滅した理由や経緯を考えるうえで最大の障害になるのがこのシャテルペロン文化なのである。

クロマニヨン人とどのくらい共存していたのか

第一章では、現生人の行動を特徴づける、装身具という芸術品は四万年前以前、東アフリカで登場した、と述べていながら、ここでは、芸術品など現生人らしい行動が三万七〇〇〇〜三万六〇〇〇年前、中央・西ヨーロッパで出現したと書いた。この差は、解剖学的構造上の現生人となったアフリカ人が現生人らしい行動を発展させたあとでヨーロッパに拡大したとすれば、納得できる。しかしそれでも、現生人がどれくらいすばやくネアンデルタール人にとって代わったのかという問いには、答えが出ていない。ネアンデルタール人がもっと長く生き残っていた場所もあったのだろうか。そうなると、彼らの行動能力を過小評価してきたかもしれない。ネアンデルタール人と現生人が、ある地域で、長期にわたってオーバーラップしていたならば、通婚の可能性も高くならないだろうか。少なくとも、文化を交換した可能性は濃いのでは？

時期をどうとらえるかは単純に思えるかもしれないが、実は非常に複雑である。とくに問題なのは、六万～三万年前の間で確かな年代を導き出すのが難しいことだ。みなの意見が一致しているのは、六万年前以前、ヨーロッパではネアンデルタール人だけが生活していたこと、しかし三万年前以降消えたこと、この二点である。

ネアンデルタール人が姿を消した時期を算定するのに、昔から今にいたるまでおもに利用されているのが、放射性炭素年代測定法である。一九四〇年代末、化学者ウィラード・リビーらがシカゴ大学でこの方法を開発した。この方法が幅広く応用されたことがのちの考古学に革命をもたらした、といっても過言ではない。業績が認められて、リビーはノーベル賞を受賞している。この方法を支える理論は簡潔明快にして、曖昧なところがない。炭素（C）は自然状態で、三つのアイソトープ――炭素12、炭素13、炭素14――として存在する。ここでは炭素13を無視し、三つの中で最も豊富にある炭素12とそれよりずっと少ない炭素14だけについて考える。炭素12と違い、炭素14は放射性炭素で、約五七三〇年の半減期で崩壊する。つまり、五七三〇年後にはいかなる量の炭素14も（窒素14へ崩壊することで）半分に減る、ということだ。この半減期は長いと思えるだろうが、他の多くの放射性アイソトープに比べれば、非常に短い。たとえば、放射性カリウム（カリウム40）の半減期はおよそ一三億年である。カリウム／アルゴン年代測定法は、カリウム40に依拠している。カリウム40の半減期が長いから、数百万年前の東アフリカのアウストラロピテクス類の遺跡など、古代火山岩の年代を測定するうえで、カリウム／アルゴン年代測定法が有益なのだ。同じものを測定しようとしたら、炭素14では役に立たないだろう。もしふさわしい物質が手に入っても、炭素14は半減期が短いため、ほんの数万年後には――大目に見積もっても一〇万年だが――、極端に量が減ってしまい、正確な測定ができなくなる。

炭素14は本来地球から消失するはずだが、宇宙線と窒素14の相互作用によって、大気圏上部で常に新たに供給されている。概して、植物は大気から（二酸化炭素から）直接炭素を取り入れ、動物は植物やほかの動物を消化して炭素を得る。植物も動物も普通、組織を作るとき、炭素14と炭素12を区別しない。したがって、生きている動植物における炭素14と炭素12の割合は、大気中での割合に近い。しかし生物が死ぬと、炭素同化もストップし、炭素12に対する炭素14の割合は、炭素14の半減期に比例して減っていく。つまり、たとえば微量の木炭を採取し、あるいは骨から分解されたたんぱく質（コラーゲン）を抽出するなど、古代の生物における炭素14対炭素12の割合を調べれば、その生物（木、動物）が死んだ時期を推定できる、ということだ。

実際には、放射性炭素年代測定法には複雑な問題が山積している。よくいわれるが、年月がたつにつれて、大気中の炭素14量がおそらく宇宙線の強度の変化にともなって変化することも、そのひとつだ。最後のネアンデルタール人の年代を測定する場合、最も難しいのは、炭素14の短い半減期であり、古代の有機質が埋められてから土壌中の炭素を吸収するという可能性である。こうした「汚染」を引き起こす原因としておそらく最も頻度の高いのは、地表面からしみ出す腐植酸（腐った植物から出る物質）である。二万～二万五〇〇〇年より古い物質に対して、その影響は特に大きい。こうした遺物では、もとの炭素14はほとんど残っていない。年代の新しい炭素がほんの微量でも加われば、炭素14が大きく増量し、放射性炭素年代測定法をおこなっても、結果として得られる年代はずっと新しくなってしまう。計算上、実際には六万七〇〇〇年前の標本に新たな炭素を一パーセント加えると、三万七〇〇〇年前のものとみなされる。しかも、こうしたわずかな汚染を確実に取り除ける実験室はないのだ。汚染の影響をとくに与えやすいのは骨の分解したたんぱく質で、木炭はそれほどでもない。しかしうまくいかないことに、二万五〇〇〇年より古い遺跡から木炭が出ることはまれで、骨が年代測定の中心となる。要するに、放射性炭素年代測定法一本では、三万年前のものとされる遺跡が実際にそれより五〇〇〇年、一万年前でなかったとはいえないし、二万年前ですらなかったと断言できないのだ。最後のネアンデルタール人の年代を測定する難しさは、まさにここにある。

放射性炭素年代測定法は、メズマイスカヤ洞窟（ロシア）とヴィンディーヤ（クロアチア）のネアンデルタール人骨（両遺跡についてはネアンデルタール人のDNA分析のくだりで触れた）に用いられている。放射性炭素年代法の結果、メズマイスカヤのネアンデルタール人の子どもは約二万九〇〇〇年前に亡くなったとされ、一方、ヴィンディーヤのネアンデルタール人は二万九〇〇〇～二万八〇〇〇年前まで、局地的に生き残っていたことがわかった。メズマイスカヤとヴィンディーヤの年代をそのまま受け入るとしたら、ネアンデルタール人はそれぞれの地域で少なくとも六〇〇〇〜七〇〇〇年間は初期上部旧石器時代の人々と共存していたことになる。ここから、ネアンデルタール人は侵入してきたクロマニヨン人に屈しないケースも多かった、と考えられる。その一方で、はるか時代の下った炭素にほんのわずかでも汚染されていたとすれば、それより八〇〇〇〜一万年古い答えが出るだろう。それならばクロマニヨン人と一部重なっていたと考える必要はなくなる。とくに骨のたんぱく質には、汚染がつきものであることをふまえて、多くの専門家は、二万五〇〇〇年前か三万年前より古い放射性炭素年代値を最低限の年代値としてしか見ていない。この方法で年代測定された標本は、その年代かあるいはそれよりかなり古い可能性もある、というわけだ。たんぱく質による汚染を考慮に入れると、経験則では、ひとつの遺跡内で、年代が層序どおりにいかない場合（同一層でありながら年代が違う場合、あるいは深さと古さが符合しない場合）、最古の年代がおそらく本当の年代に近い。メズマイスカヤ洞窟がまさにこの実例で、ネアンデルタール人の子どもの出土層の上にある上部旧石器層に含まれる木の炭素に基づいて、放射性炭素年代測定法で三万二〇〇〇年という年代を導き出している。そこで、この子どもは実際には三万二〇〇〇年前より以前に違いない、と考えられる。この年代測定でいえば、ネアンデルタール人と現生人がロシア南部で数千年もの間オーバーラップしていたことは否定される。

汚染が必ずついてまわることを考えると、ネアンデルタール人がクロマニヨン人に屈した時期を推測するには、最も新しいムスティエ（ネアンデルタール）でなく上部旧石器文化の年代を用いるのが最も正確だろう。ジョアン・ジリャンとフランチェスコ・デリコは包括的な分析をおこない、初期上部旧石器オーリニャック文化が約三万七〇〇〇〜三万六〇〇〇年前に西・中央ヨーロッパに広がった、とみる。ほとんどの場所で、遺跡の層位を調べると、年代はともかく初期上部旧石器クロマニヨン人は、あっという間にムスティエ文化のネアンデルタール人にとって代わったことがうかがえる。おそらく数百年、数千年の間のことだったろう。あえて「ほとんどの場所で」というのは、一般によく知られ、この例外と思われている遺跡があるからだ。

ネアンデルタール人がすぐ追い出されなかった唯一のケースは、イベリアの行き止まり――エブロ川、タグス川の南側、スペインとポルトガルの遺跡である。エブロ川の北にある三つのスペインの遺跡では、初期オーリニャックの年代が四万年前頃と推定されていた。しかしジリャンとデリコは、どの場合でも、年代を測定された物質が実際にはもっと古いムスティエ文化、あるいはシャテルペロン文化の人工遺物と付随していたと考え、局地的なオーリニャック文化が始まったのは三万七〇〇〇年前近くとみる。しかしそれでも、エブロ川・タグス川南の、年代が測定されている上部旧石器文化に比べれば七〇〇〇〜八〇〇〇年古い。スペイン南部とポルトガルのムスティエ遺跡には、放射性炭素年代測定法により三万年前までという年代がはじき出されたものもある。驚くべきは、サファララヤ洞窟から出土したネアンデルタール人骨の推定年代であった。要するに、ネアンデルタール人はヨーロッパの他の場所で現生人に追い出されたが、それからかなりたったあとも、イベリア半島では生き残っていたのだ、とジリャンとデリコらは考えた。しかし、ほかの解釈もある。第一に、イベリアから得られる後期ムスティエ／ネアンデルタール人の年代はごくわずかで、例のごとく、これも最低限の年代推定にすぎない可能性がある。第二に、三万年前以前に上部旧石器文化がないことは、三万七〇〇〇年前から三万年前まで、あるいはその後も、イベリア半島の多くにはまばらにしか人が住んでいなかった、というだけのことではないだろうか。だとしたら、苛酷な気候条件がその理由だろう。北西アフリカのジブラルタル海峡を渡ってすぐの地域では、間違いなく四万〜二万年前とされる地層から遺物が出土する例がきわめて少ないが、これは極端な乾燥期が続いたからだと思われる。イベリアでネアンデルタール人がどれだけ長く生きのびたかという問題は、シャテルペロンの問題とは別で、さらに研究を進めれば解決できる。他方、ネアンデルタール人が現生人の登場後かなりたってからも、ヨーロッパのどこかで生き残っていた、と考える根拠は充分整っているといえない。

ネアンデルタール人が言語を発することの困難

ネアンデルタール人が興味をそそるのは、私たちによく似ていながら、しかもまるで違っている点にある。本章の結びとして、一般に広まっているネアンデルタール人のあるイメージに目を向けよう。ネアンデルタール人が話す能力は非常に限られていた。有史以来人間の特徴となった、音素からなる話し言葉を速いスピードで繰り出すことはできなかった——という私たちとの違いを強調するネアンデルタール人観である。有史以来、文化の複雑さは地域、時代に応じて多岐にわたるが、比べてみると言語はそうでない。すべて同じように洗練され、ある言語から他の言語へと翻訳することも可能だ。いってみれば、どんな言語であれ、すべての概念を——煩雑になる場合はあるが——表現できる。

ネアンデルタール人の言語はどうか？　本当のことをいえば、私たちにはわからない。彼らがチンパンジーよりも、あるいはこの点ではアウストラロピテクス類やホモ・エルガステル、さらにおそらくホモ・ハイデルベルゲンシスよりも、はるかに複雑なシステムをもっていただろう、と想像することはできる。しかし、だからといって現生人レベルと同じくらい洗練された言語があったといえるだろうか。一つの手がかりは喉頭の位置だ。現代のあらゆる言語で必要とされる音を生み出すうえで、喉頭は非常に重要な役割を果たす。類人猿やヒト新生児の場合は、喉頭がのどの高いところにあるため、発音できる音が制限される。が、喉頭がこの位置にあるからこそ、嚥下と呼吸を同時におこなっても、のどをつまらせるおそれがない。ヒトが一歳半から二歳になると、喉頭は下降を始める。のどをつまらせる危険は増えるが、そのマイナス面を相殺するだけの利点があるに違いない。最も明白なのは、このおかげで、音声言語にとって必要な音をすべて発することができることだ。言語が生存競争で有利に働くことには疑う余地がない。喉頭の位置は頭蓋底部の形に関係がある。類人猿と現生人幼児の頭蓋底部は平べったく、現生人の大人の場合は上方にアーチ型になっている。保存状態が頭蓋底部の様子がよくわかるネアンデルタール人三体の頭蓋骨をみると、平べったかったようだ。ここから、ネアンデルタール人は今私たちが使っているような言語を発することはできなかったと言えるかもしれない。

しかし、ここで喉頭を固定する舌骨についても考える必要がある。類人猿と現生人では舌骨の形が大きく異なる。ネアンデルタール人の舌骨として知られているのはひとつしかないが、それは現生人とそっくりだ。さらに彼らと同時代の、アフリカにいたヒトについても考えるべきだろう。それは現生人かそれに近いヒトで、ネアンデルタール人と違い、私たちの祖先も含まれる。彼らの頭蓋底部は曲がっていたが、しかし遺物などからみると、ネアンデルタール人同様、彼らも現生人の特質を備えているとはいいがたい。もし彼らが現生人のように話せたとしても、この能力によって現生人らしい本格的な行動が促され、文化の曙光を呼び込んだとは思えない。言語を話すという新たに発見された能力は完全に現生人らしい行動へと刺激を与えたといえるかもしれないが、もしそうだとしても、基盤となるのは脳における変化だったはずだ。ヒトの行動がこれほど唐突に現代人らしくなり、またたく間に広まった理由を最も簡潔に説明するのが、この脳の変化である。このことは、後で詳しく述べることにしよう。

第7章　身体の進化、行動の進化

一九二五年、レイモンド・ダートがタウング・チャイルドの頭蓋骨を発表すると、アフリカをヒトの起源とみる動きが盛り上がった。しかしタウング・チャイルドが初めてアフリカからあらわれた重要なヒト化石というわけではない。すでに一九二一年、北ローデシアのブロークンヒル鉱山で、銅・亜鉛の採掘をしていた作業員らが洞窟から驚くべき頭蓋骨を発見していた。この頭蓋骨は額が平べったく、後ろにひっこんでいて、眼窩上隆起はぶ厚く、顔が大きかった。それでも歯はまさにヒトの典型で、脳頭蓋のサイズは現生人に近い。歯は虫歯が進み、膿瘍があご骨に達している。頭骨壁には一部治癒した痕のある孔が開いているが、これは死ぬ前に腫瘍が広がったせいかもしれない。

この鉱山会社は頭蓋骨をロンドンに移した。一九二一年、著名な解剖学者アーサー・スミス・ウッドワードは解剖学会大会でこれを発表した。ここに参加していたダートは、後年こう回想している。「目を疑うようでした。明らかにヒトの頭蓋骨なのに、突き出た眼窩上隆起はネアンデルタール人より厚く、ゴリラと同じくらい鼻口部が大きい。しかし歯は現生人の歯に似ていて、脳も実に大きい（一二八〇cc）」。頭蓋骨はネアンデルタール人に似ているとされることもあるが、しかし頭蓋底部あたりが幅広く、乳様突起も比較的大きいうえ、首の筋肉の付着部のすぐ上にある楕円形のくぼみがないなど、相違点も多い（図7-1）。ウッドワードはこの頭蓋骨をホモ・ローデシエンシスと称した。マスコミはたちまちそれを「ローデシア人」と言い換えた。標本は今でもロンドンにある。一九六四年、北ローデシアが独立を獲得してザンビアとなると、ブロークンヒルはカブウェと名前を変えた（図7-2）ため、今では「カブウェ・スカル」と呼ばれている。

カブウェ・スカルは、古人類学で頻々と起こるパラドックスをはっきりと示している。企業による大がかりな採掘作業なしには発見できなかったのは確かだが、他方、このせいで層位学的な重要情報がほとんど消失してしまった。採鉱作業者は動物骨とあまり目立たないヒト化石を同じ洞窟から発見した。しかし頭蓋骨と同じ地層から出土したのが（あるとしたら）どれかがわからない。また、近くに人工遺物があったかどうかも（たぶんあっただろうが）、実際のところはわからないのだ。古人類学者は、さまざまな目的から付随する人工遺物と動物の標本に頼る。重要なヒト化石の相対的な年代を判断することも、その目的のひとつだ。いうまでもなく、時間軸に沿って並べられなければ、化石の価値はかなり失われてしまう。カブウェでの発見状況からして、確かな年代測定は不可能だ。しかし採鉱作業員は原始的哺乳動物の骨をい

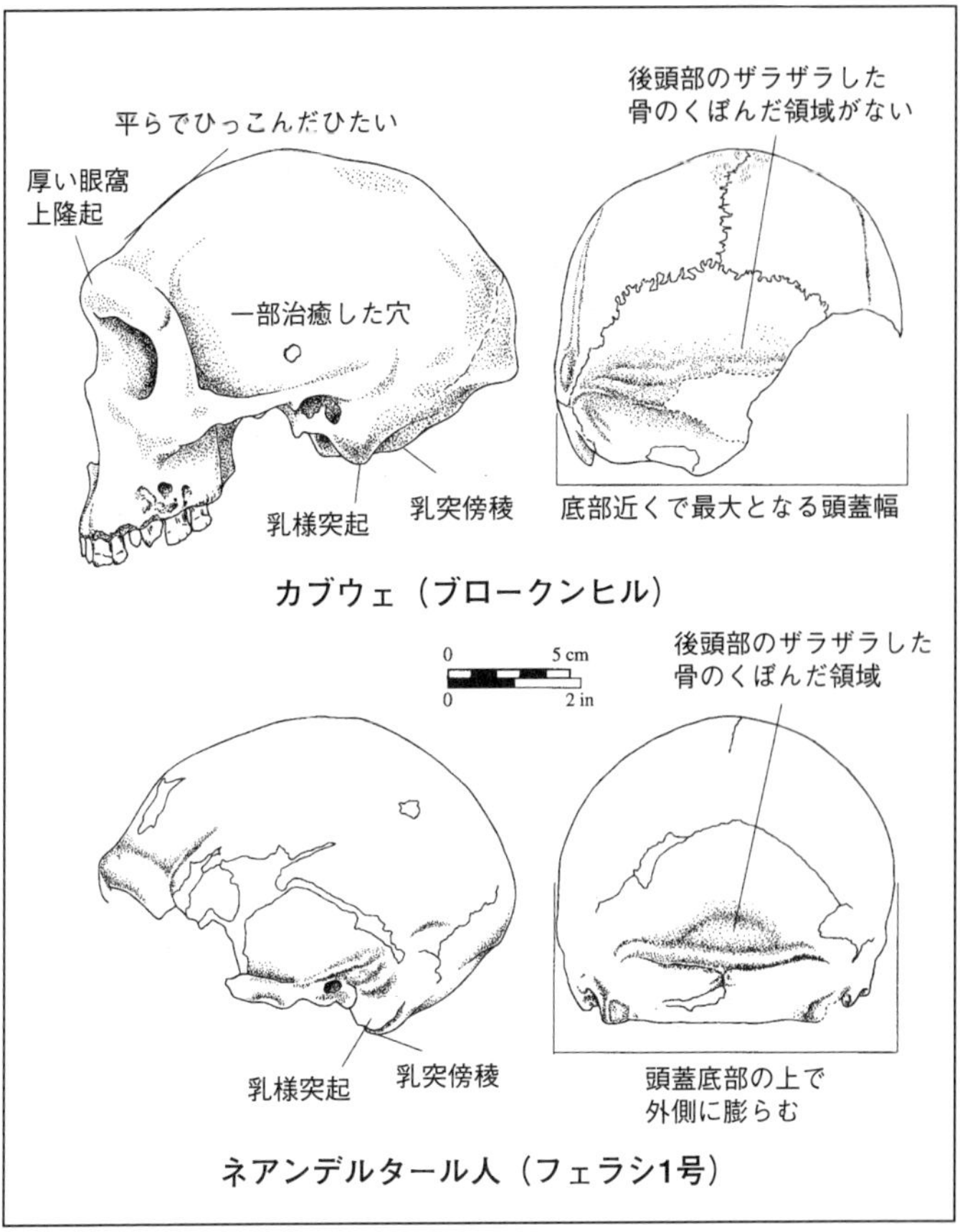

図 7-1
カブウェ（ザンビア）から出土したヒト頭蓋骨化石と、フェラシ（フランス）のネアンデルタール人頭蓋骨の比較。（『人類進化ジャーナル』7（1978年）、A・P・サンタ・ルカ論文の図を再描）

くつか発見しており、仮に頭蓋骨と出土層が同じだとすれば、七〇万〜四〇万年前と考えられる。この場合、アフリカでもっと最近になって発見された同様の標本、ミドル・アワッシュ・ヴァレー(エチオピア)のボド、オルドゥヴァイ渓谷(タンザニア北部)西端近くのンドゥトゥ湖、ケープ・プロヴァンス(南アフリカ)西部のエランズフォンテイン(ホープフィールドあるいはサルダンハとも)から出土した標本とだいたい同じ時代だろう。いずれの遺跡でも、おもに年代は付随する哺乳動物、層位学的位置、あるいはその両方から判断される。さらにカリウム/アルゴン年代測定法によって、ボドは約六〇万年前の遺跡であることが確証された。

カブウェ・スカルも、おそらく同時代の頭蓋骨も、ホモ・エルガステルとホモ・エレクトスにみられる原始的特徴と、ネアンデルタール人と現生人両方の典型といえる高等な特徴をあわせもっている。原始的特徴としては、大きな眼窩上隆起、低く平べったい額、幅広い頭蓋底部、厚い頭骨壁などが挙げられる。高等な特徴のなかでとくに印象的なのは、脳頭蓋が大きいことで(平均して、古典的エレクトスが一〇〇〇ccであるのに比べて一二〇〇ccを超える)、しかもその前部が比較的幅広く左右にふくらみ、後ろが丸いことだ。ボド、ンドゥトゥ湖、エランズフォンテインでは、頭蓋骨に後期アシュール文化のハンドアックスが付随している。ここにいた人々は、五〇万年前、ヨーロッパにアシュール文化をもたらしたアフリカ人の祖先と何らかのつながりがあると思われる。アフリカ人の頭蓋骨が、おそらく同時代か少し後のヨーロッパ人に似ている理由は、この「出アフリカ」によって説明できるだろう。便宜上、アフリカ/

図 7-2
本章で取り上げた遺跡。

ヨーロッパ人をあわせてホモ・ハイデルベルゲンシスと呼び、このハイデルベルゲンシスがネアンデルタール人と現生人の共通する最後の祖先と考えてきた。ここでもっと重要なのは、カブウェ、ボド、ンドゥトゥ湖、エランズフォンテインの頭蓋骨が、形とおそらく地質学的年代において、六〇万年前のホモ・エルガステルと、それより外見が現生人らしい四〇万年前のアフリカ人を無理なく結びつけているということだ。

原始から現代へ移行する段階のヒト化石

ウッドワードが新たにローデシア人を化石人類とみなしてから一〇年後、動物学者T・F・ドライヤーは南アフリカのブルームフォンテインから約五〇キロメートル北西にあるフローリスバット温泉で、化石を探していた。温泉所有者はスパを作ろうとして風呂場の拡張工事をおこなった際、動物化石と石器を見つけていた。しかし、一時的でも排水したら投資が水の泡になるのでは、と懸念したため、ドライヤーは水の中を歩き回って骨を手探りするはめになった。手を水に突っ込み、温泉の堆積物を探ったところ、ヒト頭蓋骨が出てきた。——指が眼窩にひっかかったのだ。

フローリスバットの頭蓋骨は、右側顔面と額の大部分、頭蓋冠と側壁の部分からなる。さらに、この頭蓋骨にはえていたと思われる親知らずが右上一本だけ残っていた。頭蓋骨にはハイエナなどの大型肉食動物の歯型がついており、おそらくこれが死因だろう。現代の水準でいえ

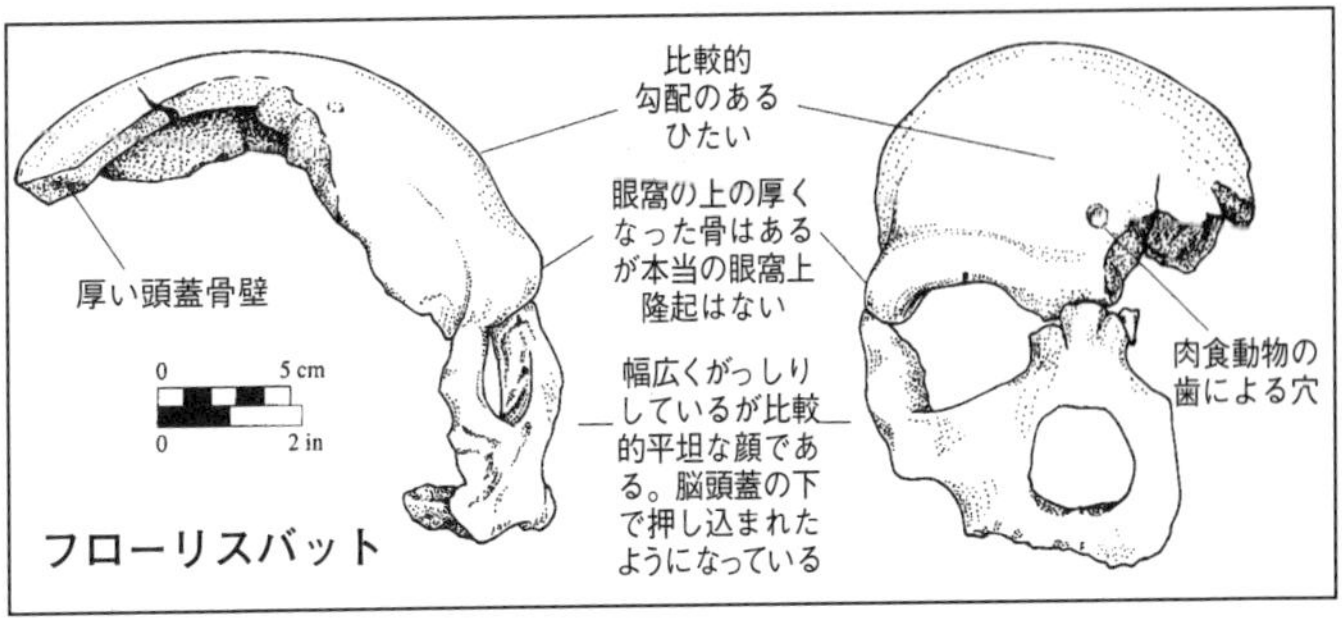

図7-3
フローリスバット（南アフリカ）から出土した頭蓋骨の部分。（写真をもとにしたキャスリン・クルーズ＝ウリーベによる絵）©Kathryn Cruz-Uribe

ば、頭骨壁が非常に厚く、顔はかなり横幅がある（図7－3）。眼窩の上でぐっともりあがっているが、眼窩上隆起らしい眼窩上隆起はなく（眼窩のすぐ上と、額の間に段差や屈曲がない）、額がせりあがり、顔の上下は短く平面的で、脳頭蓋の前部の下でたくし込まれたように引っ込んでいる。こうした点で、フローリスバットのヒトはカブウェなどのヒトと違うのみならず、ネアンデルタール人とも違う。むしろ現生人に近い。

フローリスバットの頭蓋骨に付随する一本の遊離歯は、電子スピン共鳴法（ESR）により、二六万年前と測定された。前述したように、この方法は長い年月における歯のウラン吸収・消失について遺跡に特異的な仮定を前提にしているため、確実な結果を導くとは限らない。とはいえ、このESRの結果を脇に置くとしても、地層や付随する哺乳動物からみて、この頭蓋骨はエランズフォンテイン、ンドゥトゥ湖、ボドから出土したものより新しく、一三万年前以降とされるアフリカの諸遺跡で明らかになった、完全に現生人らしい化石よりも古いことがわかる。シンガ（スーダン）、イルード（モロッコ）の遺跡から出土した頭蓋骨化石は、おそらくフローリスバットと同じ時期で、およそ三〇万～一三万年前と思われる。この標本も、原始的なヒトと本質的に現生人を混ぜ合わせたような特徴を示している。そこで、まとめていうならば、フローリスバット、シンガ、イルードの頭蓋骨は、アフリカにおいてヒトがより古代型から現代型へと移行する段階を記録している。そう、シマ・デ・ロス・ウエソスの化石が、ヨーロッパでより古代型のヒトからネアンデルタール人へ移行する段階を記録するように。

直系の祖先ではないヒト化石

北はモロッコとリビアから、南は喜望峰まで少なくとも一七の遺跡で、古典的ネアンデルタール人と同時期、約一三万年から五万～四万年前までと推測・推定されるヒト化石が出土している。化石の完全さ、年代測定の確かさ、あるいはその両方でとくに知られる代表的遺跡としては、モロッコ大西洋岸のダル・エス・ソルタン洞窟2号、エチオピア南部のオモ・キビシュ河畔、南アフリカ南海岸にあるクラシーズ河口遺跡群が挙げられる（図7-2）。ここに有名なスフール洞窟とカフゼー洞窟（イスラエル）を加えてもよい。アフリカの遺跡にこの二つを含める理由を説明するため、二つの事実を強調しよう。まず、アフリカから南西アジアに移住すれば、最初に着くのがイスラエルであり、（専門的、歴史的、地政学的定義を持ち込まない限り）イスラエルとアフリカを切り離すのは不自然だ。第二に、長きにわたるヒト進化史を通じて、地球は氷河期と間氷期の気候変動を繰り返している。平均すると、氷河期は寒冷なだけでなく乾燥も進むが、間氷期はだいたい温暖で湿潤である。気温と降雨はしばしば動植物の分布図を変える原因となった。ヘブライ大学（エルサレム）の動物学者エイタン・チェルノフは、間氷期の気候条件のおかげでアフリカの動物は何度も現イスラエルにまで拡大できた、と述べている。だいたい一二万五〇〇〇～九万年前、最終間氷期の特に暖かい前半期、アフリカから侵入してきた面々のなかに、初期現生人も含まれていた。イスラエルのヒト化石は実際のところ、初期現生人の標本としてこれまで発見されたなかで最も数が多く、最も完全である。

一三万～五万年前のアフリカの化石はほとんど破片と遊離歯だが、それでも往々にして、この人たちがネアンデルタール人でないことをはっきり証明する。つまりネアンデルタール人はアフリカに入り込んでいなかったということだ。見つかった下あごは大きく、ごつごつしているが、保存状態がよいものは、一様に第三大臼歯の後ろの隙間がない（ネアンデルタール人の下あごは、第三大臼歯と、頭蓋骨と関節するために立ち上がっている部分の間があいている）。また現生人のようにおとがいがはっきり認められる。顔の他の骨も合わせて考えると、ネアンデルタール人と違い、同時代のアフリカ人は概して顔が縦に短く、平面的で、現生人に近い外見である。頭蓋骨が出土している場合、あまり繊細なつくりとはいえないが、脳頭蓋はネアンデルタール人が長くなだらかになのに比べて、現生人のように短くそそりたっている（図7－

4)。脳頭蓋の容量は（推定できるものでは）およそ一三七〇cc〜一五一〇ccで、ネアンデルタール人と現生人の間にうまくおさまる。

四肢骨をみると、ネアンデルタール人同様、このアフリカ人も筋肉がしっかりついている。しかしスフール洞窟とカフゼー洞窟でとくに数多く出土した骨を調べたところ、ずんぐりして手足が短いネアンデルタール人の体型ではなかった。むしろ有史以来、赤道付近で生活する人々のように、すらっとして直線的である。初期現生アフリカ人もネアンデルタール人も狩猟採集をおこない定住しなかったので、身体プロポーションが違うといっても、活動レベルが大きく違うということにはならないだろう。ここで、ネアンデルタール人の体型はおもに寒冷な気候に適応しているという結論の説得力が増す。この適応のしかたは、現代の水準に照らせば極端であるが、それはおそらく現生人と違って文化やテクノロジーによって環境に適応することがなかったからだろう。(図7-5)。

一三万年前以降のアフリカ人が現生人に近かった点を強調することはできる。化石は遺跡によっても、また同じ遺跡内でも、ばらつきが大きい。たとえばグループとしてみると、スフール・カフゼーの頭蓋骨はおとがいが出ているか、額がどの程度そそりたっているか、脳頭蓋の形はどうかといった点でまちまちである。発達した眼窩上隆起、大きな歯、前に突出したあごなどでは、もっと原始に近いヒトを思い出させるものも多い。数はずっと少なく破片が多いクラシーズ河口の化石は、基本的に同じ一二万〜九万年前とみられるが、細かい部分でスフー

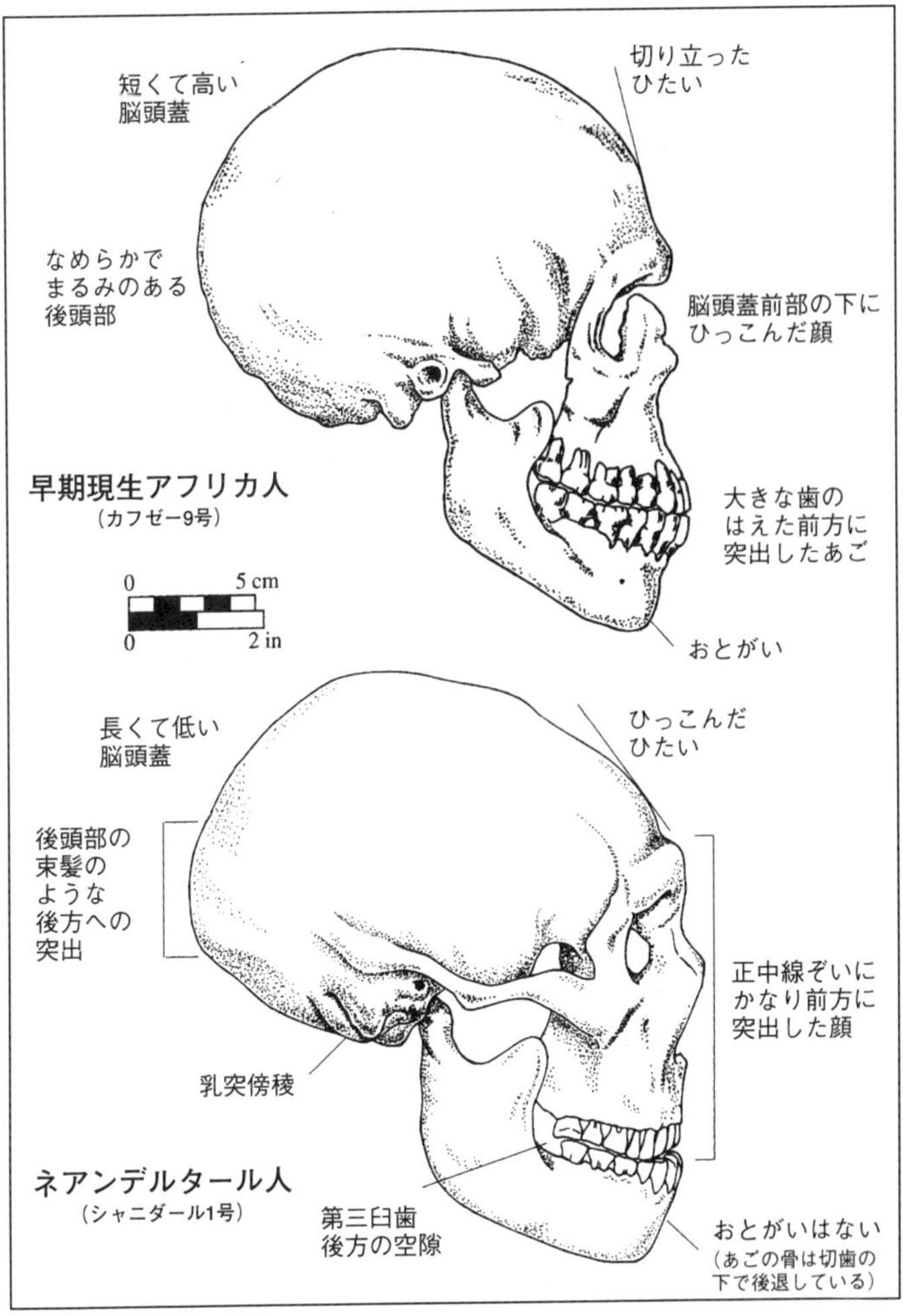

図7-4
カフゼー洞窟（イスラエル）から出土した早期現生人の頭蓋骨と、シャニダール洞窟（イラク）のネアンデルタール人頭蓋骨との比較。（復元化石と写真をもとにしたキャサリン・クルーズ＝ウリーベによる絵）ⒸKathryn Cruz-Uribe

ル・カフゼー化石と異なる。また同じ化石群のなかでも、開きがある。クラシーズ河口化石の下あごには、これまで発見されたなかで最小のヒト標本も含まれ（図7-6）、数本の遊離歯から、他のあごも同じように小さいと考えられる。しかし一方で同じこの遺跡から出土したヒト化石に相当大柄な人のあごの骨もある。このばらつきの大きさには驚かされる。性による差異（性的二型）がほかのいかなる「現代」人よりも大きいと考えてよいだろう。

こうしてみると、スフール・カフゼー人とクラシーズ河口人の特徴を一言であらわすとしたら、「ほぼ現生人」というのがよいのではないか。どちらも五万年前以降のヒトの祖先ではなかっただろう。それよりずっと前に姿を消した、という理由ひとつとってみてもそう考えられる。スフール・カフゼー人は、八万年前以降に気候が寒冷になったとき、ネアンデルタール人に取って代わられたようだが、他方、クラシーズ河口人など南アフリカの「ほぼ現生人」は、六万年前頃、最終氷河期の半ばに南アフリカで乾燥が厳しくなると激減した。もろもろの事実を考えれば、スフール・カフゼーとクラシーズ河口の化石の重要性は、後に登場する現生人の直系の祖先であるからでなく（そうでないのは明らかだ）、現生人の解剖学的構造がアフリカで進化したことを確実に示すことにある。現生人がどこで誕生したかは正確には定かでないが、現在明らかになっている証拠によれば、赤道付近のアフリカ東部だろう。ここ一三万年の間にわたり、アフリカ東部はヒトが住むには都合のよい気候条件が整っていた。現生アフリカ人のユーラシア拡大を可能にした行動上の進歩を裏付ける最初の証拠が、現にここから出土している。

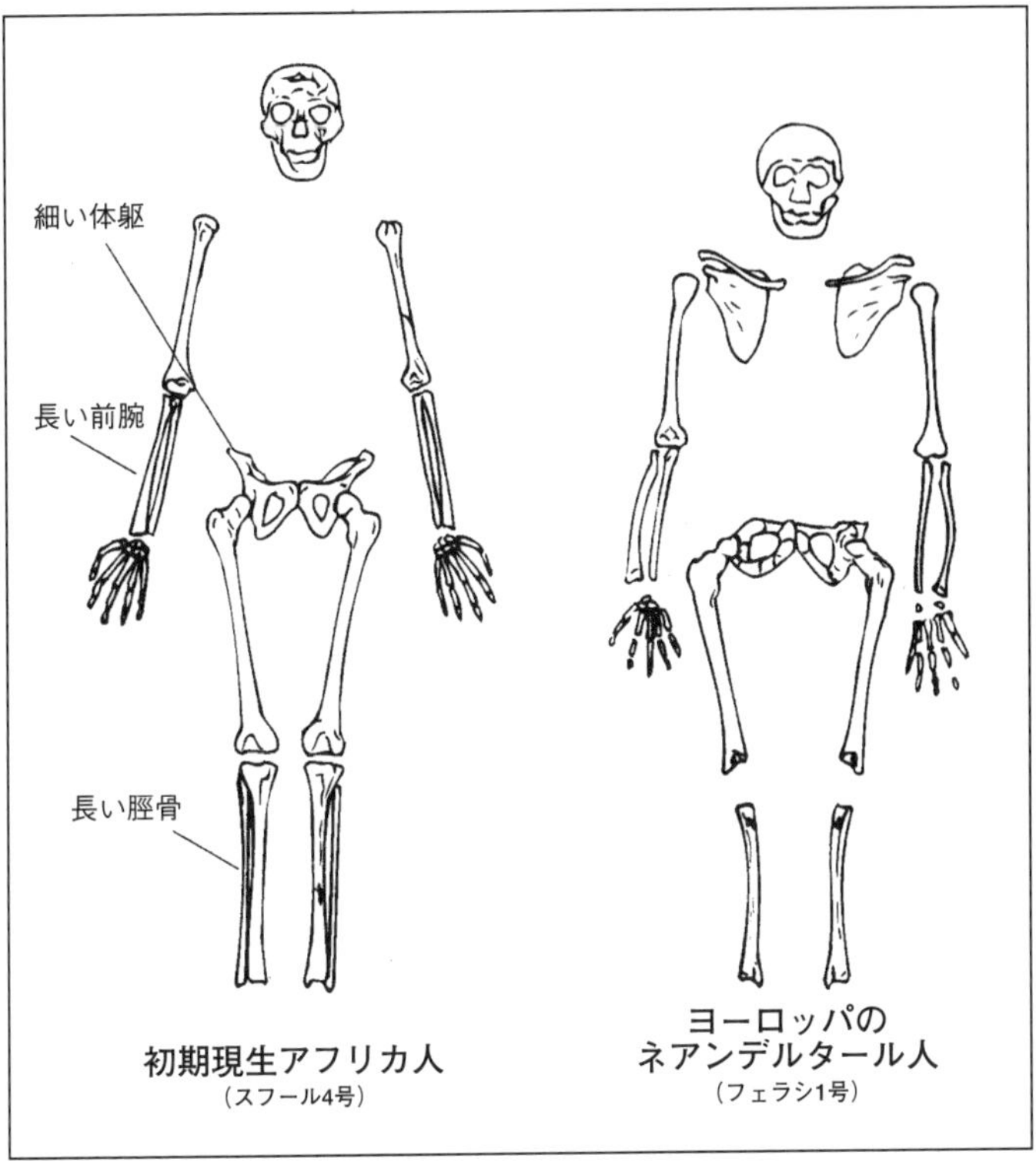

図7-5
初期現生アフリカ人とネアンデルタール人の身体プロポーションの比較。（『進化人類学』9（2000年）、O・M・ピアソン論文の図を再描）

五万年前から現生人は各地に拡がった

さて、本書冒頭で少しふれた「ずれ」に目を向けよう。一三万年前から五万年前までアフリカに住んでいたヒトは、体型でみれば現生人、あるいはほぼ現生人だっただろうが、行動面ではネアンデルタール人に似ていた。ネアンデルタール人と同じように、彼らは一般に、前もって念入りに調整した石核から剥片石器あるいは剥片ブレード（剥片が長くなったもの）を作った。色に惹かれたからだろうか、自然に発生した顔料を集めることもよくあった。みたところ自分の意思で火を起こした。いつもでないにせよ、死体を埋葬した。日常的に大型哺乳動物を食べていた。こうした点などでいえば、先行するヒトよりも進んでいただろう。しかし、先行者や同時代のネアンデルタール人と同様に、アフリカに住んでいた彼らの場合も、作る石器の種類がわりあいに少ないし、年代をへても場所が違っても（環境の違いは非常に大きいはずなのに）、一括人工遺物の変異幅が驚くほど小さい。また彼らも、ほとんど自分の生活圏内のものを原材料に石器を作った（拠点とする地域が比較的狭い、あるいは社会的ネットワークが非常に単純だったと考えられる）。骨、象牙、貝殻を使ってパターン化された遺物を作ることはめったになかった。死体を埋めても埋葬品はなく、儀式・祭儀をおこなったことを示す強力な証拠もない。野外で集まるような場を設けたり、形式面で何らかの手を加えたりした形跡もほとんどない。狩猟採集の効率は悪く、たとえば魚を獲る能力にも劣っていた。有史以来の狩猟採集民の水準でみても人口は過疎状態で、芸術品や装飾があったことを確証するものはない。

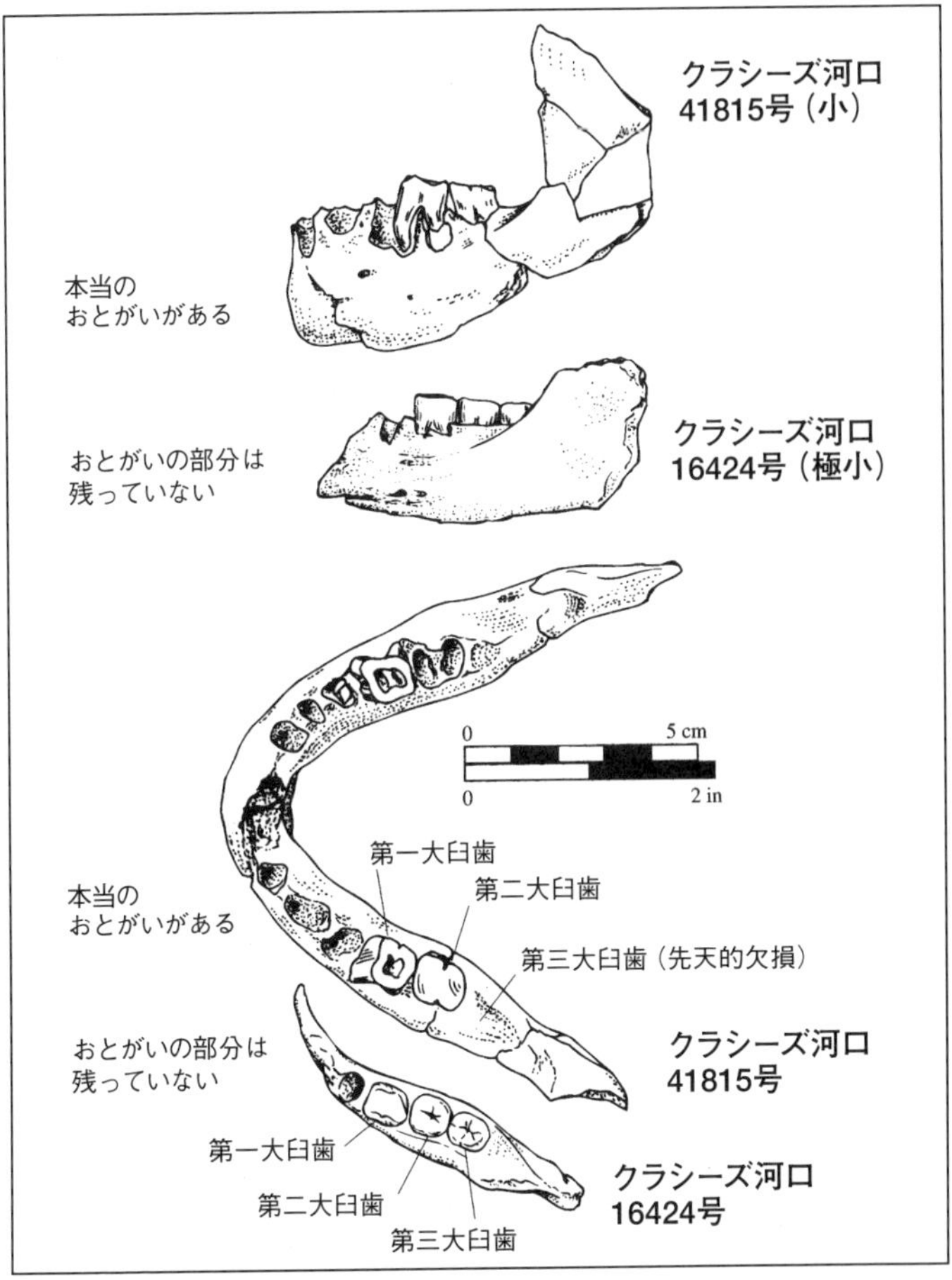

図7-6
クラシーズ河口遺跡（南アフリカ）から出土した下あご（復元化石をもとにしたキャサリン・クルズ=ウリーベによる絵）。両者の大きさの違いに注目されたい。16424号標本は、これまでに記録されたヒト成年のあごとしては、最小クラス。
ⒸKathryn Cruz-Uribe

考古学者は通常、アフリカの一括人工遺物を、中期石器時代（MSA）とみなすが、しかしMSAはヨーロッパと西アジアのムスティエ文化によく似ている。また人工遺物の変異はMSA文化とムスティエ文化の間で比べるよりも、おのおの文化内でみるほうが大きい。名称が違うのはおもに、地理上離れていることと、考古学的に別の伝統に属していることのあらわれである。MSA文化とムスティエ文化はともに、ハンドアックスや大型の両面石器がないという点で、先立つアシュール文化と違う。ほぼ同じ頃の二五万～二〇万年前、アシュール文化に取って代わった（図7-7）が、五万年前以降、今度はまた両者とも新たな文化に座を譲る。新たに登場した次の文化は、MSA文化、ムスティエ文化ともはっきりと異なっていた。先行するアシュール文化との違いよりも、その差異ははるかに大きい。ヨーロッパでいえば上部旧石器時代にあたる（前章で述べた）。アフリカでの新しい文化複合体は後期石器時代（LSA）と呼ばれる。

ヨーロッパで上部旧石器文化とムスティエ文化が違っていたのとまったく同じように、アフリカにおけるLSAは、先行するMSAとは基本的な特徴が異なる。つまりLSAの人々が作った遺物は一見して石器の体裁をなし、しかも種類が豊富だ。また年代、場所によって変異幅が大きい。標準化された（定型的な）骨製人工遺物や芸術品も、日常的に作られていた。明らかに葬儀がおこなわれたことを物語る精巧な墓を掘った。狩猟採集民としてははるかに有能で、人口密度ものちのレベルに近かった。こうした点をあわせて考えると、LSAと上部旧石器文

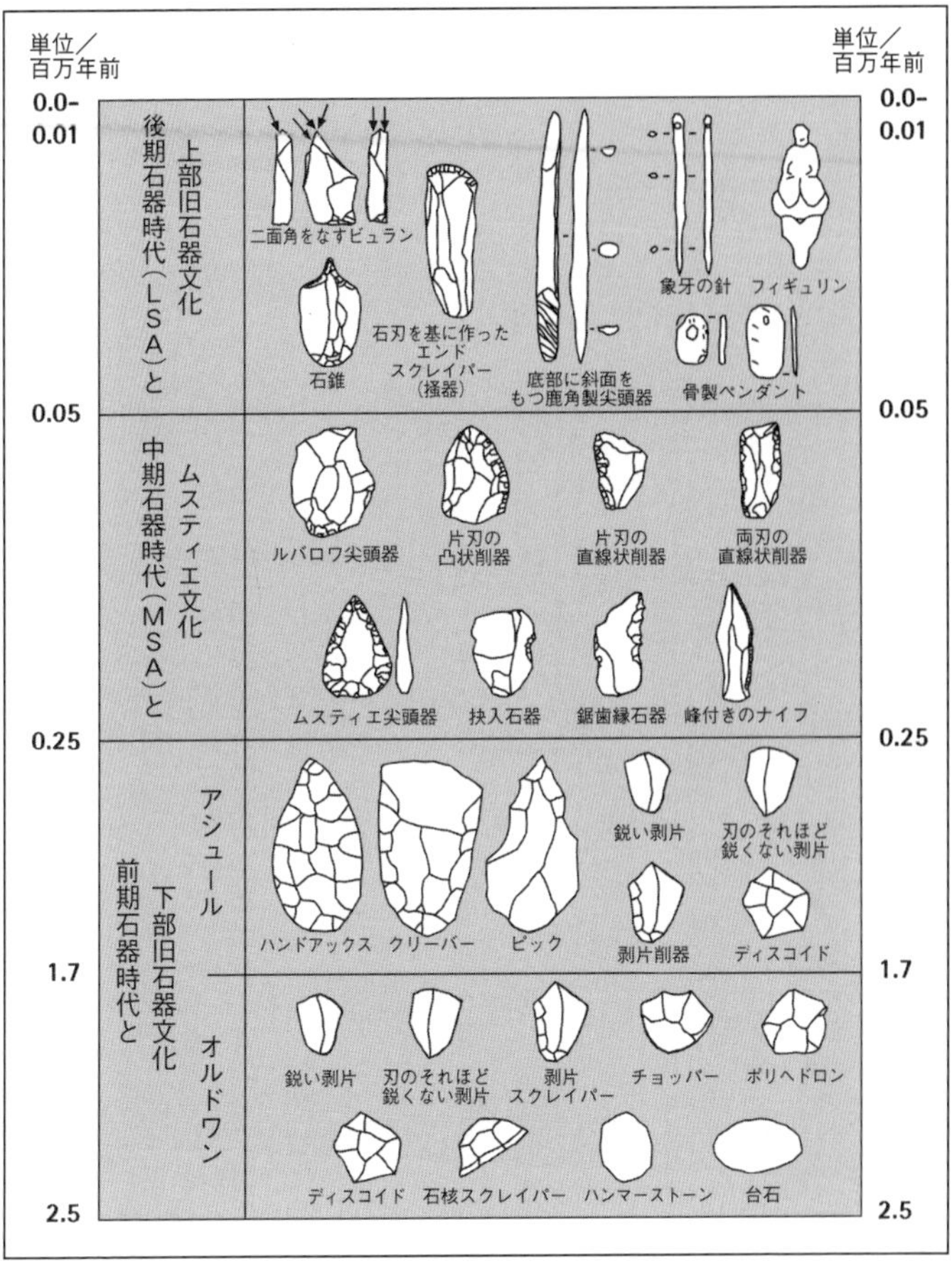

図7-7
本書で論じた主要文化（層）。縮尺は共通でない。

化が残したのは有史以来の狩猟採集民のそれと多くの点で共通点を持つ最古の遺物であり、さらに現生人的な行動をとるヒトがいたことが推測される最古の遺物といえる。

　ＬＳＡと上部旧石器文化の石器群を比べると、細部が最初から異なる。上部旧石器文化を特徴づける石刃と彫器は、ＬＳＡではまれにしかみられない。そのかわりに小型スクレイパーがあり、またおそらく木製や骨製の持ち手をつけるため、あえて一方の刃を切れないように仕上げた小さい石器（刃潰しされた石刃）もある（図7－8）。ＬＳＡと上部旧石器文化のこうした細かい違いは、前の時代のＭＳＡとムスティエ文化の細かい相似と、見事なまでに対照的だ。ＬＳＡと上部旧石器文化があらわれた後、人々が実にさまざまな地域に広がっていったことが、この点からも強調できるだろう。人工遺物の種類が増えたこと、墓が複雑になったこと、ＬＳＡと上部旧石器文化で芸術品や装飾品が作られたことが、現代的な意味で文化の曙光を示すとすれば、年代や場所によって人工遺物がどんどん多様化したことは、自意識をもった「民族」文化があったことを具体的に示す最古の証拠となる。

　ムスティエ文化の最後期と同様、ＭＳＡの最後期も年代測定が難しい。二万五〇〇〇年前より前という年代では、放射性炭素年代測定法をかけた場合、たとえ検知できないほど微量でも標本が炭素汚染されていると、実際より二万～三万年新しい数字が出てしまうからだ。すでに指摘したように、放射性炭素年代測定法のかわりに用いられるルミネセンス法やＥＳＲ法などは、一般に、遺跡特有の証明不可能な仮定を必要とするため、どこまで正確か疑わしい。ＭＳ

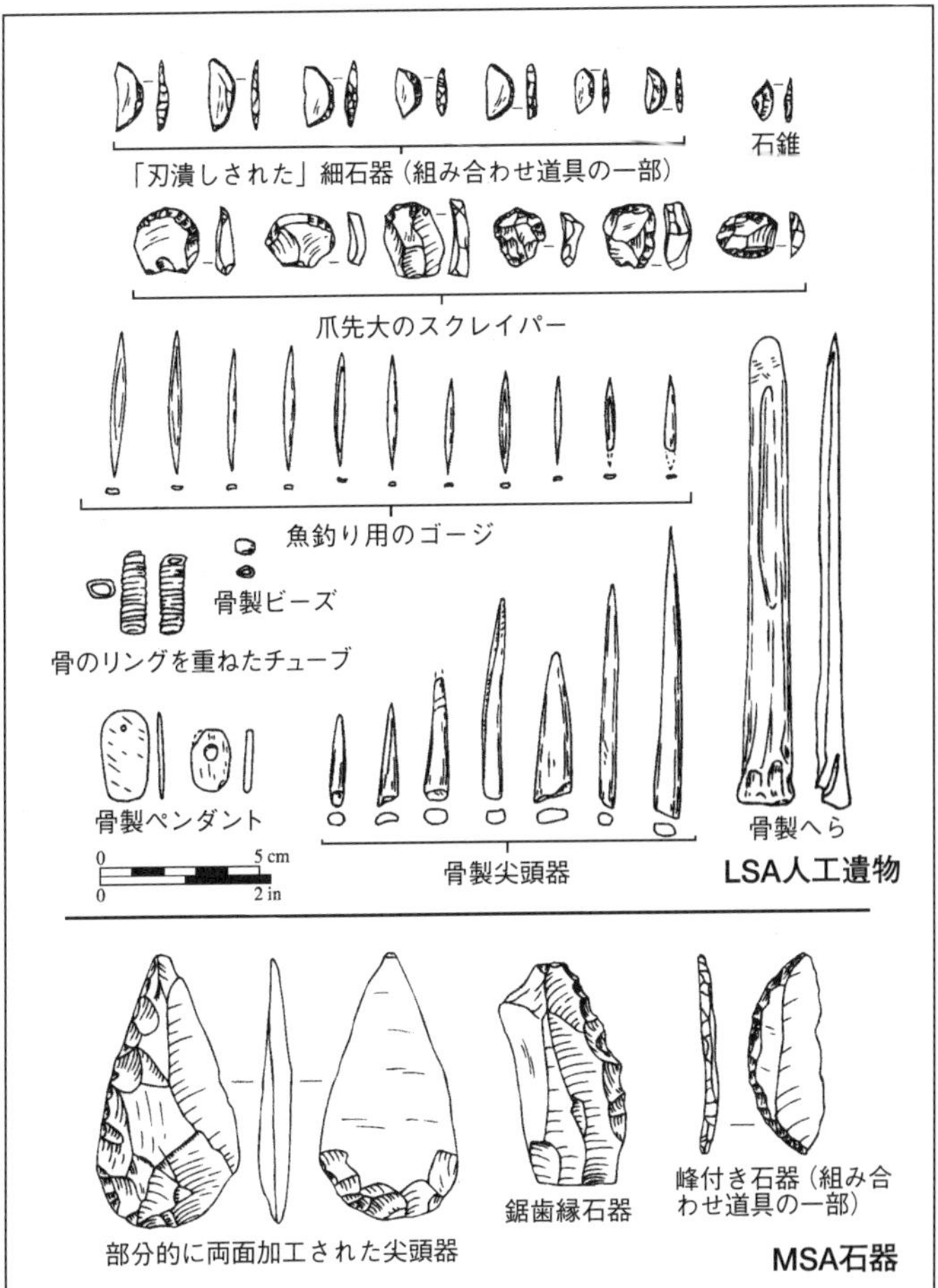

図7-8

MSAおよびLSAの典型的遺物。（上：『英国考古学』国際版、213（1984年）、J・ディーコン論文による。下：T・P・ヴォルマン『南ケープにおける中期石器時代』（博士論文）による）

A最後期の年代測定というこの問題は、アフリカ南部だとなおさら手に負えない。というのも、アフリカ南部では六万〜三万年前、おそらく最終氷河期半ばで非常な乾燥が進んだためにヒトが住まなくなった遺跡が多いのだ。今のところ年代測定で最も役に立つのは、五万〜四万五〇〇〇年前に、LSAが始まったと思われるアフリカ東部の遺跡である。その最も重要な遺跡が、イリノイ大学のスタンリー・アンブローズが発掘したケニヤの中央リフト・ヴァレーにあるエンカプネ・ヤ・ムト（「黄昏洞窟」）だ。これまで発見された最古の個人的装飾品とされるダチョウの卵の殻で作ったビーズは、この洞窟から出土している。こうした現生人的な行動の意味するところについては、第一章で強調した。ここで注目したいのは、エンカプネ・ヤ・ムトをはじめとする東アフリカの遺跡によって、アフリカにおけるLSAがヨーロッパの上部旧石器文化より先だったことが確かめられたという点だ。上部旧石器文化がいつ始まったかという正確な年代は依然として不明だが、年代に関する少ない資料から推測できる限りでは、西アジアでおそらくLSAがあらわれてまもなく四万五〇〇〇〜四万三〇〇〇年前に起こり、東ヨーロッパで四万〜三万八〇〇〇年前に存在し、中央・西ヨーロッパにはおよそ三万八〇〇〇〜三万七〇〇〇年前に広がった（図7-9）。人々が上部旧石器文化に規模を拡大し、最終的にアフリカに定着したとすれば、想像できるパターンである。

名称や正確な年代はともあれ、基本的なことをいうと、LSAと上部旧石器文化の人々は、現生人の文化を築く能力、あるいはもっと正確には、物事を革新するという完全な現生人なら

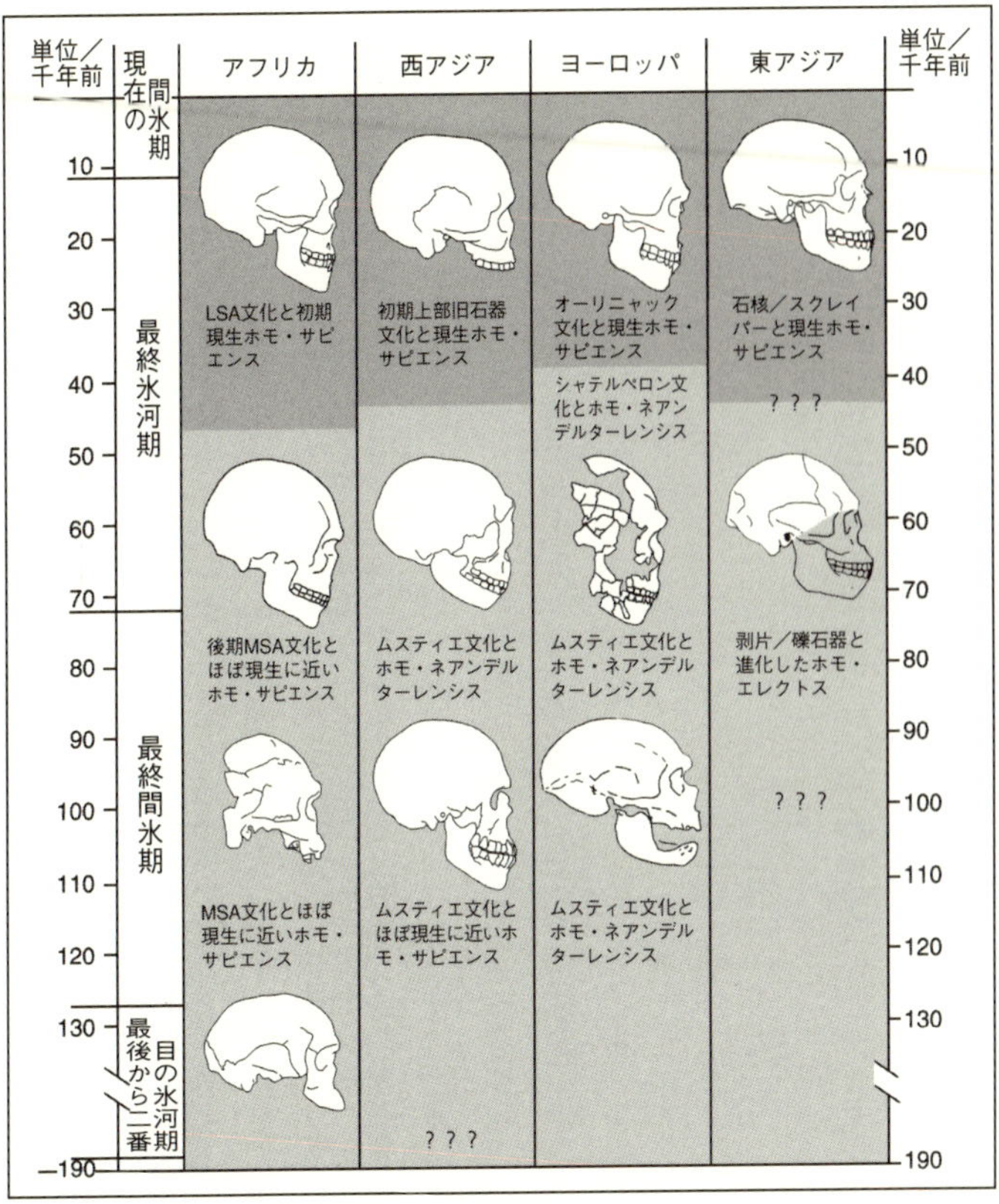

図7-9
19万年前から現代までの、ヨーロッパ、西アジア、東アジア、アフリカにおける諸文化およびヒトの変遷。

ではの能力を備えていたと考えられる最初のヒトである。まさにこの能力があったからこそ、LSAにせよ上部旧石器時代にせよ、五万～四万年前、より原始的な同時代人を追い立てて各地に広がっていけたのだ。上部旧石器時代にはこの革新によって、たとえばがんじょうな住居が建ち、服が仕立てられ、炉の使い勝手がよくなり、狩猟技術も向上した。上部旧石器時代のクロマニヨン人はこのおかげで先住民を駆逐したのみならず、それまで誰も住まなかった、ユーラシアで最も苛酷な内陸部にも住みつくようになった。二万五〇〇〇年前までには、上部旧石器文化の人々は中央シベリアを経由して広がり、一万四〇〇〇年前までにはシベリア北東端にたどり着いていた。このときは最終氷河期の減退期にあたり、氷河に水が閉じ込められて海面が低下、北東シベリアとアラスカが陸続きになっていた。一万四〇〇〇～一万二〇〇〇年前、シベリアに住む上部旧石器文化の人々は比較的短い道のりで移住した。一万一五〇〇年前までには両アメリカを通って南へと広がり、考古学者たちのいう「古アメリカインディアン」となった。

五万年前、現生人的な行動に進化した

LSAの人々がそれまでと違う重要な点に、狩猟と採集の効率が上がったことが挙げられる。この一点だけでも、彼ら（あるいは上部旧石器時代の子孫）がこれほど早く広範囲に拡大できた理由がわかるだろう。LSAにおける狩猟採集の進歩を示す証拠は、おもに南アフリカの

南・西海岸で発見されている。この地域では、質量とも一級の遺物が出土したMSAとLSA両遺跡が、数十年にわたり組織立って発掘されてきた。このなかには、クラシーズ河口洞窟群、ブロンボス洞窟、ケルダース洞窟1号のように、MSAとLSAの出土層が両方ともみられるものもある。だいたい一二万五〇〇〇~八万年前、最終間氷期のなかでもより温暖な時期とされるMSA層と、一万二〇〇〇年前から歴史的現在まで、現間氷期（完新世）とされるLSA層を比べると、最も明瞭である。この二つの時期は気候条件が同じであり、MSAとLSAの相違点はどれも環境の違いではなく、行動の違いを反映するとみていい。これまでの動物化石の分析結果、四つの点で対照的だ。このことは第一章ですでに見たので、ここではかいつまんでお話しする。

第一に、現間氷期LSAの沿岸遺跡（エランズ・ベイ洞窟、ケルダース洞窟1号、ブロンボス洞窟、ネルソン・ベイ洞窟、クラシーズ河口遺跡ほか）では、最終間氷期MSA遺跡（ブロンボス洞窟、クラシーズ河口遺跡）よりも魚や鳥（空を飛ぶ鳥）の骨が多く見られる。「原始的釣り針」（磨いて先を二つに割った、爪楊枝大の骨片）、溝のついた石のおもりなど、民族誌に記録される魚釣りや野鳥狩りを思い出させる器具が出土するのはLSA遺跡だけだ。こうした証拠によって、LSAの人々だけが日常的に漁撈と野鳥狩猟をおこなっていたという結論はますます確固たるものになる。魚・鳥の収獲量が増えれば、LSAの人口も増大したはずだ。

第二に、現間氷期のLSA遺跡（エランズ・ベイ洞窟、バイネスクランスコップ洞窟1号ほか）では、スイギュウとイノシシの数がエランドをしのぐ。スイギュウとイノシシが多かったことになる。対照的に、最終間氷期のMSA遺跡（クラシーズ河口遺跡、ブロンボス洞窟）は逆に、エランドがスイギュウとイノシシを上回るが、有史以来、この近くではエランドの数がかなり少なかったと思われる。エランドは最終氷河期はじめのMSA層（クラシーズ河口遺跡とケルダース洞窟1号）でも依然として大勢を占める。ここから、エランドの数が多いのは、知られざる環境の要因でなく、MSAの人々の行動の反映と考えられる。エランドは狩猟する側にとって、スイギュウやイノシシより危険性が低い。またMSA遺跡からは飛び道具を使ったという確実な証拠がない。MSAでエランドがよく獲物になったのは、自分に危害を与えないような相手に狙いを絞ったからだと思われる。しかし、LSAの人々は飛び道具をもっていた。そのなかには、二万年前以後の弓矢も含まれていただろう。それを使えば、個人がリスクを負うことなく、スイギュウやイノシシの跡をつけていけた。もしこの推論が正しければ、そして両遺跡の近くでスイギュウとイノシシがもっとたくさんいたならば、LSAの人々はたとえ失敗することがあったにせよ、全体でMSAよりもずっと多くの動物を仕留めることができたのではないか。そしてまた、これが人口増大につながっただろう。

第三に、MSA遺跡（クラシーズ河口の主要遺跡、ブロンボス洞窟、ケルダース洞窟1号、アイスターフォンテイン、フージースプント、シー・ハーヴェスト、ブーフーベルフ2号）でカメや貝、あるいは両方とも、LSA遺跡（ネルソン・ベイ洞窟、ケルダース洞窟1号、バイネスクランスコップ洞窟1号、カステールベルフA・B、エランズ・ベイ洞窟ほか）の同様の環境にいたものよりも、概してはるかに大きい。カメや甲殻類動物はちょっとした技術があれば、だいたい簡単に獲れるから、LSAのカメと甲殻類が平均してMSAより小さいということは、LSAの人たちがさかんに、しかも当然ながら一番大きいものから獲っていった結果だとみられる。LSAでは、漁撈、野鳥・動物の狩猟能力の向上とあいまって、カメや貝を獲る人そのものも増えた、と考えるのが最も妥当である。

第四に、LSA遺跡（エランズ・ベイ洞窟、カステールベルフA・B遺跡、ケルダース洞窟1号、ネルソン・ベイ洞窟ほか）から出土するオットセイの年齢から、人々は八〜一〇月になると海岸に行くことに決めていたと考えられる。この時期、内陸部では資源が非常に乏しいが、浜では生後九、一〇ヵ月のオットセイを収獲できる。しかしMSA遺跡のオットセイ化石を調べると、人々はほぼ年間通して、おそらく内陸部のほうが資源豊富だった季節も浜にいたらしい。しかしこの相違は、ここで述べた四つのなかで最も証拠が甘い。LSAと数で比較できるだけのオットセイ標本が得られるMSA遺跡は、クラシーズ河口主要遺跡だけなのだ。もし新たにMSA標本が出て、MSAとLSAで季節ごとの移動パターンに違いがあったことが確かめられるとする。理由はMSAの人々が水を能率よく運べなかったからだろう。これまでのところ、水を運ぶ容器の確固たる証拠――ダチョウの卵の殻で作った容器――がみられるのはLSA遺跡だけなのである。

要するに、南アフリカの遺跡は、ＬＳＡの技術的進歩が狩猟・採集の能力向上に直接つながり、これが今度は人口増大を促したことを物語る。しかし残念ながら、狩猟・採集は仮に五万〜四万年前とされるＬＳＡ最初期にいきなり進歩を遂げたのであり、あとから徐々に向上したわけではない、とはまだいいきれない。この問題は、南アフリカの沿岸地域以外で調べるしかなさそうだ。南アフリカ沿岸地域には、だいたい六万〜三万年前、（既述したように）乾燥気候のせいで人が住まなくなったからだが、しかしほかの地域で新たな調査が進んでいる現在の段階においても、南アフリカの証拠は圧倒的であり、「ＭＳＡの人工遺物同様、動物化石からみても、人々の行動は完全な現生人のレベルではなかった」といっても差し支えない。ＭＳＡの人たちが解剖学的構造で現生人、あるいはほぼ現生人となっていたことを受け入れるとすれば、これらの人工遺物と動物化石から、現生人としての解剖学的構造は、行動の進化より少なくとも五万年遅れてもたらされたこと、解剖学的構造上の現生人がアフリカから拡大できたのは五万〜四万年前に行動が進化したおかげだったことが読みとれる。

起源をめぐって——ＭＳＡかＬＳＡか

現生人らしい行動がどのようにして起こったかについて、私たちの見解に考古学者全員が同意してくれるわけではない。ＭＳＡとＬＳＡの行動の違いを大げさにいいすぎるという人もいる。こうした反対意見を最も強く提唱するのが、ステレンボッシュ大学のヒラリー・ディーコン、共著者であるコネティカット大学のサリー・マクブレアティーとジョージワシントン大学のアリソン・ブルックスである。彼女たちの見解では、現代的行動へと進化したのはMSAが始まったときだ。この結論でいえば、行動も構造も二五万～二〇万年前にともに現生人的になったわけだから、現生人的行動（LSA）がなぜ現生人的構造（MSA）より遅れたのか、という説明に頭を悩ます必要がなくなる。しかしそうすると、なぜ現生人のユーラシア移住が、解剖学的構造の変化から五万年あるいはそれ以上遅れたのかというこれまた難しい問題にぶつかってしまう。

MSAの人々が行動面で現代的だったという議論は、おもに二つの観察に基づく。ひとつめは、MSA人とLSA人がともに進化を明らかに示す行動をとり、たとえば鋭い剥片石器や石刃を製造・調整したり、食物とするため定期的に大型哺乳動物を狩ったり、天然に存在する顔料（オーカー）の塊を収集し手を加えようとしたり、必ず炉を設けたり、という高度な能力をもっていたこと。二つめは、MSA人も、LSA人が日常的におこなっていたのと同じ高等なふるまいを時たま示したこと。特に骨を使って研磨し、パターン化した人工遺物を作ったことも含まれる。

自然発生した顔料を使い、あたりまえのように炉を作るなど、ヒト特有の進化した行動をMSA人とLSA人が共有していたことには、異論をとなえるつもりはない。しかしヨーロッパにおけるムスティエ人もまた、こうしたことをおこなっていたし、将来の調査しだいでは、後期アシュール人もそうだということになるかもしれない。この場合、ヨーロッパにおけるムスティエ人とアフリカにおけるMSA人は、共有する最後の祖先からこの行動を受けついだと考えてよいだろう。そこで重要な問題は、LSA人と上部旧石器時代の人々だけが有史以来の狩猟採集民と共通しておこなう他の行動はないか、ということだ。もしなければ、MSA人とムスティエ人は行動の面では現生人へと進化しつつあったものの、まだ完全には現生人となっていなかった、と結論づけてもよいだろう。

MSA人が時折洗練された骨製人工遺物を作っていた、とする見解は、おもにカタンダ河岸遺跡（コンゴ民主共和国）とブロンボス洞窟（南アフリカ）、この二ヵ所での発見が根拠になっている。カタンダでは、カバの歯のESR年代測定法とそれを覆う砂のルミネセンス年代測定法によって、哺乳動物骨と魚骨、MSAでもLSAでも通用するような特徴のない石器、骨で作った返しつきの銛（全体あるいは一部）八個（図7－10）、一五万～九万年前の追加的な定型的骨製人工遺物四個がすべて同じ時期とわかった。ブロンボス洞窟では、遺物の上に重なる砂をルミネセンス年代測定法で分析した結果、無数の哺乳動物骨と貝、時折出土する魚骨、古典的MSA石器、左右対称で磨いた骨製ポイント（全体あるいは破片）二、三個、それほど形式的でない骨製人工遺物約二五個が、ともに七万年前以前に蓄積したことがほぼ明らかになっている。

カタンダとブロンボスでの調査結果は即座に否定できないとはいえ、MSAを根本から考え直そうとする前に、まず追加的な証拠が必要だ。カタンダで解明すべき最重要課題は、付随する哺乳動物骨が川に流されたかのようにすりへり、丸くなっているのに、骨製人工遺物は比較的新しくみえるのはなぜか、ということである。この人工遺物は骨の後で蓄積した、人工遺物の年代はこれまでかなり過大評価されてきた、と考えられるかもしれない。骨製人工遺物と動

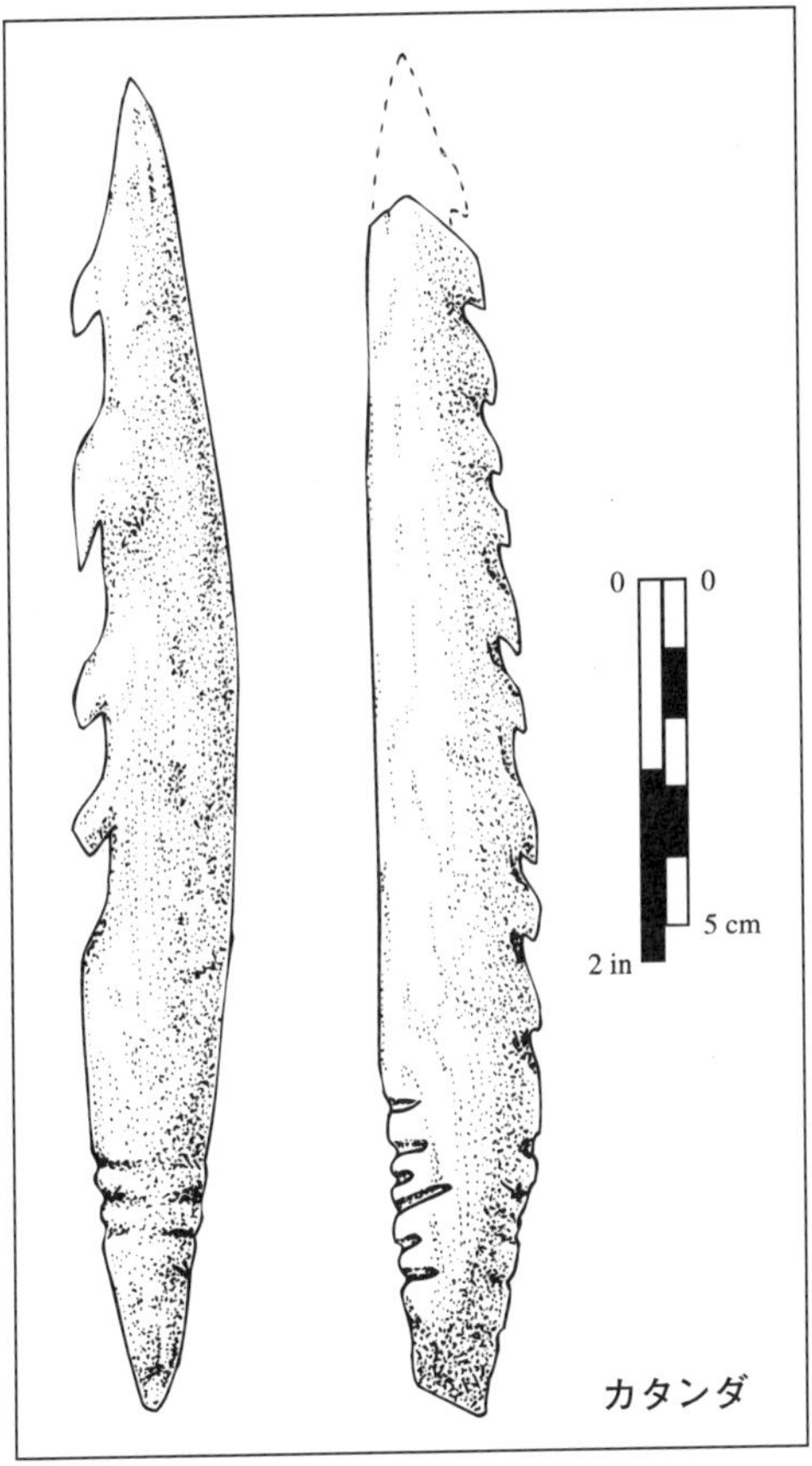

図7-10
カタンダ（コンゴ民主共和国）から出土した逆刺付き骨製尖頭器。『アフリカ考古学レビュー』15（1998年）、J・E・イェレン論文による）

物骨が地球化学的内容において異なるかを調べ、あるいは人工遺物を直接、放射性炭素年代測定法で分析すれば、この可能性が確認できる。

ブロンボス洞窟では、放射性炭素年代測定法によって、磨いた骨製ポイントの出土層には、MSAとそれよりはるかに新しいLSAの堆積物が混じっているとされた。化学的にみれば、この骨製ポイントはLSAの骨よりMSAの骨に近いが、骨の保存状態はブロンボス洞窟地表面全域で差が大きい。比較のためのMSAの骨も、このポイントと同じ、混じった堆積物から出土している。これらの堆積物からはまた、魚の骨も大量に見つかっており、これに匹敵するのはLSA層だけだ。対照的に、ブロンボスでも堆積物が混じっていないことが明らかな部分では、MSA層に含まれる魚骨はずっと少なく、しかも時たま浜に打ち上げられた大型の魚が主である。

カタンダとブロンボスの進んだ骨製人工遺物を額面どおり認めるとしても、考古学の立場では、ここで示される高度な行動が、ほかのLSA遺跡で一般にみられるようになるまで数万年間、拡大しなかった理由を説明しなければならない。この骨製遺物は石器にできない目的のために用いられたわけだから、何らかの利点があると考えられる。となると、この説明はなおさら困難だ。ケルダース洞窟1号、ボームプラース1号、クラシーズ河口などでは同時代でも作っていなかったのに、たとえばブロンボス洞窟に住んでいたMSAの人たちは、どうして骨を使い、磨いたり研いだりしてポイントを作ったのか理解できない。この違いは、標本の規模によるとは思えない。ほかの遺跡では、ブロンボス洞窟よりももっと多くのMSAの動物骨が出土し、その一方で、ブロンボスよりも小規模なLSAの骨製一括遺物に、型のそろった骨製人工遺物がしばしばはるかに多く認められるのだから。さらにここには、ブロンボス洞窟にはない、骨製遺物を作る際にできるゴミや、未完成品も含まれる。この問いに対する答えは、「ブロンボスMSAのポイントは、実のところ、その上に重なるLSA層にあったものだ」となるだろう。

ブロンボスのこの例によって浮き彫りになるのは、たとえ最大限の注意を払って発掘しても、LSA／上部旧石器がMSA／ムスティエに紛れ込んでいることに気づかない場合もあるから、LSA／上部旧石器時代の人々がMSA／ムスティエ的行動をとっていたとする証拠がどうしても存在してしまうということだ。考古学者たちは、時たまみられる例外（普通は少ないはずだ）が全体のパターンに本当の意味で矛盾するのか、判断を迫られる。例外が繰り返されてそれ自体ひとつのパターンになるまで、「矛盾しない」と考えるべきだろう。こういうわけで、今のところ、私たちはやはりこう考えたい。LSA／上部旧石器はMSA／ムスティエより質的進歩をあらわしている。LSA／上部旧石器のほうがはるかに栄えた理由はこの進歩で説明できる、と。

アボリジニもアフリカ起源

この時点で、読者のなかには、筆者は「文化を築く完全な現生人らしい能力がアフリカであらわれたのは、つい五万〜四万年前のことである」「この能力を基に、現生アフリカ人がその後ユーラシアへと拡大した」というが、アフリカ以外で、この見解に対抗するような事例はないだろうか、と思う人もあるだろう。誰が答えるかでもちろん回答は違うが、私たちの見解にまともに異論を唱えるような観察が一組だけある。意外に思われるかもしれないが、場所はオーストラリア大陸。最初のオーストラリア人が到着した時のことである。

まず強調するべきなのは、地理的に孤立しているにもかかわらず、オーストラリアがしばしば現生人の起源を論じる際に重要な役割を果たしていることだ。おもにミシガン大学のミルフォード・ウォルポフとオーストラリア国立大学のアラン・ソーンら人類学者は、古代インドネシアのホモ・エレクトスと歴史的オーストラリアのアボリジニでは頭蓋骨の形が似ていると指摘、両者間の進化的関係を何度も論じてきた。しかし遺伝子分析によれば、こうした相似点が認められても、進化的結びつきはない。一〇年間徹底的に分析をおこなった結果、東アジアなど、アフリカ以外のどの地域でも、現生アフリカの祖先にさかのぼれない遺伝子をもつ人がいなかったことは明らかなのだ。このことから、あらゆる現生人はこうした祖先を共有していること、ホモ・エレクトスと他の非・現生ユーラシア人の遺伝子は、現生人にほとんど伝わっていないことになる。

ここで、二〇〇一年五月、『サイエンス』誌で発表されたY染色体研究がとくに重要な意味をもつ。有史以来アジアにおける一六三の集団（オーストラリアのアボリジニを含む）を代表する一万二一二七人の男性から採取したY染色体を分析し、Y染色体の変異性は「三万五〇〇〇～八万九〇〇〇年前頃アフリカで発生した」単一のタイプにさかのぼれることを示した。さらにこの論考では、「このデータからは、解剖学的現生人の起源に、東アジアのホミニドがほんのわずかでも関与していたとはいえない」と記されている。オーストラリアの最古のヒト化石として知られるマンゴー3号骨格には、今日どこにもみられない種類のミトコンドリアDNA（mtDNA）が認められたが、それでも現生人の範囲をほんのわずかはみだすだけだ。前に、三人のネアンデルタール人から得たmtDNAと、現生人のmtDNAが大きく異なると述べたが、マンゴー3号骨格のmtDNAは、現生人に非常によく似ている。現生人がアフリカから広がった後に絶滅したものとみていいだろう。

初期オーストラリア人の植民史となると、問題はより複雑だ。氷河期の間、大量の水が氷冠に閉じ込められ、平均海面は一〇〇メートルかそれ以上低下した。こうしてニューギニア、タスマニア、オーストラリアがつながってひとつの大陸になり、大オーストラリア（サフールランド）と名づけられた（図7・11）。しかし東南アジア（スンダランド）は離れたままだった。海面が最も低いときでも、オーストラリアに来ようとすれば少なくとも海を八〇キロメートル渡らなければならない。おそらく、航海に耐える船を発明できたのは、現生人になってからだろう。もし人々が五万年前以降になってようやくアフリカから広がったならば、オーストラリアがこれ以前に植民されていた可能性は否定される。

一九九〇年代はじめまで、最初にオーストラリアに登場したのは四万〜三万年前、完全な現生人であり、このとき複雑な埋葬や漁撈技術など、現生人的行動の特徴となる習慣を持ち込んだ、とされていた。しかし今では、人々がオーストラリアに到着したのは六万年前あるいはそれ以前だったと考えられる。そのひとつめの根拠は、オーストラリア北部のマラクナンジャⅡとナウワラビラⅠで、石器人工遺物を包含する石英の砂をルミネセンス測定法にかけ、六万〜五万年前という結果が出たこと。二つめは、ウラン（U）系列とESR年代測定法で、オーストラリア南東部マンゴー湖遺跡から出土したヒト骨格3号の元素を調べ、平均六万二〇〇〇年前とされたことだ。ラトローブ大学（メルボルン）のバート・ロバーツと共同研究者は、マラクナンジャⅡとナウワラビラⅠの年代をはじき出し、オーストラリア国立大学（キャンベラ）のライナー・グリュンと共同調査者はマンゴー湖の年代を算出した。六万二〇〇〇年というマンゴー3号の年代は、特に重要である。なぜならば、この骨格は完全に現生人のものであり、しかもこれが横たわっていたのは、安置の仕方とおびただしい粉状の赤いオーカーにヨーロッパ上部旧石器の例を連想させる墓だったからだ。上部旧石器文化のような（完全に現生人的な）行動は、二〇〇キロメートルも離れたところからわざわざオーカーを運んできたことにも暗示される。

ルミネセンス年代測定法とESR年代測定法の裏付けとなる原理は、先に簡単に述べた。U系列を用いる測定法の根拠となるのは、ほとんどあらゆる場所で少量のウランが天然に存在し、

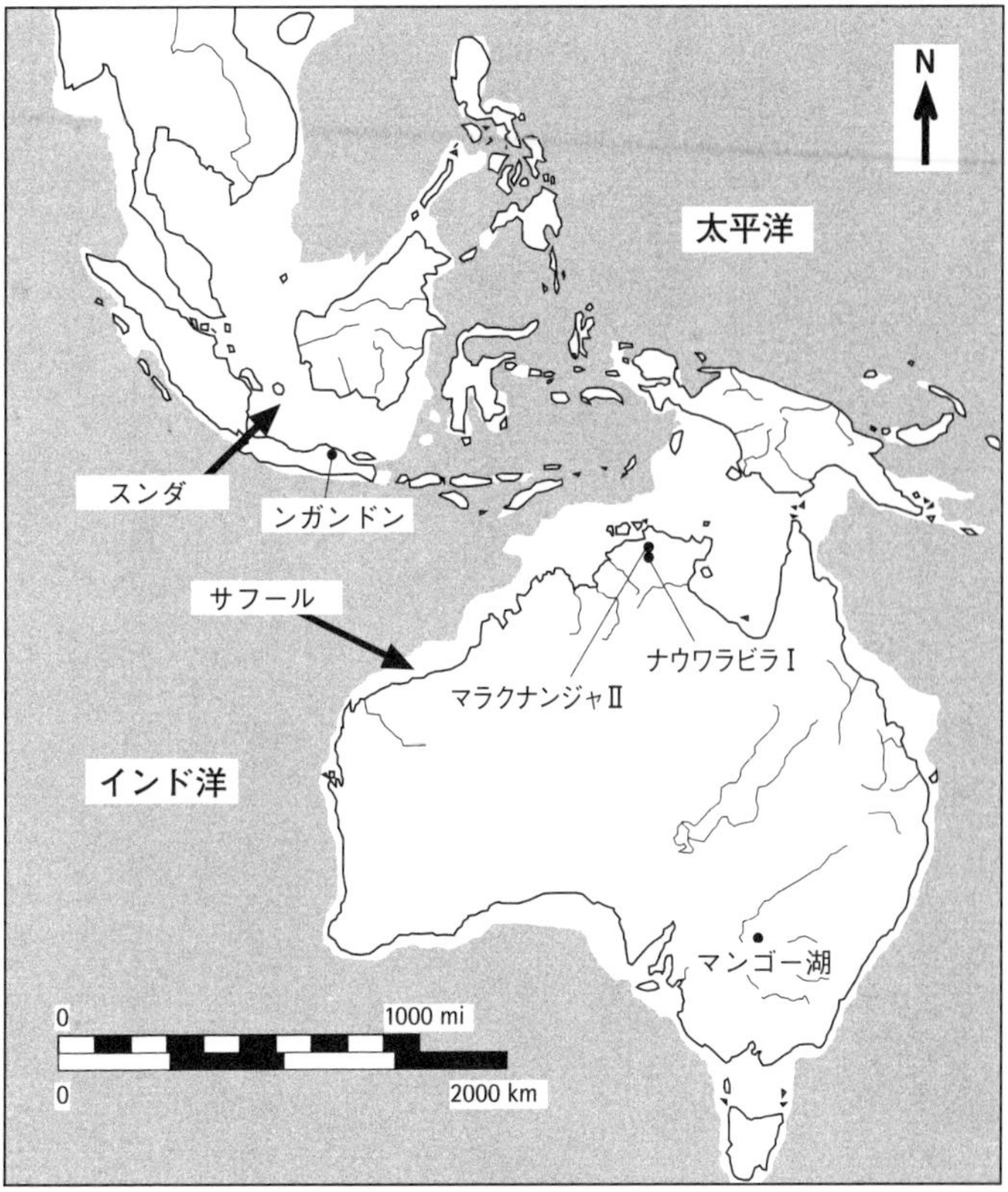

図7-11

オーストラリアと東南アジアにおける遺跡。黒線は現在の海岸線、白い部分は、海面が200メートル低下した場合にあらわれる陸地を示す。

放射性崩壊でできるトリウムやプロトアクチニウムと違って水溶性であることだ。こうして、ウランが地下水で沈殿すると、たとえば新たに形成された石筍《せきじゅん》のように、石筍には本来娘物質が含まれないが、その後ウラン崩壊に比例して内側に蓄積する。したがって、〈娘物質〉とウランの割合を用いて、ウランがいつ地下水から蓄積したかが推測できる。石筍の場合でいうと形成された時期にあたる。

U系列年代測定法が最も信頼できるのは、ウランが増加も減少もせず残る石筍のような物質の場合だ。理論上は化石骨にも適用できる。新しい骨にはほとんどウランが含まれないから、化石から検出されるウランは、埋められた後に地下水から吸収されたはずだ。しかし概して、いつどのくらい吸収したかは知りようがないし、吸収が消失(浸出)と交互に起こることもある。骨が埋められた時期を決定しようとして時計の針をゼロに戻すことは、不可能に近いのだ。単一層から出土する骨にU系列年代測定法をおこなった結果、年代が幅広くばらつくことも多い。同じ骨なのに部分によって年代が違ってくることさえある。

六万年前かそれ以前に、現生人がオーストラリアに住んでいたならば、五万~四万年前、ヒトの行動がラディカルに変化したことと矛盾が生じるのみならず、現生人の起源はアフリカであるという根本的な仮説を修正しなければならなくなる。少なくとも、現生アフリカ人の拡大の波は最低二波が必要となるだろう。古い拡大の波はおそらく紅海南端を通って南アジアへ、それからオーストラリアへというもので、新しい方の拡大の波は、エジプトのシナイ砂漠を通って西アジアへ、さらにヨーロッパへというものである。現生人がオーストラリアに拡大したならば、近くのインドネシアを迂回したとみてよいかもしれない。第四章で指摘したように、有名なンガンドン（ソロ川）のヒト化石は、付随する動物歯をESR年代測定法で分析したところ、五万年前あるいはその後であると思われる。ンガンドン化石が現生人のものでないことは明らかで、ホモ・エレクトスの進化した種とされている。

初期オーストラリア人の年代は、もし正しければ革命的だ。しかしこれに懐疑的な目を向ける学者がいる。ユタ大学のジム・オコネルとラトローブ大学のジム・アレン――は、マラクナンジャⅡのルミネセンス測定法による年代を疑問視する。測定に用いられた砂は、放射性炭素年代測定法によって二万二〇〇〇～二万年前とされる地層の下五〇センチメートル弱のものだった。つまり、この砂は六万～二万年前、非常にゆっくりと蓄積したと思われる。生物撹乱（土壌内で起こる有機体の活動）で、実際にはかなり新しい人工遺物が鉛直方向に押し下げられたかもしれない。この地域によく生息するシロアリも、土壌内のものをさらに深く下げることが知られている。ナウワラビラⅠで得られる放射性炭素年代が地層学的に矛盾を生じることからも、生物撹乱によって遺物が押し下げられた可能性が強まる。

バート・ロバーツは、マンゴー3号の六万二〇〇〇年という年代の妥当性に異議を唱える。が、この年代を認めれば、彼自身が取り組んだマラクナンジャⅡとナウワラビラⅠのルミネセンス年代測定法の結果もかなり強固なものになる。マンゴー湖の場合も、ほかのあらゆる遺跡と同様の問題が浮上する。つまり、ヒトの骨が埋められた後で、ウランの吸収・消失が複雑に繰り返されたと考えられる（あるいはその可能性を捨てられない）ことだ。こうしたウラン増減をへていたとしたら、U系列の年代が混乱するばかりか、同じくウランに依存するESRでも間違いが起こる。一九七四年、マンゴー3号の骨格を発見したメルボルン大学の地形学者ジム・ボウラーは、もっと基本的な反論を述べている。現場から注意深く選ばれた標本をルミネセンス法などで計算したところ、マンゴー3号が四万六〇〇〇～四万年前に蓄積した堆積物に埋められていたという結果が出た。ヒト骨格がこれより古いはずはない。

要するにこういうことだ。五万年前より早く、オーストラリアにヒトが到着したという説は、まだまだ証明できない。より決定的な年代が新たに出るまでは、LSAが登場した年代を考え直す、あるいは出アフリカの仮説を大きく修正するべきだと思わせる理由は、オーストラリアに存在しない。

ヒトがあらわれ、動物は絶滅する

最初のオーストラリア人が現生人並みの狩猟採集能力をもつアフリカ人の末裔であった、とするならば、彼らの登場はオーストラリアの動物相にとって、降ってわいた大災害だったことだろう。実際に、バート・ロバーツらが最近発表した年代によれば、オーストラリアの大型有袋動物と爬虫類の多くは、約四万六〇〇〇年前に突然姿を消したという。気候はこの頃比較的安定していたから、これは気候が原因というよりも人間によるものだろう、と論じている。

一万二〇〇〇～一万年前の両アメリカでも、また人々が登場したことで大型動物が絶滅に追いやられた。この場合は、オーストラリアより話がこみいっている。絶滅した時期が、最終氷河期から現間氷期へと気候が急変した期間に重なるからだが、とはいえ今回絶滅した動物は、かつて氷河期～間氷期の気候変動を生きのびたのである。最初期アメリカ人がアジアから高度な狩猟・採集技能をもちこんだであろうと考えると、ここでもやはり人間が大きくからんでいたと思われる。

一万二〇〇〇～一万年前には、ユーラシアとアフリカでも、高度な技術をもつ上部旧石器とLSAの狩猟採集民のおかげで、二、三の大型哺乳動物が絶滅したとみられる。両アメリカの場合と同じく、不利な気候変動も一因だったかもしれないが、しかしこれらの動物は以前の環境変化にも生き残っていた。絶滅した時期が違う点は、はるかに高度な技術をもつ狩猟民が数多く存在したことだけだ。両アメリカとオーストラリアでよりもユーラシアとアフリカでのほうが、はるかに少ない種しか絶滅していない。ユーラシアとアフリカの動物は人類とともに進化していたので、前者の動物よりもはるかに人ずれしていたに違いない。

オーストラリア、両アメリカ、ユーラシアで、後期旧石器文化の人たちが、こうしたデータから暗示されるように数種の動物を絶滅させたとすれば、ヒト文化の曙は、行動や社会文化における深遠な発展をあらわすにとどまらない。ヒトは数少ない脇役的大型哺乳動物という立場から、自然環境を変えうる大きな力をもつものへと変貌した。現生人が物事を革新する能力には、早い段階からプラスとマイナスの両面があったといえる。

五万年前の断絶はアジアにも？

オーストラリアのケースをみると、現生人の起源を包括的に考える場合、東アジアも含めることがいかに重要かをあらためて実感させられる。遺伝子学、とりわけY染色体研究（このことは先述した）によって、現在の東アジアの人たちもあらゆる現生人と同様、アフリカ起原の祖先をもつことが、明らかになっている。しかし東アジアの化石や遺物の記録を調べても、それほどの確証は得られない。問題は、反証が提示されることでなく、証拠そのものがほとんど出ないことだ。

ホモ・エレクトスが五万年前までインドネシアに残っていたらしいことを暗示する化石と年代についてはすでに簡単にお話しした。この年代はESR法によるため疑問もあるが、今後の研究によって確証されれば、現代の東南アジア人は比較的新しいアフリカ人に起源をもつ、という主張とも合致するだろう。

東アジアの大陸では、五〇万〜四〇万年前以降、古典的エレクトスより後の化石がごくわずかしか発見されていない。最も重要な標本には、大荔《ターリー》、営口（金牛山）、馬壩《マーバ》といった中国遺跡から出土した頭蓋骨が含まれる。いずれも仮に二〇万〜一〇万年前と推定されるこの頭蓋骨

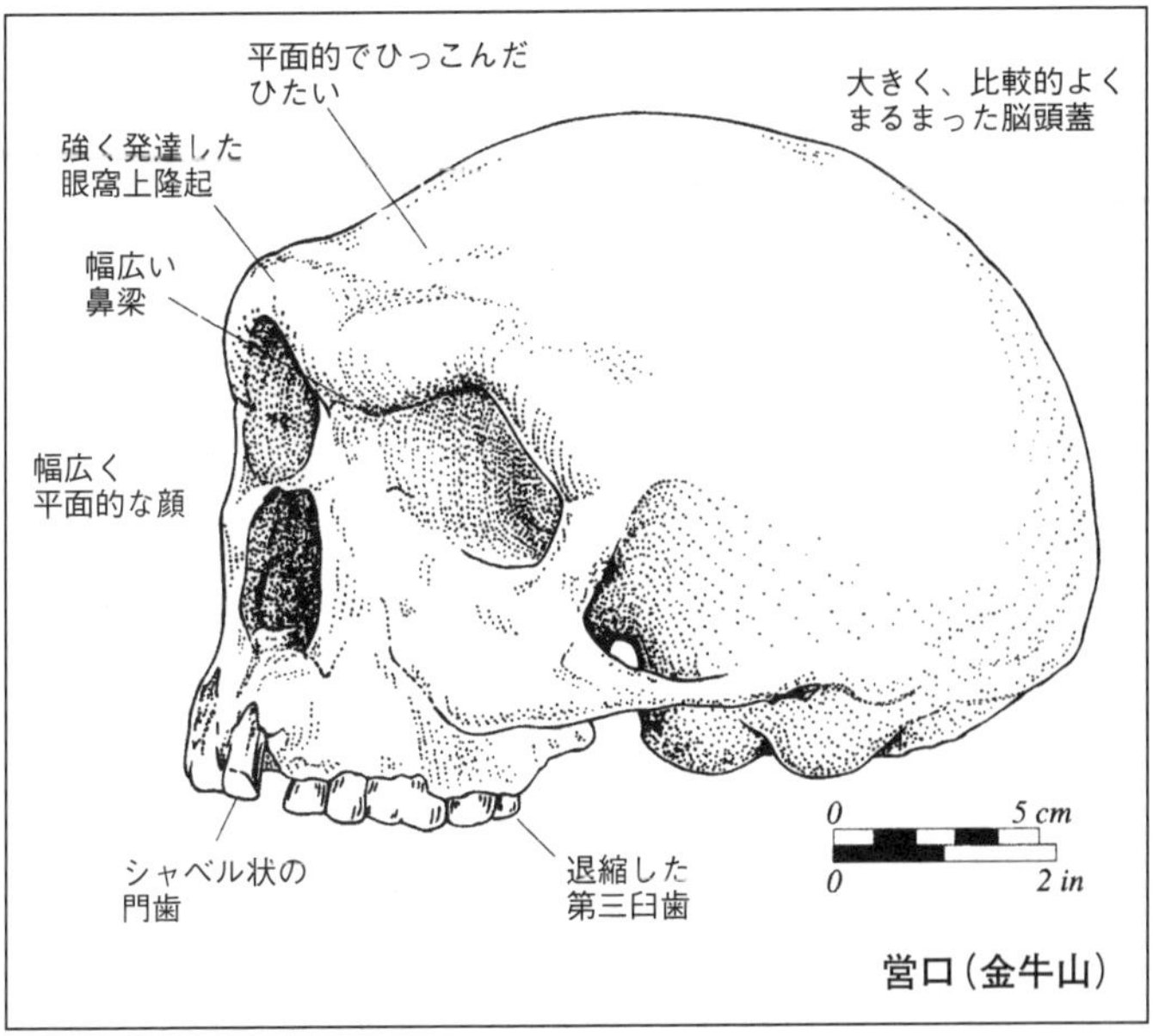

図7-12
中国東北部営口県（金牛山）から出土したヒト頭蓋骨。（写真をもとにしたキャスリン・クルーズ＝ウリーベによる絵）©Kathryn Cruz-Uribe

には巨大な眼窩上隆起や低くなだらかに後ろへ続く額など、エレクトスならではの原始的特徴と、丸みのある脳頭蓋、やや小さめの顔といったホモ・サピエンスらしい特徴がいろいろな形で結びついている（図7－12）。この中国の頭蓋骨は、同時代のヨーロッパにおけるネアンデルタール人の頭蓋骨とも、現生アフリカ人となる直前後の頭蓋骨とも違う。古来の特徴と、派生的に備わった特徴が混じりあっている点で、六〇万～四〇万年前のアフリカとヨーロッパの化石を思い出させる。――前にホモ・ハイデルベルゲンシスとして述べた化石のことだ。つまり、ハイデルベルゲンシスが西側で姿を消した後、居住範囲を中国へと広げていた、といえるだろう。あるいは、中国のエレクトスとアフリカ／ヨーロッパのハイデルベルゲンシスは、同じような特徴をそれぞれ別に進化させていたとも考えられる。

私たちとしては、別々に（パラレルに）進化した、と考えたい――アフリカからヨーロッパへアシュール文化のハンドアックスをもたらした人たちのように、中国移住したという遺物が出なければの話である。前にふれたが、ハンドアックスの存在はハイデルベルゲンシスが拡大したことを物語る。そのうえ、後の中国の化石は、上あごが短く、ほお骨の凹凸が小さく平面的であり、鼻梁が幅広いこと、上の門歯がシャベルの形をしていること、第三大臼歯が小さいことなど、多くの特徴で中国のエレクトスに似ている。別々に進化したという議論が認められるならば、中国とインドネシアのエレクトスは別個の軌道に乗って進化したことになり、中国のエレクトスを別の種に入れる必要が出てくる。しかしここで留意すべきは、中国の化石そのものがそれ自体あまりに乏しいため、東アジア現生人のアフリカ起源説が確証も否定もできないことだ。

中国の遺跡で付随する考古遺物はそれ以上に数がまばらで、インドネシアとなると、存在すらしない。東アジアにおいて考古学調査がもっとさかんになったら、アフリカとヨーロッパでみたような断絶がここでも五万～三万七〇〇〇年前に生じていたら、芸術品や見事に細工された骨、象牙、貝の人工遺物、複雑な墓といった現生人らしい行動があらわれたことが明らかにされるだろう。その日が来るまで、現生人の起源を考えるには、遺伝学研究を除くと、西側から出土する証拠だけが頼りだ。数十年に及ぶ研究の結果、ここで断絶があったことは確かだろう。しかし、その理由となるとあいかわらず雲をつかむようでしかない。

第8章　曙光がさす瞬間

一九九四年、クリスマスを翌週に控えた頃のこと。フランス南・中央部アルデーシュ地方に、険しい渓谷を抜け、石灰岩の台地へと向かう三人の洞窟探検家の姿があった。ジャン＝マリー・ショーヴェ、エリエット・ブリュネル・デシャン、クリスチャン・イレールはこの乾燥した岩がちの地で育った。これまで二〇年、巨大な地下洞窟の謎を解き明かそうとして、土や荒石を掘り、割れ目を調べ、しかし結局何も見つからないことも少なくなかった。時には苦労が報われ、水と鉱物がゆっくり時間をかけて作りあげた洞窟の累層を目にすることもあった。そしてこの夜、彼女たちは世界で初めて、もっと途方もないものを目撃することになる。三万年以上も前に生きていた人たちがイメージをふくらませて描いた絵が、それである。

迷路のような渓谷の入口、切り立った岩棚へと歩いていくと、崖に高さ八〇センチメートル、幅三〇センチメートルの穴が開いていた。ひとりずつこの穴にすべりこんでいく。そこは小室になっており、頭が天井につかえそうだった。わずかに風が動いた。行く手をさえぎる山積みの岩石のうしろには、もっと大きな穴がありそうだ。三人で石をはずし、やがて前に進めるくらいの空間ができた。先頭に立ったのはデシャンだった。約三メートル入ったところで、彼女のヘッドライトが急斜面を照らした。一〇メートル下に、細長い部屋が続いている。三人は声をあげた。音が反響して、洞窟の奥にはさらに何か潜んでいることがわかった。まずワゴン車まで戻って、伸縮可能なはしごを手に入れる必要がある。夜になるとさすがに疲れ、いったん家に帰って一週間後にまた来ましょう、ということになりかけたが、洞窟の奥に何があるか知りたいという熱意が、疲れをはねとばした。

そこで洞窟に戻ってはしごをおろし、暗く細長い部屋へと下りていった。湿った粘土のにおいがして、きらきら光を放つ方解石の幕と鍾乳石が、高さ一五メートルの天井から垂れ下がっている。正面先には、もっとかなり大きな部屋があらわれた。この時点で、ここはアルデーシュの渓谷で見たどの洞窟よりはるかに広いらしい、と彼女たちは感じていた。ドウクツクマが粘土の床に掘った冬眠用のねぐらがあり、その骨と歯があたり一面に散らばっている。もうひとつ、さらに狭い小部屋に入ったデシャンは驚きの声を出した。ヘッドランプの光が、壁に走る赤色オーカーの短い二本線をとらえていた。目を上げると、天井からごつごつした岩肌に赤色でマンモスが描かれている。まもなく、さらに多くの哺乳動物――クマ、野生のウマ、ライオン、サイ、トナカイ――の姿が壁にあらわれた。

この洞窟はジャン＝マリー・ショーヴェの名前から、ショーヴェ洞窟と名づけられた。発掘作業を継続的におこなった結果、奥行き約五〇〇メートル以上の部屋が四つあった。壁には、全体で二六〇を超える動物の絵や彫刻が施され、それに点と幾何学模様、手形が添えられていた。フランス南西部のラスコー、レ・トロワ・フレール、ニオーと、スペイン北部のアルタミラなど、以前に知られていた洞窟壁画では（図8－1）、たいていウマ、バイソン、野生のウシ、シカ、アイベックスが描かれ、マンモスやサイ、ライオン、クマはめったに登場しない。しかしショーヴェの芸術家たちは、対象をこうした動物に絞った。しかも炭を使って、微妙な濃淡と遠近法を生かしながら、自然な構図で描き出している。ショーヴェ研究の第一人者である、フランス装飾洞窟群監察官にして考古学者ジャン・クロッテは、先史時代におけるいわばレオナルド・ダ・ヴィンチのような芸術家が、たったひとりで絵の大半を描いたとみる。四〇を超えるサイの多くは、角が誇張され、はっきり巻いた耳も互いに似通っている。まるで熟練した技をもつひとりの手から生み出されたかのようだ。洞窟最大の壁には、さまざまな角度から、しかし同じ画法をもって、一〇余頭のサイが描かれていた。

オーリニャック文化の洞窟芸術

放射性炭素年代測定法が進歩したおかげで、いまでは針の先ほど（二分の一ミリグラム）の炭片の年代も測定できる。ショーヴェ洞窟が発見されて一年たたないうちに、炭で描かれた三つの絵（戦っている二頭のサイと、一頭のバイソン）から採取した微量な標本を分析した結果、

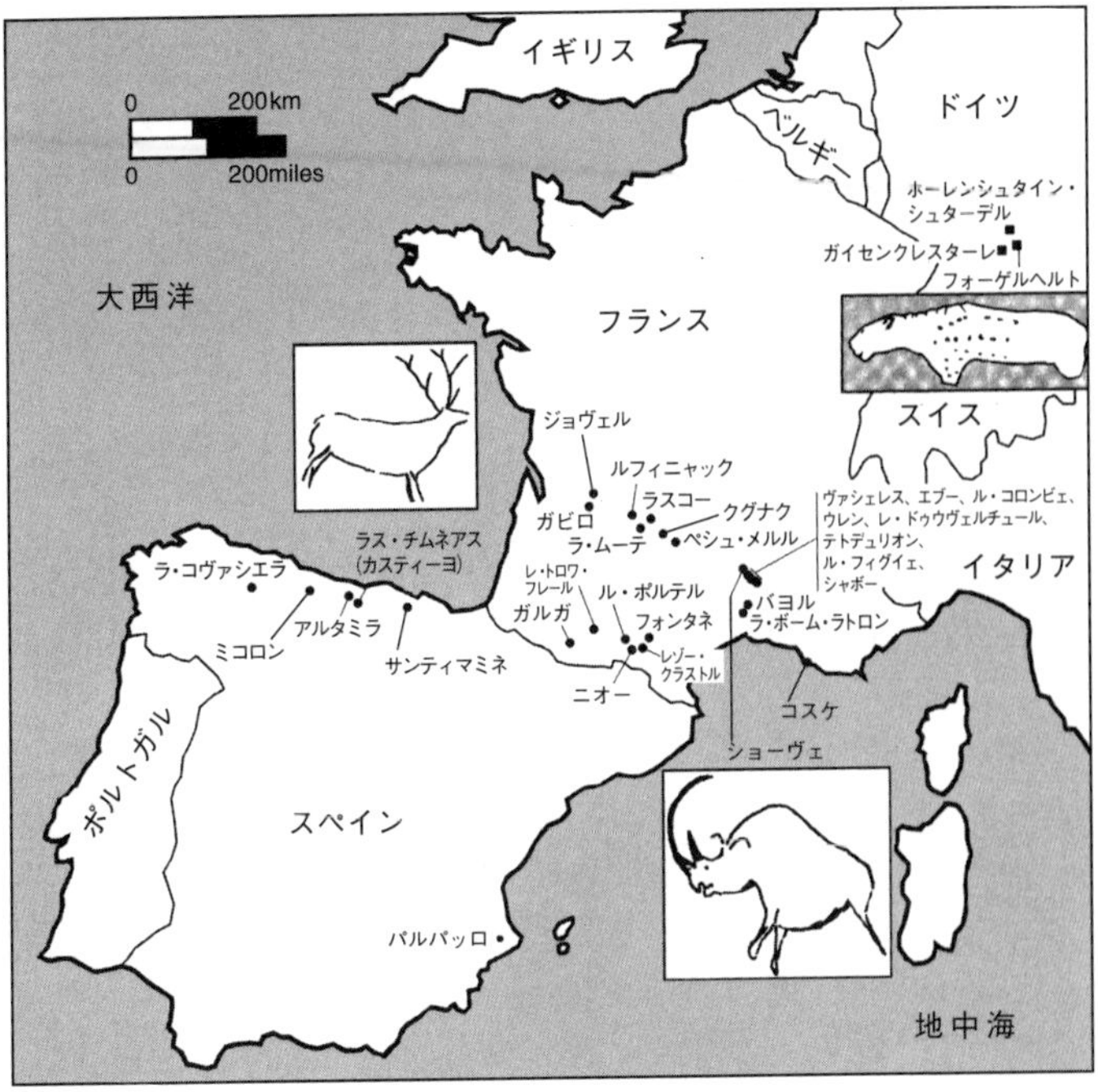

図8-1
西ヨーロッパにおける上部旧石器芸術の見つかった主要遺跡。

この絵が三万二〇〇〇〜三万一〇〇〇年前に描かれたことがわかった。それならば、これを描いたのは初期上部旧石器オーリニャック文化期の人たちに違いない。ほんの二、三〇〇〇年前、フランスでネアンデルタール人（ムスティエ文化）にとって代わったヒトの子孫である。放射性炭素年代測定法によって次に古いとされた絵よりも、これは五〇〇〇〜一万年もさかのぼる。ラスコー、ニオー、アルタミラ（マドレーヌ文化）の有名な絵に比べれば、少なくとも一万五〇〇〇年は古い。しかしこのショーヴェの絵だけが、ヨーロッパにおけるヒト文化の曙に描かれた華麗なる芸術作品というわけではない。フォーゲルヘルト（ステッテン）、ガイセンクレステルレ、ホーレンシュタイン・シュターデル（ドイツ南西部）の洞窟にある初期オーリニャック層では（図8－1）同年代の、あるいはもっと古い、象牙製の立派なフィギュリンが一七体発見されている。これには、ショーヴェの絵や彫刻で表現されたのと同じ、「危険な」動物をかたどっているものが多い。ホーレンシュタイン・シュターデルから出土した高さ三〇センチメートルのフィギュリンは、まさしくヒトの身体にライオンの頭が載るという、現実にはありえない形をしている（図8－2）。クレムズ（オーストラリア）近郊のガルゲンベルク丘陵では、三万二〇〇〇年前、オーリニャック時代の芸術家が、緑の蛇紋石板から高さ七センチメートルの女性像を作った。左手を挙げ、右手を腰にあてて、左胸を横に突き出している（図8－3）。初期オーリニャック遺跡には、個人的装身具が多数発見されたところもある。この装身具のなかでも、象牙のビーズはとくにひとつひとつ丁寧に作られていた。手間も時間もかかるこの作業については、後で説明する。

先行するムスティエ人たちは、オーリニャック文化の絵画、彫刻、フィギュリン、ビーズと比肩できるものを何も作らなかった。このことと、石器の種類が増えて標準化が進み、パターン化した道具が骨、象牙、角を用いて初めて日常的に作られるようになったことを考えあわせると、最初期上部旧石器文化の人たちと先行するムスティエ文化の人との間には、実に深い溝

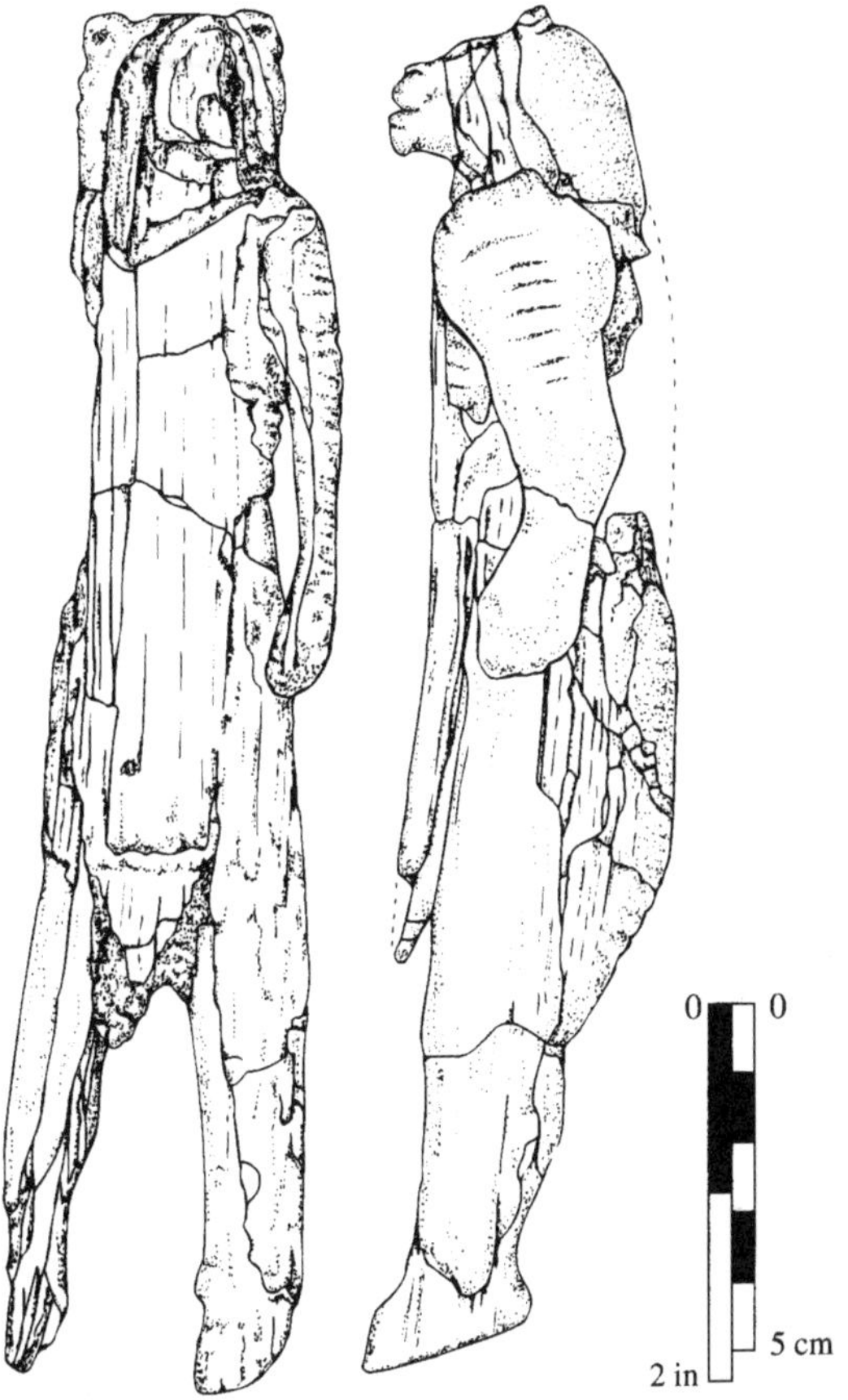

図8-2
ホーレンシュタイン・シュターデル（ドイツ南西部）のオーリニャック層から出土したマンモス牙製の「ライオン人間」像。（『古代』70（1996年）、J・クロッテ論文、J・ハーンによる図を再描）

があったと考えざるをえない。ムスティエ文化は数千年、あるいは数万年もの間、拍子抜けするくらい単調だった。他方、オーリニャック文化以降は、実用品・非実用品ともに急速に細分化した。このことを比較すれば、両文化の違いはいっそう際立つ。先史時代末期と有史時代並みのスピードで、物質文化が変化し多様化するのは、上部旧石器文化だけだ。ムスティエ文化はそれ以前の文化と同じく、きわめて保守的で、有史以来にはそれと比類するものがない。

上部旧石器文化とそれ以前の文化全体との差異を強調したのは、私たちが初めてではない。私たちは「ヒト文化の曙」という言葉を使ってきたが、同じ意味で「ヒトの革命」「創造的爆発」「偉大なる飛躍」「社会文化的ビッグバン」という人もいる。考古学の権威はたいていヨーロッパにおける調査結果に重点をおく。しかし本書ではおもに、それ以前にアフリカで「曙光」を迎えたことを示す証拠を取り上げてきた。アフリカにおける調査はヨーロッパよりも数も少なく、派手さもない。保存環境のせいで、アフリカの重要な遺跡はほとんど残っていないうえ、それを探し出す考古学者が少なかったからともいえる。この点について、ヨーロッパでは一八六〇年代以降、考古学者が重要な証拠を積み上げてきたが、他方アフリカにおける観察は、どれも一九六五年以降と始まったばかりだ。それでも、アフリカにおける「曙」は空想ではない。そう、かの地にこそ、初めて曙光がさしたのである。見た目は華々しいが、四万年前に始まったヨーロッパ上部旧石器文化は、それより五〇〇〇年前にアフリカで起こった行動の変化がもたらした結果にすぎない。さて、ヒト進化史最大の難問である「曙」そのものについて考える

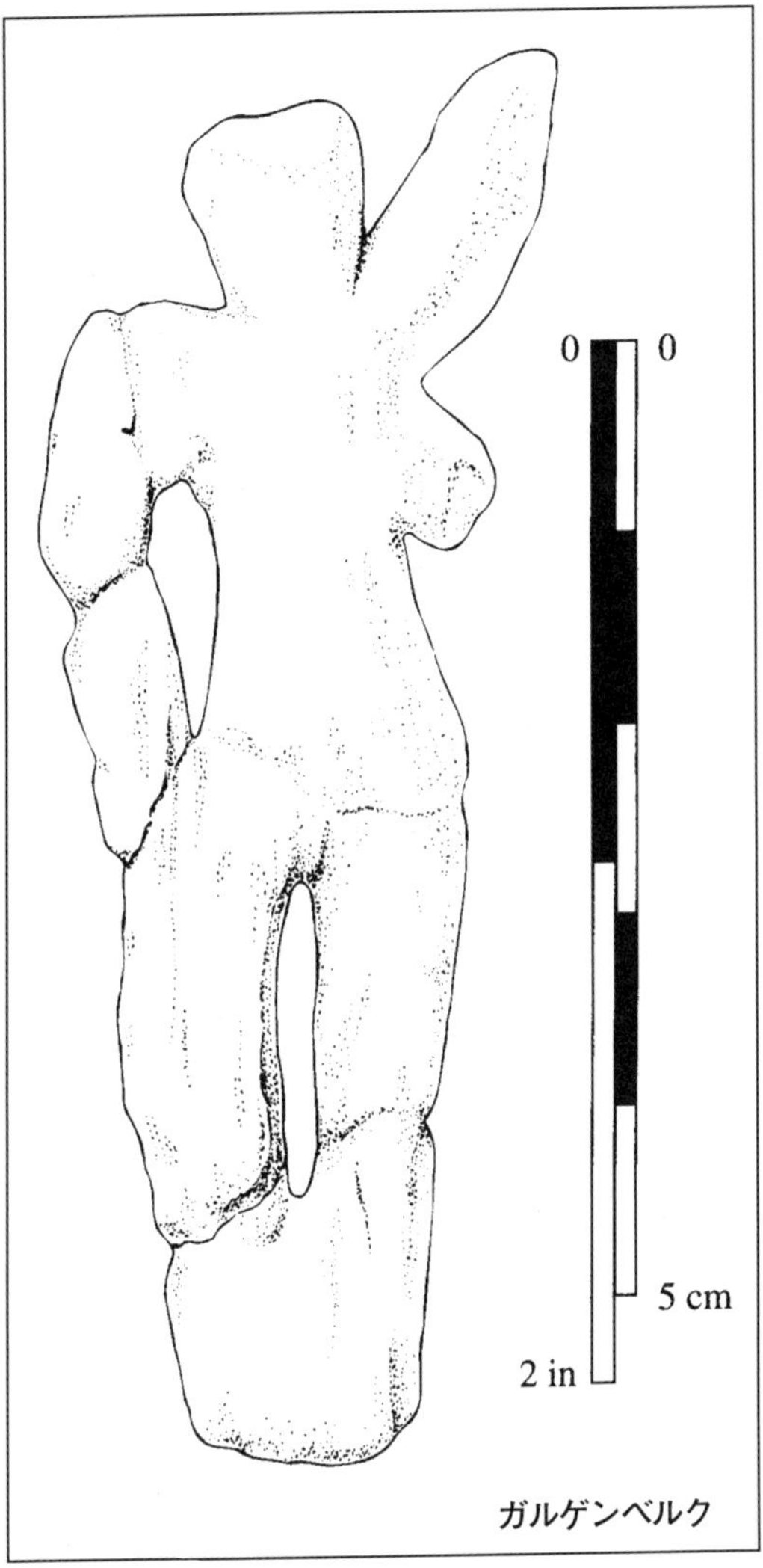

図8-3
ガルゲンベルク・ヒル（オーストリア）のオーリニャック層から出土したねじれた女性像。（写真をもとにしたキャスリン・クルーズ＝ウリーベによる絵）
©Kathryn Cruz-Uribe

べき時がきた。「曙」とは結局何だったのか。これは論議の分かれるところだ。今後も当分はひとつの答えに決着できそうにない。

ヒトの「革命」の第一弾

考古学者が「曙」を説明しようとする場合、厳密に社会、技術、人口統計学といった視点に立ちたがる人がほとんどで、生物学から考えようとするのは少数派である。私たちはそのなかでは多数派である。ここではまず社会と技術の両面から典型的な説明を簡単になぞり、そのうえで、私たちがなぜ生物学的説明をよしとするかをお話ししよう。「曙」そのものと違って、この問題をめぐる議論は、証拠第一というより哲学色が強いことを、最初に強調しておく。

ニューヨーク大学の考古学者ランドール・ホワイトは上部旧石器文化における運搬可能な芸術品（地中で発見されるようなもの）の研究を専門とするが、次のように述べている。象牙のビーズ、穿孔した貝殻や動物歯などの装飾品、あるいは運搬可能な芸術品には、初期上部旧石器オーリニャック文化の芸術家たちがショーヴェの壁に炭で描いたサイや、後期旧石器マドレーヌ文化の人たちがアルタミラ洞窟の天井に多色使いで描いたバイソンと同じく、シンボル性が認められる、と。遺跡に残された食べかすから判断するに、上部旧石器文化の人たちが描いたのは、自分たちが現に狩り、食べた動物が多い。しかしめったに手に入らなかった動物、なかなか目にしなかった動物を描くこともまた一般的だった。したがって、何を描くかという選択は恣意的であり、往々にして、自然のなりたちや自然と社会の関係について彼らがいだいた信念に根ざしていたと思われる。ホワイトによれば、装飾品や運搬可能な芸術品の場合も、何を作るかは同じように作り手次第だったが、これは時間と場所によって大きく変化していた。たとえば三万年前以前の初期オーリニャック時代でみると、おもにフランスとロシアでは、象牙のビーズと動物の歯のペンダントを作り、スペイン、フランス、イタリアではたいてい貝殻に穴をあけてぶらさげ、中央ヨーロッパでは三次元的な動物の影像を作りあげている。フランス南西部の一部にかぎっては、石灰岩の塊に彫刻を施した。これらの品はいずれも実用目的ではないので、おそらく、現地におけるさまざまな自然観あるいは社会秩序観に基づいて、作るものが決まったのだろう。

ホワイトは初期オーリニャック文化のビーズがいかに時間をかけ、苦労して作られたかをリサーチによって明らかにした。この作業の手間を考えれば、ビーズにシンボリックな意味があったという可能性は高い。このビーズの製造プロセスは複数の段階に分かれる。まず象牙か石(硬くないもの)で鉛筆状のロッドを用意し、ロッドの周囲に、一〜二センチメートルずつ間をあけて数本溝をつける。次に圧力をかけてロッドを折る。溝と溝の間の部分が、ブランク(半完成の)になる。このブランクに、つるすための穴をあけるのだが、それには両端からえぐるか、ドリルを使う。最後に、天然に存在する研磨剤を用いておのおののビーズを磨き上げ、標準的な形に仕上げる。

ホワイトの実験では、ビーズをひとつ作るのに通常一～三時間かかる。ところが上部旧石器遺跡のなかには、こうしたビーズが数十、数百、数千と出土するケースがある。最も壮観なのはスンギーリ遺跡（ロシア）だろう。約二万九〇〇〇年前の野外遺跡だが、ここはモスクワの北西二一〇キロメートルにあり、上部旧石器文化以前にはヒトが住んでいなかった。この位置をみても、ヒトが特に苛酷な環境に対する適応能力を身につけていったことは明らかだ。スンギーリの人々は長い時間をかけて食糧を探し、暖をとったに違いない。そのなかでなんと一万三〇〇〇個ものビーズを作っていたのである。そのうち三〇〇〇個は成年男性の墓から出、一万個は等分ずつ、共同墓地に並んで埋葬された子ども二人の死体とともに出土した。発見されたとき、ビーズは鎖状に並んでいた。皮製の服に縫いつけられていたと思われる。さらに共伴する他の芸術品は、埋葬の儀式があったこと、現代人一般が共有する死者への敬意をもっていたことを暗示する。スンギーリの墓は、こうした儀式や死者への敬意がはっきりと読みとれる最古の遺跡といえよう。しかしホワイトの議論はそこで終わらない。子どもたちの墓に埋められた一万個のビーズは、作るのにのべ一万時間かかっている。これほどたくさんのビーズが出土するということは、この子たちが同社会で特別な地位を占めていたと考えられないだろうか？

本書第一章で説明したように、有史以来、南アフリカの狩猟採集民社会は、ダチョウの卵の殻のビーズを交換することで結束を強めていた。こうした民族誌学的観察をふまえてホワイトはこう論じる。「上部旧石器文化において個人的装身具がいきなり登場したことは、クロマニヨン人とネアンデルタール人の知的能力の違いを示すのではない。新しい形の社会組織があらわれ、複雑なアイディアの伝達・記録が容易になり、そして必要になったことのあらわれだ」。人口密度が高まったり、あるいは大集団でかたまるようになったりして、基盤となる社会変化が進んだのだろう、と述べている。

ハーヴァード大学の考古学者オファー・バル＝ヨーセフの仮説はこれと異なるが、補完的ともいえる。バル＝ヨーセフの専門は南西アジアの考古学で、現生人の起源と、およそ三万年後に起こった農耕の起源にとりくんできた。彼は両方の事件を「革命」と呼び、同じ力によって動かされたと考えている。

約一万一〇〇〇年前、地中海沿岸の狩猟採集民は、その数千年前の祖先と同じく、自生する穀物（小麦、大麦、ライ麦）など植物性の食物に依存していた。環境適応は安定し、このおかげである程度、定住生活が可能になった。この永久・半永久的集落で、自生植物やレイヨウなどの野生動物を手に入れることができただろう。そして約一万一〇〇〇年前、突然気温が急降下し、乾燥が進んだ。この寒冷気候は一三〇〇年間続く。古気候学者のいう「ヤンガー・ドリアス」である。野生穀物をはじめ食用にしていた主要な植物はぐっと減少した。これに対応するため、近くの畑で穀物などを育て始めた、とバル＝ヨーセフら考古学者は考えている。次に収穫することを考えれば、当然、育てたなかで実のつきが最もよい個体の種を選んだはずだ。

こうして野生植物はヒトの手を必要とする栽培植物に変わった。九五〇〇〇年前までには、ヒツジ、ヤギ、ウシ、イノシシといった動物も家畜化し、人々は本格的な農業を始めていた。こうした経済変化によって人口増大が促され、これだけでも社会・経済関係における変化が加速する。九〇〇〇年前以降、人口密度が高まり気候が温暖になると、人々は新たな地を求めて散っていった。そして最終的には、農耕中心の新たな生活様式が、西はスペイン、東はパキスタンへと広がったのである。

バル＝ヨーセフは、この農耕革命と同様、それよりずっと前に起こった事件、本書でいうところの「ヒト文化の曙」でも、食糧を獲得する新たな方法が発明され、これが結果として人口増加と新たな社会経済組織へとつながったのだろう、と考える。主集団から離れていった人たちは、核となる地域――おそらく東アフリカ――から、新たな環境適応をそれぞれの地へと持ち込んだことだろう。

ホワイトとバル＝ヨーセフのように、技術的進歩、社会関係の変化、あるいはその両者のあと自然に曙光がさした、という見解を示す考古学者は少なくない。歴史学者や考古学者がもっと新しい社会文化的変化を説明する際に基盤とする同じ理論を用いていることもあって、この見解はなかなか受けがいい。しかし「曙」に関してはいずれの議論でも穴がある。というのは、技術あるいは社会組織がなぜこれほど突然に、根底から変化したか、どのアプローチでも説明できないのだ。「人口が増加したから」では不充分だ。第一に、これにもまた詳しい説明が必要になるし、第二に、「曙」直前のどこかで人口が急増した証拠がないからだ。「曙」直前のアフリカ人はMSA（中期石器時代）の人工遺物を、その後に生きた人たちはLSA（後期石器時代）の一括遺物を作っている。南・北アフリカにおいて、MSAからLSAへと移行する六万～三万年前あたりは、たいてい非常に乾燥していたと考えられる。その結果人口は激減し、この期間の遺物はほとんど残っていない。東アフリカではまだ住環境としてもっと条件がよかったが、それでも今のところ、後期MSAに人口が増えたという発掘・調査結果は出ていない。遺跡の数も、そこに含まれる居住跡の密度も、五万～四万年前に始まるLSAに向けて右肩上がりとはいえないのだ。ヨーロッパでは、人口が増えたのは「曙」になってからだ。明けるだろうと見越して増えたわけではない。

おそらくひきがねになったのは、一万一〇〇〇年前のヤンガー・ドリアスなどの気候変化だっただろうが、しかし、曙光がさした頃は長期にわたり気候が変動していたにもかかわらず、ヒトの行動が大きく変化したことをうかがわせる証拠はない。かりにこうした変化があったとしても、なぜこれほど大がかりな行動パターンが新たにもたらされたのかは説明できない。もっと早い時期、同じように、あるいはもっと劇的に気候が変動したときがあったが、そのときでさえ、こんな行動の変化はみられなかった。以前におこった気候変動として第一に挙げられるのは、約七万三五〇〇年前のスマトラ（インドネシア）トバ火山の大噴火に続く一〇〇〇年間の酷寒期である。この二〇〇万年で、いやおそらくこの四億五〇〇〇万年でみても、最大規模の噴火だった。イメージをつかみやすくするためにいうと、このときの噴出量は一九八一年のセントヘレンズ山（ワシントン州）噴火の約四〇〇〇倍、一八一五年のタンボラ山（インドネシアのスンバワ）噴火の約四〇倍に相当する。タンボラ山噴火は有史以来最大規模で、煙霧に太陽光がさえぎられ、地球全体の気温が下降した。翌一八一六年七〜八月に、ニューイングランドで雪が降り、「夏のない年」といわれるほどだった。しかしそれをはるかに上回るトバ山の噴煙がもたらした「火山の冬」は、次の世界大戦後に予想された「核の冬」にも似ていた。最終氷河期初期には地球全体がいっそう寒冷になるため、この噴火の影響は拡大し長期間に及んだ。ほぼ全地域で、植動物の数は激減したはずだ。ヒト人口に対しても壊滅的打撃となっただろう。それでもトバ山噴火が、文化という面での革命を引き起こすことはなかった。むしろこの点こそ注目にあたいする。噴火という状況でも何ら新たな反応を示さなかったことは、五万年前以前のヒトには、ものごとを革新する能力がほんのわずかしかなかった、とする人工遺物証拠と符合する。

「曙」が、農業革命に匹敵する技術革新によってもたらされたという証拠はない。遺物を調べても、「曙」のきっかけといえる何らかの革新がみえてこない。そればかりか、実はこの「曙」こそ、物事を革新できる能力がめざめたことそのものではないだろうか。考古学的立場からみれば、「曙」は農業、都会化、産業、コンピュータ、ゲノムと加速度をつけて進む一連の「革命」の第一弾にとどまらない。これは将来の発展につながる革命であり、それなしには先々何も起こりえないのだ。ではここで、「曙」で具体的に何があったかに話を進めよう。

五万年前の神経系の変化——脳の発展と言語の進化

完全な現生人の脳へと発展を促すような偶然の変異が「曙」をもたらした——これが、最も単純で簡潔な説明といえそうだ。これには、人類進化に関してこれまで進めてきた調査による三つの状況観察が拠りどころとなる。第一には、より効率のいい脳への自然淘汰は、ヒト進化を初期段階で大きく前進させたこと。現生人の行動を支える神経系は、はじめから今の状態で存在していたのではない。進化をへてこのような形になったのであって、今日それがいつ起こったかを考えるには行動上の証拠を用いるのみだ。

第二の観察は、脳の増大と脳組織の変化は、それよりずっと以前に起こった行動上・生態上の変化にともなう、というものだ。たとえば、二六〇万～二五〇万年前に石器が初めて出現したこと、一八〇万～一六〇万年にハンドアックスが初めて用いられると同時に、ヒトがほとんど木の生えない開けた環境へ広がったこと、六〇万～五〇万年前頃にもっと洗練されたハンドアックスが登場し、ヨーロッパに初めて永住するようになったことなどがその変化に含まれる。

第三の観察は、解剖学的構造と行動面での変化、この両者の関係が、約五万年前に一変したということだ。このときまで身体構造と行動はほぼ併行してゆっくりと進化したが、これ以降、身体構造が比較的安定した一方で、行動上の変化はどんどん加速し、文化を発展させた。神経系に変化が生じ、それによって、物事を革新するという現生人の並はずれた能力が促進された——これより、すっきりした説明があるだろうか。ネアンデルタール人とその同時代の非・現生人の脳はサル並みだったとか、生物学的にも行動面でも、その前のヒトのように原始的だったとかいうのではない。それより前のヒトに認められる解剖学的構造と行動の遺伝学的関係が、完全な現生人が出現するまで残っていたこと、五万年前に起こったとされる遺伝子変異によって、ありとあらゆる自然・社会環境に対して生理学的変化なしに適応できる現生人独自の能力が促進されたこと、をさしている。

おそらく、この最後の神経系における変化が、音声言語を話す現生人の能力、つまり人類学者ドゥアンヌ・キアット、リチャード・ミロのいう「音素からなりたち、シンタックスをもち、無限の開放性があり、生産的な、完全に音声による言語」を操れる現生人の能力を促したのだろう。『ネイチャー』誌二〇〇一年一〇月四日号で、オックスフォード大学の遺伝子学者セシリア・レイ率いるチームが「最終的には音声と言語に到達する発展プロセスにかかわる」らしい単一遺伝子をつきとめたが、この研究も、間接的ながらこの見解を支持したことになる。この遺伝子がきちんと複製されないと、基本的な音声認識や文法規則の習得、文章の理解は困難となる。が、必ずしも他の点では劣らず、言語以外の知能面で、しばしば正常な成績を上げる。要するに、この新しい発見は、たったひとつの遺伝子変異が完全な現生人の言語能力の基礎となりえたことを示している。しかし前にも述べたように、解剖学的構造上言語の進化を示す確かな証拠はない。この最終的な発展が「曙」の基盤となった、と考えるのは、現生人の言語と文化が緊密に結びついているからといってもいい。現生人が言語を用いるのは、コミュニケーションをとるためだけでなく、知的モデルを作り、「〜だったらどうなる?」という仮定の問いに取り組むためでもある。実際、こうした問いのおかげで、現生人ならではの革新が次々に可能になった。何よりも、物事を革新する能力における飛躍的進歩こそ、ヒト文化の曙光を示すと考えられるのではないだろうか。

神経系の変化が原因だとする立場にとって最も手ごわい反論は、化石では確かめようがないということだ。ヒト進化において以前起こった行動上の変化と神経系の変化の関係は、脳容量が増大したことから推論できる。しかし二〇万年前までには、場所にかかわらず、ヒトの脳は現生人、あるいはその直前というべきサイズに達していた。五万年前に神経系が変化したとしたら、それは組織内の変化にとどまったはずだ。これまでのところ、頭蓋骨化石から得られるのは、脳の構造について推理する手がかりでしかない。たとえばネアンデルタール人の頭蓋骨は、形の上で現生人とは劇的に異なるが、大きさは現生人と同じかそれ以上である。そして現在の証拠では、形の違いが機能上の違いを意味するのかどうかがはっきりしない。頭蓋骨を調べても、ネアンデルタール人やその同時代人が、完全な現生人のように言語を用いる能力をもたなかったことを示すものは何もないのだ。

結び

私たちはここで完全な結論の出ないまま、結びとしなければならない。一九一〇年代以降、さまざまな化石と遺物が発見・調査され、完全な現生人（クロマニヨン人）がヨーロッパを侵略し、ネアンデルタール人にとって代わったとみなされている。その後数十年間に出土した化石と遺物によって、両者が突然入れ替わったという見解はさらに定着したが、一九八〇年代半ば以降、三方向で非常に重要な証拠が新たに示されると、両者の入退場をめぐるこの説は、ますます確固たるものとなった。第一に、新しい年代測定の結果、一二万～五万年前、ヨーロッパにはネアンデルタール人だけが住んでおり、その一方で、アフリカには現生人（その直前のヒトも含む）が住んでいたことがわかった。第二に、四〇万～一三万年前、ヨーロッパでネアンデルタール人が進化したことを示す化石が、アタプエルカ（スペイン）のシマ・デ・ロス・ウエソスなどから新たに出土した。第三は、遺伝学的分析の精度が増したおかげで、現生人が互いに分岐するよりずっと前、ネアンデルタール人は現生人の系統から分かれたことが明らかになった。こうした新しい（古いものも）証拠のいくつかは曖昧な状況証拠にすぎず、互いに矛盾する場合もある。とはいえ歴史学において、これは避けられない。歴史学というものは、物理学実験との共通点もあるが、それ以上に、刑事裁判と相通じる部分が多いのである。

読者のみなさんは陪審員としてこの法廷に着席し、評決を下すことが求められている。私たちの主張がうまく伝わっていれば、きっと「解剖学的構造において現生人となったアフリカ人は、約五万年前、行動面でも現生人のように変わっていた」「おかげでヨーロッパに拡大でき、ネアンデルタール人に急速にとって代わった」という点で同意してくれるだろう。さらに「こうした現生人的行動によって、アフリカを起源とする現生人が、東アジアでも非現生人にとって代わった」という推論も受け入れてくれると思う。ただしこの場合、私たちとしては、読者がもっと多くの証拠を求めるならば、考えなければなるまい。法システムにおける合理的疑いのような形で、読者が唯一留保するとしたら、それは約五万年前、現生人らしい行動があらわれるきっかけとなったものとは何だったのか——という点ではないだろうか。このさい肝心なのは、理にかなっていることと簡潔明快であることとであって、証拠の有無ではない。人類進化全体を念頭におきつつ、これまでお話ししてきた説明でどこまで納得していただけるか、みなさんからのフィードバックを楽しみにしつつ、筆をおこう。

専門家でない人からみれば、ヒト化石と人工遺物こそ、人類進化をあとづける主要な事実のように思われるかもしれない。進化を考えるうえで、この二つがきわめて重要であることは明らかだ。けれども、時間軸に沿ってきちんと並べられなければ、つまり「年代測定」ができなければ、ヒト化石も人工遺物も、価値の大部分が失われてしまうだろう。本文中でも、関連のあるくだりで要となる年代測定法について簡単に説明しているが、重要性を考えて、ここであらためて整理しておこう。年代測定法は、「相対的」方法と「絶対的（絶対値）」方法の大きく二つに分けられる。

相対的方法とは、対象物が精確に何年前のものか特定することなく、新しいものから古いものへと（あるいはその逆でもいいが）並べていくとき用いる方法である。最もわかりやすい測定法は、地層累重の原則を基本としている。他の条件が同じならば、ある物質の出土層が深ければ深いほど含まれる物質も古い、ということだ。遺跡で細心の注意を払いつつこの原則を適用すると、専門家は、ある地域においてさまざまな年代をへて存在した動物のコミュニティと一括人工遺物を、時系列に順序立てることができる。遺跡が単一層であっても、動物化石あるいは人工遺物に注目すると、ある遺跡がほかと比べてどの程度古いかが決まる。アフリカでは、古いヒト化石あるいは遺物が出土した遺跡二ヵ所で、ある種のゾウ、ウマ（シマウマ）、イノシシが見つかれば、それだけでどちらの遺跡が古いか、新しいか、同じか判断できる場合が多い。東アフリカでは、往々にして化石動物の年代幅が何万年前、というように確定されている。おかげで、南アフリカで同じ動物の種が出土する、アウストラロピテクス類などの重要遺跡についても、年代が具体的に推定できている。動物化石を用いて遺跡を時間軸に配置し、またある場合は

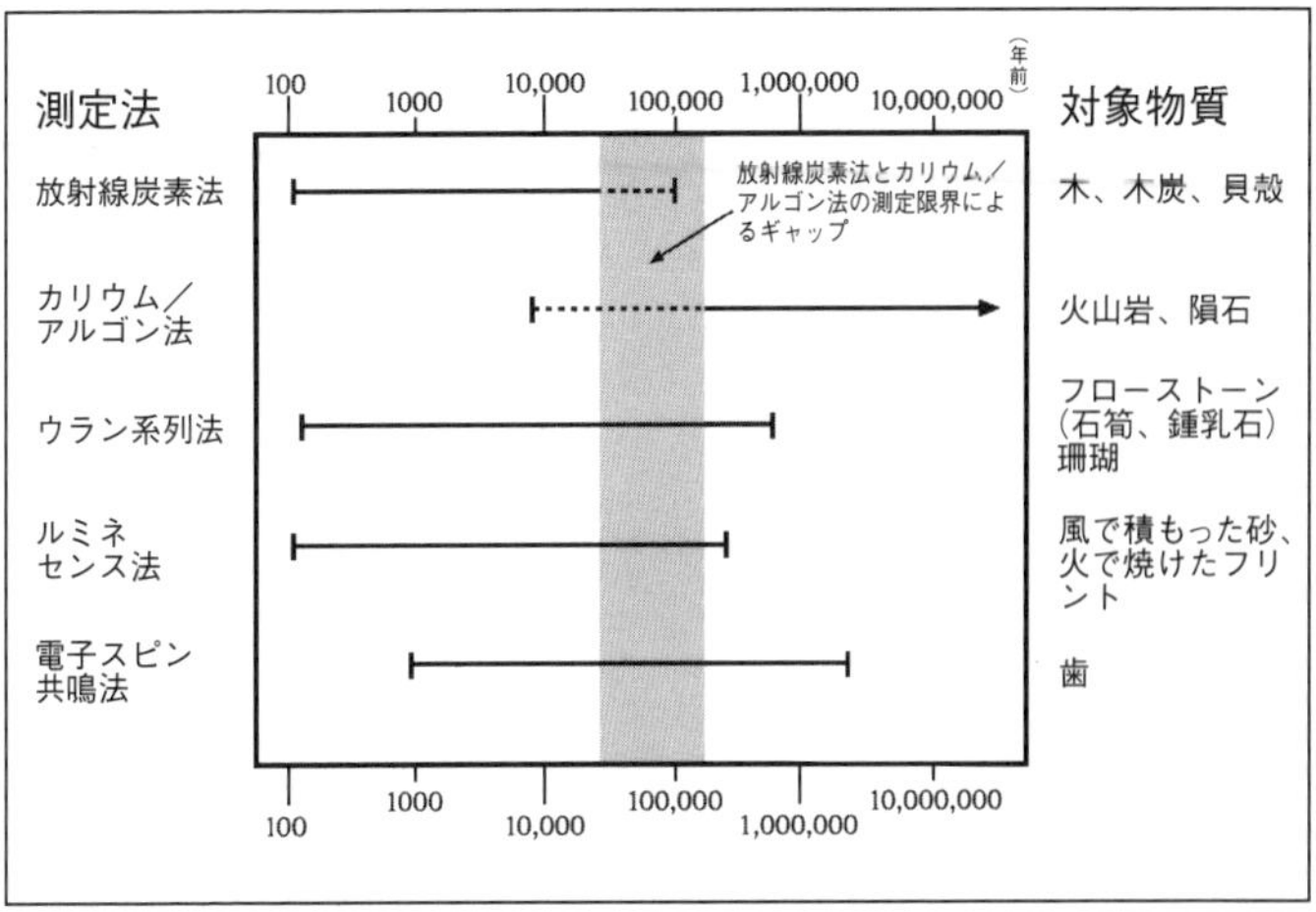

古人類学で重要な各種の絶対（絶対値）年代測定法がカバーする範囲

これが何年前のものか推定することは、しばしば「faunal dating（動物相による年代推定）」と呼ばれる。古人類学においては、これが最も広く適用される相対的年代測定法である。

絶対的年代測定法とは、実際の数字を出して年代を推定することだ。こうして年代測定した遺跡は、ほかの遺跡と比べて自動的に前後関係が明らかになるから、絶対的年代測定法は、相対的年代測定法の精度をとくに高めた一種の変形といってもいい。古人類学において最も重要な絶対年代測定法は、自然に発生する放射性同位元素に依拠している。これまでのところ最も情報量が多く信頼できる二つの方法は、放射性炭素（炭素14）と放射性カリウム（カリウム40）の崩壊に基づく。放射性カリウムが崩壊してアルゴンになることから、この方法は一般に「カリウム／アルゴン法」と呼ばれている。カリウム／アルゴン法と放射性炭素法については、それぞれ四六ページと二二九ページでお話しした。おのおのの方法がカバーするおよその年代幅と、普通適用される対象物質を、図にまとめたのでご参照いただきたい。どちらのケースでも、年代測定法を適用しようとする場合の足かせとなるのは、多くの遺跡でふさわしい物質がないこと、また埋められたとき、あるいはその後、年代の違う（より古い、あるいはより新しい）物質が遺跡中に入りこみ、汚染される可能性があることだ。たとえば南アフリカの遺跡では火山性物質がなく、カリウム／アルゴン年代測定法を用いることはそもそも不可能である。その一方で、せっかく年代測定にふさわしい物質があっても、時代が下ってから微量の炭素で多くの古代標本が汚染された可能性を考えると、二万五〇〇〇～三万年前以前の放射性炭素について確実な年代を算出するのはきわめて難しい。

　問題はまだある。例外があるにせよ、カリウム／アルゴン法では、約二〇万年前より新しい年代の場合に信頼に足る結果が出ない。他方、放射性炭素法ではおよそこの五万年に制限される。そうすると、どちらの方法でもカバーできない約一五万年間という溝ができてしまう（図）。この溝を埋めるには、ウラン（U-）系列法が最も頼りになる。このことは二七二ページで説明したが、基本はウランの放射性崩壊と娘物質のトリウム（Th）およびプロトアクチニウム（Pa）である。ところが、この分析に必要な物質はヒトの古代遺跡でまれにしか出ないから、実際になかなか適用できないのだ。もっと幅広く適用可能なのが、一三五ページと一七八ページでそれぞれ紹介した電子スピン共鳴法（ＥＳＲ）とルミネセンス法である。この二つの方法によって、何度も引き合いに出されるような興味深い年代がもたらされた。しかし概して、いずれの方法も埋められた環境や対象物の放射性に関して、遺跡特有の確証不可能な条件を前提としているため、この結果の信頼性もやはり疑わざるをえない。

　最後に、堆積物の磁極が過去に何度か方向変換したことがわかっている場合、地球磁場の変動データ（歴史）を用いて、その遺跡の年代が推定できる。この古地磁気年代測定法は七〇ページで触れた。同じく、遺跡に記録される氷河期／間氷期と連続する変化と、海洋底の堆積物から確定される連続した年代を比べることも、年代推定のひとつの方法である。遺跡がここ七〇万年くらいのうちに形成された場合、この方法は最も役に立つ。一般にこの方法では、継続的に（大きな断絶なく）蓄積された堆積物があり、しかもその一部がカリウム／アルゴン法や放射性炭素法など他の方法によって年代が推定されていることが必要となる。このような気候変動による年代測定法がとくに効力を発揮するのは、遺跡がおよそ一二万七〇〇〇～七万一〇〇〇年前の最終間氷期に形成されたか、七万一〇〇〇～一万二〇〇〇年前の最終氷河期かを判断する、というときだ。

参考文献

全般に関して

Johanson,D. & Edgar,B. (1996). *From Lucy to Language*. New York:A Peter N. Nevraumont Book/Simon & Schuster.

Klein,R. G. (1999). *The Human Career:Human Biological and Cultural Origins. Second Edition*. Chicago: University of Chicago Press.

Tattersall,I. & Schwartz,J. H. (2000). *Extinct Humans*. Boulder,CO:A Peter N. Nevraumont Book/Westview Press.

第1章

Ambrose,S. H. (1998). Chronology of the Later Stone Age and food production in East Africa. *Journal of Archaeological Science* 25,377-392.

Deacon,H. J. & Deacon,J. (1999). *Human Beginnings in South Africa:Uncovering the Secrets of the Stone Age*. Cape Town:David Philip.

Eldredge,N. & Gould,S. J. (1972). Punctuated equilibrium:an alternative to phyletic gradualism. In(T. Schopf,Ed.)*Models in Paleobiology*. W. H. Freeman:San Francisco,pp. 82-115.

Eldredge,N.,Gould,S. J.,Coyne,J. A. & Charlesworth,B. (1997). On punctuated equilibria. *Science* 276,338-342.

Singer,R. & Wymer,J. J. (1982). *The Middle Stone Age at Klasies River Mouth in South Africa*. Chicago:University of Chicago Press.

第二章

Brain,C. K. (1981). *The Hunters or the Hunted? An Introduction to African Cave Taphonomy*. Chicago: University of Chicago Press.

Dart,R. A. & Craig,D. (1959). *Adventures with the Missing Link*. New York:The Viking Press. (邦訳 レイモンド・ダート『ミッシング・リンクの謎――人類の起原をさぐる』山口敏訳、みすず書房、一九六〇年)

Haile-Selassie,Y. (2001). Late Miocene hominids from the Middle Awash,Ethiopia. *Nature* 412,178-181.

Johanson,D. C. & Edey,M. A. (1981). *Lucy:the Beginnings of Humankind*. New York:Simon and Schuster. (邦訳 ドナルド・C・ジョハンソン、マイトランド・A・エディ『ルーシー――謎の女性と人類の進化』渡辺毅訳、どうぶつ社、一九八六年)

Leakey,M. D. (1979). *Olduvai Gorge:My Search for Early Man*. London:William Collins Sons & Co.

Leakey,M. G. (1995). The dawn of humans:the farthest horizon. *National Geographic* 190(9),38-51.

Leakey,M. G.,Feibel,C. S.,McDougall,I.,Ward,C. & Walker,A. (1998). New specimens and confirmation of an early age for *Australopithecus anamensis*. *Nature* 393,62-66.

Leakey,M. G.,Spoor,F.,Brown,F. H.,Gathogo,P. N.,Klarle,C.,Leakey,L. N. & McDougall,I. (2001). New hominin genus from eastern Africa shows diverse middle Pliocene lineages. *Nature* 410,433-440.

McHenry,H. M. & Coffing,K. (2000). *Australopithecus* to *Homo*:Transformations in body and mind. *Annual Review of Anthropology* 29,125-146.

Tobias,P. V. (1984). *Dart,Taung and the Missing Link*. Johannesburg:Witwatersrand University Press.

White,T. D.,Suwa,G. & Asfaw,B. (1994). *Australopithecus ramidus*,a new species of early hominid from Aramis,Ethiopia. *Nature* 371,306-312.

第三章

Backwell,L. & d'Errico,F. (2001). Evidence of termite foraging by Swartkrans early hominids. *Proceedings of the National Academy of Sciences* 98,1-6.

Kimbel,W. H.,Walter,R. C.,Johanson,D. C.,Reed,K. E.,Aronson,J. L.,Assefa,Z.,Marean,C. W.,Eck,G.

G.,Bobe,R.,Hovers,E.,Rak,Y.,Vondra,C.,Yemane,T.,York,D.,Chen,Y.,Evensen,N. M. & Smith,P. E. (1996). Late Pliocene *Homo* and Oldowan tools from the Hadar Formation(Kada Hadar Member),Ethiopia. *Journal of Human Evolution* 31,549-561.

Leakey,L. S. B.,Evernden,J. F. & Curtis,G. H. (1961). Age of Bed 1,Olduvai Gorge,Tanganyika. *Nature* 191,478.

Leakey,L. S. B.,Tobias,P. V. & Napier,J. R. (1964). A new species of the genus *Homo* from Olduvai Gorge,Tanzania. *Nature* 202,308-312.

Leakey,M. D. (1979). *Olduvai Gorge:My Search for Early Man*. London:William Collins Sons & Co.

Lee-Thorp,J. A.,Thackeray,J. F. & van der Merwe,N. (2000). The hunters and the hunted revisited. *Journal of Human Evolution* 39,565-576.

Semaw, S. (2000). The world's oldest stone artefacts from Gona, Ethiopia:their implications for understanding stone technology and paterns of human evolution between 2. 6-1. 5 million years ago. *Journal of Archaeological Science* 27, 1197-1214.

Susman, R. L. (1991). Who made the Oldowan tools? Fossil evidence for tool behavior in Plio-Pleistocene hominids. *Journal of Anthropological Research* 47, 129-151.

Toth, N. (1985). The Oldowan reassessed:a close look at early stone artifacts. *Journal of Archaeological Science* 12, 101-120.

Toth, N., Schick, K. D., Savage-Rumbaugh, E. S., Sevick, R. A. & Rumbaugh, D. M. (1993). *Pan* the tool-maker:investigations into the stone tool-making and tool-using capabilities of a bonobo(*Pan paniscus*). *Journal of Archaeological Science* 20, 81-91.

Walker, A. C. & Leakey, R. E. F. (1978). The hominids of East Turkana. *Scientific American* 239(2), 54-66.

Wood. B. A. (1993). Early *Homo*:how many species? In(W. H. Kimbel & L. B. Martin, Eds.)*Species, species concepts, and primate evolution*. Alan R. Liss:New York, pp. 485-522.

第四章

Delson, E., Harvati, K., Reddy, D., Marcus, L. F., Mowbray, K. M., Sawyer, G. J., Jacob, T. & Márquez, S. (2001). the

Sambungmacan 3 *Homo erectus* calvaria:a comparative morphometric and morphological analysis. *The Anatomical Record* 262, 380-397.

Gabunia, L. & Vekua, A. (1995). A Plio-Pleistocene hominid from Dmanisi, east Georgia, Caucasus. *Nature* 373, 509-512.

Gabunia, L., Vekua, A., Lordkipanidze, D., Swisher, C. C., Ferring, R., Justus, A., Nioradze, M., Tvalchrelidze, M., Antón, S. C., Bosinksi, G., Jöris, O., De Lumley, M. A., Majsuradze, G. & Mouskhelishivili, A. (2000). Earliest Pleistocene hominid cranial remains from Dmanisi, Republic of Georgia:taxonomy, geological setting, and age. *Science* 288, 1019-1025.

Goren-Inbar, N. (1994). The Lower Paleolithic of Israel. In(T. E. Levy, Ed.)*The Archaeology of Society in the Holy Land*. Leicester University Press:London, pp. 93-109.

Issac, G. L. (1977). *Olorgesailie*. Chicago:University of Chicago Press.

Kohn, M. & Mithen, S. (1999). Handaxes:products of sexual selection? *Antiquity* 73, 518-526.

Leakey, R. E. F. & Walker, A. (1985). A fossil skeleton 1, 600, 000 years old:*Homo erectus* unearthed. *National Geographic* 168, 625-629.

Oakley, K. P. (1964). The problem of man's antiquity:an historical survey. *Bulletin of the British Museum(Natural History)Geology* 9, 86-155.

Rightmire, G. P. (1990). *The Evolution of Homo erectus:Comparative Anatomical Studies of an Extinct Human Species*. Cambridge:Cambridge University Press.

Ruff, C. B. (1993). Climatic adaptation and hominid evolution:the thermoregulatory imperative. *Evolutionary Anthropology* 2, 53-60.

Santa Luca, A. P. (1980). The Ngandong fossil hominids. *Yale University Publications in Anthropology* 78, 1-175.

Schick, K. D. & Dong, Z. (1993). Early Paleolithic of China and Eastern Asia. *Evolutionary Anthropology* 2, 22-35.

Schick, K. D., Toth, N., Garufi, G., Savage-Rumbaugh, E. S., Rumbaugh, D. & Sevcik, R. (1999). Continuing investigations into the stone tool-making and tooi-using capabilities of a bonobo(*Pan paniscus*). *Journal of Archaeological Science* 26, 821-823.

Swisher, C. C., Curtis, G. H., Jacob, T., Getty, A. G., Suprijo, A. & Widiasmoro. (1994). Age of the earliest known hominids in Java, Indonesia. *Science* 263, 1118-1121.

Swicher, C. C., Rink, W. J., Antón, S. C., Schwarcz, H. P., Curtis, G. H., Suprijo, A. & Widiasmoro. (1996). Latest *Homo erectus* of Java:potential contemporaneity with *Homo sapiens* in southeast Asia. *Science* 274, 1870-1874.

第五章

Arsuaga, J. L., Martínez, I., Gracia, A., Carretero, J. M., Lorenzo, C., García, N. & Ortega, A. I. (1997). Sima de los Huesos(Sierra de Atapuerca, Spain). The site. *Journal of Human Evolution* 33, 109-127.

Bermúdez de Castro, J. M. (1998). Hominids at Atapuerca:the first human occupation in Europe. In(E. Carbonell, J. Bermudéz de Castro, J. L. Arsuaga & X. P. Rodriguez, Eds.)*The First Europeans:Recent Discoveries and Current Debate*. Aldecoa:Burgos, pp. 45-66.

Churchill, S. E. (1993). Weapon technology, prey-size selection and hunting methods in modern hunter-gatherers:implications for hunting in the Palaeolithic and Mesolithic. In(G. L. Peterkin, H. M. Bricker & P. A. Mellars, Eds.)*Hunting and Animal Exploitation in the Later Palaeolithic and Mesolithic of Eurasia*. American Anthropological Association:Washington, D. C., pp. 11-24.

Clarke, R. J. (2000). A corrected reconstruction and interpretation of the *Homo erectus* calvaria from Ceprano, Italy. *Journal of Human Evolution* 39, 433-442. d'Errico, F. & Nowell, A. (2000). A new look at the Berekhat Ram figurine:implications for the origins of symbolism. *Cambridge Archaeological Journal* 10, 123-167.

Goren-Inbar, N. (1986). A figurine from the Acheulian site of Berekhat Ram. *M'tekufat Ha'even* 19, 71-12.

Jerison, H. J. (2001). Adaptation and preadaptation in hominid evolution. In(P. V. Tobias, M. A. Raath, J. Moggi-Cecchi & G. A. Doyle, Eds.)*Humanity from African Naissance to Coming Millennia*. Witwatersrand University Press:Johannesburg, pp. 373-378.

Rightmire, G. P. (1998). Human evolution in the Middle Pleistocene:the role of *Homo heidelbergensis*. *Evolutionary Anthropology* 6, 218-227.

Roebroeks, W. & van Kolfschoten, T. (1994). The earliest occupation of Europe:a short chronology. *Antiquity* 68, 489-503.

Ronen, A. (1998). Domestic fire as evidence for language. In (T. Akazawa, K. Aoki & O. Bar-Yosef, Eds.)*Neandertals and*

Modern Humans in Western Asia. Plenum Press:New York, pp. 439-447.

Ruff, C. B., Trinkaus, E. & Holliday, T. W. (1997). Body mass and encephalization in Pleistocene *Homo*. *Nature* 387, 173-176.

Thieme, H. (1997). Lower Palaeolithic hunting spears from Germany. *Nature* 385, 807-810.

Wynn, T. (1991). Tools, grammar and the archaeology of cognition. *Cambridge Archaeological Journal* 1, 191-206.

Wynn, T. (1995). Handaxe enigmas. *World Archaeology* 27, 10-24.

第六章

Bahn, P. (1998). Archaeology:Neanderthals emancipated. *Nature* 394, 719-721.

Berger, T. D. & Trinkaus, E. (1995). Patterns of trauma among the Neanderthals. *Journal of Archaeological Science* 22, 841-852.

Bocherens, H., Billiou, D., Mariotti, A., Toussaint, M., Patou-Mathis, M., Bonjean, D. & Otte, M. (2001). New isotopic evidence for dietary habits of Neanderthals from Belgium. *Journal of Human Evolution* 40, 497-505.

Boëda, E., Geneste, J. M., Griggo, C., Mercier, N., Muhesen, S., Reyss, J. L., Taha, A. & Valladas, H. (1999). A Levallois point embedded in the vertebra of a wild ass(*Equus africanus*):hafting, projectiles and Mousterian hunting weapons. *Antiquity* 73, 394-402.

Cann, R. L., Stoneking, M. & Wilson, A. C. (1987). Mitochondrial DNA and human evolution. *Nature* 329, 111-112.

d'Errico, F., Villa, P., Pinto Llona, A. C. & Ruiz Idarraga, R. (1998a). A Middle Palaeolithic origin of music? Using cave-bear bone accumulations to assess the Divje Babe I bone 'flute'. *Antiquity* 72, 65-79.

d'Errico, F., Zilhão, J., Julien, M., Baffier, D. & Pelegrin, J. (1998b). Neanderthal acculturation in Western Europe? A critical review of the evidence and its interpretation. *Current Anthropology* 39, S1-S44.

Defleur, A., White, T., Valensi, P., Slimak, L. & Crégut-Bonnoure, É. (1999). Neanderthal cannibalism at Moula-Guercy, Ardéche, France. *Science* 286, 128-131.

Dibble, H. L. (1987). The interpretation of Middle Paleolithic scraper morphology. *American Antiquity* 52, 109-117.

Duarte, C., Maurício, J., Pettitt, P. B., Souto, P., Trinkaus, E., van der Plicht, H. & Zilhão, J. (1999). The early Upper

Paleolithic human skeleton from the Abrigo do Lagar Velho(Portugal) and modern human emergence in Iberia. *Proceedings of the National Academy of Science* 96, 7604-7609.

Hoffecker, J. F. (2001). *Desolate Landscapes:Ice-Age Settlement in Eastern Europe*. New Brunswick, NJ:Rutgers University Press.

Ingman, M., Kaessmann, H., Pääbo, S. & Gyllensten, U. (2000). Mitochondrial genome variation and the origin of modern humans. *Nature* 408, 708-713.

Krings, M., Capelli, C., Tschentscher, F., Geisert, H., Meyer, S., von Haeseler, A., Grossschmidt, K., Possnert, G., Paunovic, M. & Pääbo, S. (2000). A view of Neanderthal genetic diversity. *Nature Genetics* 26, 144-146.

Krings, M., Stone, A., Schmitz, R. W., Krainitzki, H., Stoneking, M. & Pääbo, S. (1997). Neanderthal DNA sequences and the origin of modern humans. *Cell* 90, 19-30.

Mellars, P. A. (1996). *The Neanderthal Legacy:An Archaeological Perspective from Western Europe*. Princeton:Princeton University Press.

Ovchinnikov, I. V., Götherström, A., Romanova, G. P., Kharitonov, V. M., Lidén, K. & Goodwin, W. (2000). Molecular analysis of Neanderthal DNA from the northern Caucasus. *Nature* 404, 490-493.

Pearson, O. M. (2000). Postcranial remains and the origin of modern humans. *Evolutionary Anthropology* 9, 229-247.

Richards, M. P., Pettitt, P. B., Trinkaus, E., Smith, F. H., Paunovic, M. & Karanovic, I. (2000). Neanderthal diet at Vindija and Neanderthal predation:the evidence from stable isotopes. *Proceedings of the National Academy of Science* 97, 7663-7666.

Ruff, C. B., Trinkaus, E. & Holliday, T. W. (1997). Body mass and encephalization in Pleistocene *Homo*. *Nature* 387, 173-176.

Santa Luca, A. P. (1978). A re-examination of presumed Neanderthal fossils. *Journal of Human Evolution* 7, 619-636.

Shea, J., Davis, Z. & Brown, K. S. (2001). Experimental tests of Middle Palaeolithic spear points using a calibrated crossbow. *Journal of Archaeological Science* 28, 807-816.

Solecki, R. S. (1975). Shanidar IV, a Neanderthal flower burial in northern Iraq. *Science* 190, 880-881.

Sommer, J. D. (1999). The Shanidar IV “Flower Burial” :a re-evaluation of Neanderthal burial ritual. *Cambridge Archaeological Journal* 9, 127-129.

Tattersall, I. (1999). *The Last Neanderthal:The Rise, Success, and Mysterious Extinction. Revised Edition*. Boulder, CO:A Peter N. Nevraumont Book/Westview Press. （邦訳　イアン・タッタソール『最後のネアンデルタール』高山博訳、別冊日経サイエンス、一九九九年）

Tattersall, I. & Schwartz, J. H. (1999). Hominids and hybrids:the place of Neanderthals in human evolution. *Proceedings of the National Academy of Science* 96, 7117-7119.

Trinkaus, E. & Shipman, P. (1993). Neanderthals:images of ourselves. *Evolutionary Anthropology* 1, 194-201. （邦訳　エリック・トリンカウス、パット・シップマン『ネアンデルタール人』中島健訳、青土社、一九九八年）

Turk, I., Dirjec, J. & Kavur, B. (1995). The oldest musical instrument in Europe discovered in Slovenia? *Razprave IV. Razreda SAZU* 36, 287-293.

White, T. D. (2001). Once were cannibals. *Scientific American* 265, 48-55.

Zilhão, J. & d'Errico, F. (1999). The chronology and taphonomy of the earliest Aurignacian and its implications for the understanding of Neanderthal extinction. *Journal of World Prehistory* 13, 1-68.

第七章

Adcock, G. J., Dennis, E. S., Easteal, S., Huttley, G. A., Jermlin, L. S., Peacock, W. J. & Thorne, A. (2001). Mitochondrial DNA sequences in ancient Australians:implications for modern human origins. *Proceedings of the National Academy of Sciences* 98, 537-542.

Ambrose, S. H. (1998). Chronology of the Later Stone Age and food production in East Africa. *Journal of Archaeological Science* 25, 377-392.

Bowler, J. M. & Magee, J. W. (2000). Redating Australia's oldest human remains:a sceptic's view. *Journal of Human Evolution* 38, 719-726.

Bowler, J. M. & Thorne, A. G. (1976). Human remains from Lake Mungo:discovery and excavation of Lake Mungo III. In(R. L. Kirk & A. G. Thorne, Eds.)*The Origin of the Australians*. Australian Institute of Aboriginal Studies:Canberra, pp. 95-112.

Deacon, H. J. (2001). Modern human emergence:an African archaeological perspective. In (P. V. Tobias, M. A. Raath, J.

Moggi-Cecchi & G. A. Doyle, Eds.)*Humanity from African Naissance to Coming Millennia*. Witwatersrand University Press:Johannesburg, pp. 213-222.

Dolukhanov, P., Sokoloff, D. & Shukurov, A. (2001). Radiocarbon chronology of Upper Palaeolithic sites in Eastern Europe at improved resolution. *Journal of Atchaeological Science* 28, 699-712.

Gillespie, R. & Roberts, R. G. (2000). On the reliability of age estimates for human remains at Lake Mungo. *Journal of Human Evolution* 38, 727-732.

Grayson, D. K. (2001). The archaeoligical record of human impacts on animal populations. *Journal of World Prehistory* 15, 1-68.

Henshilwood, C. S., Sealy, J. C., Yates, R. J., Cruz-Uribe, K., Goldberg, P., Grine, F. E., Klein, R. G., Poggenpoel, C., Van Niekerk, K. L. & Watts, I. (2001). Blombos Cave, southern Cape, South Africa:Preliminry report on the 1992-1999 excavations of the Middle Stone Age levels. *Journal of Archaeoogical Science* 28, 421-448.

Ke, Y., Su, B., Song, X., Lu, D., Chen, L., Li, H., Qi, C., Marzuki, S., Deka, R., Underhill, P. A., Xiao, C., Shriver, M., Lell, J., Wallace, D., Wells, R. S., Seielstad, M. T., Oefner, P. J., Zhu, D., Jin, J., Huang, W., Chakraborty, R., Chen, Z. & Jin, L. (2001). African origin of modern humans in east Asia:a tale of 12, 000 Y chromosomes. *Science* 292, 1151-1153.

Klein, R. G. (1994). Southern Africa before the Iron Age. In(R. S. Corruccini & R. L. Ciochon, Eds.)*Integrative Paths to the Past:Paleoanthropological Advances in Honor of F. Clark Howell*. Prentice-Hall:Englewood Cliffs, New Jersey, pp. 471-519.

Kuhn, S. L., Stiner, M. C., Reese, D. S. & Güleç, E. (2001). Ornaments of the earliest Upper Paleolithic:new insights from the Levant. *Proceedings of the National Academy of Science* 98, 7641-7646.

Martin, P. S. (1984). Prehistoric overkill:the global model. In (P. S. Martin & R. G. Klein, Eds.)*Quaternary Extinctions:A Prehistoric Revolution*. University of Arizona Press:Tucson, pp. 354-403.

McBrearty, S. & Brooks, A. S. (2000). The revolution that wasn't:a new interpretation of the origin of modern human behavior. *Journal of Human Evolution* 39, 453-563.

O'Connell, J. F. & Allen, J. (1998). When did humans first arrive in Greater Australia, and why is it important to know? *Evolutionary Anthropology* 6, 132-146.

Parkington, J. E. (2001). Milestones:the impact of the systematic exploitation of marine foods on human evolution. In (P. V. Tobias, M. A. Raath, J. Moggi-Cecchi & G. A. Doyle, Eds.)*Humanity from African Naissance to Coming Millennia*. Witwatersrand University Press:Johannesburg, pp. 327-336.

Rightmire, G. P. (2001). Patterns of hominid evolution and dispersal in the middle Pleistocene. *Quaternary International* 75, 77-84.

Roberts, R. G., Flannery, T. F., Ayliffe, L. K., Yoshida, H., Olley, J. M., Frideaux, G. J., Laslett, G. M., Baynes, A., Smith, M. A., Jones, R. & Smith, B. L. (2001). New ages for the last Australian megafauna:continent wide-extinction about 46, 000 years ago. *Science* 292, 1888-1892.

Roberts, R. G. & Jones, R. (2001). Chronologies of carbon and of silica:evidence concerning the dating of the earliest human presence in Northern Australia. In (P. V. Tobias, M. A. Raath, J. Moggi-Cecchi & G. A. Doyle, Eds.)*Humanity from African Naissance to Coming Millennia*. Witwatersrand University Press:Johannesburg, pp. 238-248.

Schwarcz, H. P. (2001). Dating bones and teeth:the beautiful and the dangerous. In (P. V. Tobias, M. A. Raath, J. Moggi-Cecchi & G. A. Doyle, Eds.)*Humanity from African Naissance to Coming Millennia*. Witwatersrand University Press:Johannesburg, pp. 249-256.

Tchernov, E. (1998). The faunal sequence of the Southwest Asian Middle Paleolithic in relation to hominid dispersal events. In (T. Akazawa, K. Aoki & O. Bar-Yosef, Eds.)*Neandertals and Modern Humans in Western Asia*. Plenum Press:New York, pp. 77-90.

Thorne, A., Grün, R., Spooner, N. A., Simpson, J. J., McCulloch, M., Taylor, L. & Curnoe, D. (1999). Australia's oldest human remains:age of the Lake Mungo 3 skeleton. *Journal of Human Evolution* 36, 591-612.

Wolpoff, M. H. & Caspari, R. (1996). *Race and Human Evolution:A Fatal Attraction*. New York:Simon and Schuster.

Woodward, A. S. (1921). A new cave man from Rhodesia, South Africa. *Nature* 108, 371-372.

第八章

Ambrose, S. H. (1998). Late Pleistocene human population bottlenecks, volcanic winter, and differentiation of modern humans. *Journal of Human Evolution* 34, 623-651.

Bar-Yosef, O. (1998). On the nature of transitions:the Middle to Upper Palaeolithic and the Neolithic Revolution. *Cambridge Archaeological Journal* 8, 141-163.

Chauvet, J. -M., Brunel Deschamps, É. & Hillaire, C. (1995). *Dawn of Art:The Chauvet Cave*(P. G. bahn, Trans.). New York:Harry N. Abrams.

Clottes, J. (1996). Thematic changes in Upper Palaeolithic art:a view from the Grotte Chauvet. *Antiquity* 70, 276-288.

Knight, A., Batzer, M. A., Stoneking, M., Tiwari, H. K., Scheer, W. D., Herrera, R. J. & Deininger, P. L. (1996). DNA sequences of Alu elements indicate a recent replacement of the human autosomal genetic complement. *Proceedings of the National Academy of Sciences* 93, 4360-4364.

Lai, C. S. L., Fisher, S. E., Hurst, J. A., Vargha-Khadem, F. & Monaco, A. P. (2001). A forkhead-domain gene is mutated in a severe speech and language disorder. *Nature* 413, 519-523.

White, R. (1992). Beyond art:toward an understanding of the origins of material representation in Europe. *Annual Review of Anthropology* 21, 537-564.

White, R. (1993). The dawn of adornment. *Natural History* 102, 61-67.

付録

Cooke, H. B. S. (1984). Horses, elephants and pigs as clues in the African later Cenozoic. In (J. C. Vogel, Ed.)*Late Cainozoic Palaeoclimates of the Southern Hemisphere*. A. A. Balkema:Rotterdam, pp. 473-482.

Deino, A. L., Renne, P. R. & Swisher, C. C. I. (1998). 40Ar/39Ar dating in paleoanthropology and archaeology. *Evolutionary Anthropology* 6, 63-75.

Feathers, J. K. (1996). Luminescence dating and modern human origins. *Evolutionary Anthropology* 5, 25-36.

Schwarcz, H. P. (1992). Uranium series dating in paleoanthropology. *Evolutionary Anthropology* 1, 56-62.

Schwarcz, H. P. (1997). Problems and limitations of absolute dating in regard to the appearance of modern humans in southwestern Europe. In (G. A. Clark & C. M. Willermet, Eds.)*Conceptual Issues in Modern Human Origins Research*. Aldine de Gruyter:New York, pp. 89-106.

Taylor, R. E. (1996). Radiocarbon dating: the continuing revolution. *Evolutionary Anthropology* 4, 169-181.

訳者あとがき

二〇〇四年四月、「世界最古のビーズ」発見のニュースが新聞各紙をにぎわした。南アフリカ南部沿岸のブロンボス洞窟で、ベルゲン大学（ノルウェー）などの研究グループが発見した四一個のビーズは、一センチメートル弱の巻き貝に穴を開けて作られていた。本書冒頭で記された四万年前のビーズよりさらに古く、七万五〇〇〇年前のものとされ、「糸を通して使った世界最古のアクセサリー」の可能性が高い。「美」という抽象的思考のあらわれであるのみならず、言語の使用を証明する手がかりになるという。

最新の情報をもってヒト進化の謎を明かす本書の翻訳中、まさにその最新情報が大きく塗り替えられたことになる。日々刻々、新たな発見により、数百万年の歴史の空白が埋められ、昨日までの通説が次々に書き換えられていく。古人類学、考古学の魅力にあらためて圧倒される思いだった。実際、訳者が子どもの頃は、「猿人、原人……」と順々に登場しては絶滅し、それぞれ一本の系統として今の自分たちにいたるのだと教えられ、それが疑う余地のない「答え」だと思っていた。隔世の感がある。

自分は、ヒトとはいったい何者で、どこから来たのだろう？　どんな進化史をへて、今ここでこうしているのだろう？　ヒトとは、「人間らしさ」とは何だろう？

この問いに、本書 *The Dawn of Human Culture*（John Wiley & Sons, 2002）は、従来の研究結果や現在進行中の議論をふまえ、テンポよくドラマティックに答えていく。主著者であるスタンフォード大学教授リチャード・G・クラインは、南アフリカ、スペインなどの遺跡調査で知られる古人類学者で、とくに進化史における文化、生物、環境の諸変化の相関関係を中心に、ヒトの生物学的文化的起源を研究してきた。本書はクラインがこれまで発表した学術論文をもとに、科学ライターのブレイク・エドガーの執筆協力を得て、一般読者向けに仕上げたものだ。はるかかなたの化石や遺跡のありさまが臨場感たっぷりに描かれ、興味深い解釈・推論が語られる。この学問分野になじみのない人でも、自然と引き込まれるに違いない。

クラインは、エルドリッジとグールドの見解を借りてヒト進化史を「ジェットコースター」にたとえて説明している。長い年月にわたる静かな安定期があり、そのあと唐突に革命的事件が起こってすべてが一変する。そのあとまた何事もなく平穏な時期が続き、忘れた頃に革命的事件があり……その繰り返しだ。まさにジェットコースターのように、短時間の劇的事件が全体を支えている。

本書で語られる「事件」は、簡単にいえば、直立歩行、剥片石器の使用、洗練された石器の使用、脳容量の劇的増大、文化のめざましい発展の五つである。最後の事件は五万年前に起こった。ひきがねとなったのは脳内における変異であり、それによって獲得した高度な言語能力が「現生人」、私たちの文化発展の起爆剤となった。

今日につながる進化の歴史がそうであるとして、では「人間らしさ」とは何だろうか。クラインはそれを「文化を築く能力」だと考える。知識や技術、経験を蓄積し、革新する力。音声言語を操って、考えや経験、抽象的概念を伝えあい、未知の事柄を想像する力——といっていいだろう。この点でも、古人類学は言語学、哲学、遺伝学、教育学、社会学など数多くの学問分野とますます深いレベルでかかわりあいながら、核心に迫ろうとしている。

全体を通して、クラインは自分の考えをおしつけるのでなく、いわば空欄を残して読者各人に考えるよう仕向ける。たとえば「文化」について詳細に語りながらも、肝心の定義づけではあえて曖昧な部分を残す。ヒトをヒトたらしめる「文化」とはいったい何なのか。クラインが提示するヒントをもとに、ひとりひとりが自分で答えを出すことが求められるのだ。

そしてここに、重要な問題が隠されている。つまり数百万年にわたる進化史をたどり、ヒトの文化の本質を考えることは、この先数百万年後の私たちについて考えることにも通じる。今日、医学・科学がめざましく進歩する一方で、遺伝子治療、デザイナーベビーといった問題が浮上し、環境問題ももはや待ったなしである。私たちの文化は将来どのように発展していくのだろうか。文化の「維持」「安定」よりも「革新」に価値をおくようにみえるクラインだが、ヒトが環境を変える力、革新する力はそもそも最初の段階から必ずしもプラスにのみはたらくとはかぎらない、と随所で警告している。このことを見逃すべきではない。

固有名詞を含め、考古学・古人類学関係の訳語表記については、一般読者をも対象とする専門書をいろいろと参考にしたが、本書の性格を考え、専門的正確さよりも読みやすさを優先させた部分もある。やっかいなのは「ヒト」「人類」などの訳語表記だった。片山一道（責任編集）『人間史をたどる――自然人類学入門』（朝倉書店）によると、こう説明されている。人間はホモ・サピエンスという名前の動物種に属する。ホモ属の系譜を引くサピエンスという種という意味だ。ホモ属（和学名はヒト属）の現存種はサピエンスだけだが、化石種としてはハビリス種、エレクトス種がある。「人間」はサピエンス種をさすが、「人類」というとアウストラロピテクス類までが含まれる。このヒト属、アウストラロピテクス属に、チンパンジー属、ゴリラ属をあわせたものが「ホミニド」（ヒト科）である。本書の表記も、基本的にはこれにしたがった。

＊

私的な話で恐縮だが、この翻訳に取り組んでいる間、病・老・死について深く考える機会に何度か見舞われた。ひとがこの世に生を受け、人生をまっとうし、世を去ることは、「地質学的にみれば」一瞬にもみたない出来事だ。地球上にはそういう人たちが数億といるのもたしかである。しかしそのひとりひとりの経験や考え、思いが、あとに残された私たちを導いている。ヒトは知を蓄積するとともに、言葉によって、世代・空間を超えた人たちの個人的経験や思いを、垂直にも水平にもうけつぎ、理解することができる。そしてここから「次」の発展が生まれるのだ。先達各人に思いをいたすとともに、後世の私たちがよりよく生きようとすること。ナイーブな表現ではあるが、クラインのいう「蓄積し、革新する文化」の根本はそこにあるともいえるだろう。

本書が形になるまでには、担当編集者をはじめ、多くのかたがたのお世話にあずかった。新書館編集部の皆さまには終始きめこまかなサポートをたまわり、お礼の言葉もない。また、時計ではかりきれない時間を共有してくれる大切な友人に、心からの感謝をささげる。

二〇〇四年五月

鈴木淑美

初版刊行後、専門家の方々に進化論および人類学特有の訳語などについてご指摘をいただいた。河合信和氏（朝日新聞社）と国松豊氏（京都大学霊長類研究所）には全体にわたり訳文を検討していただき、問題点について貴重なご指摘を賜った。お二人に深く感謝申し上げたい。

二〇〇四年七月

鈴木淑美

●訳者紹介

鈴木淑美（すずき　としみ）

一九六二年生まれ。上智大学外国語学部英語学科卒。日本経済新聞社記者をへて慶應義塾大学大学院で米文学を専攻。数年間大学教員として勤め、現在は翻訳家。訳書に、フランシス・フクヤマ『人間の終わり』、トーマス・フリードマン『グラウンドゼロ』、ノリーナ・ハーツ『巨大企業が民主主義を滅ぼす』、イルダ・バリオ『チェ・ゲバラ　フォトバイオグラフィ』、R・サイム『リーゼ・マイトナー』などがある。

5万年前に人類に何が起きたか？　意識のビッグバン

二〇〇四年六月十五日　初版第一刷発行
二〇〇四年八月二十日　第二版第一刷発行

著者　リチャード・G・クライン／ブレイク・エドガー
訳者　鈴木淑美
発行　株式会社　新書館
〒一一三-〇〇二四　東京都文京区西片二-一九-一八
電話　〇三（三八一一）二八五一
振替　〇〇一四〇-七-五三七二三
（営業）〒一七四-〇〇四三　東京都板橋区坂下一-二二-一四
電話　〇三（五九七〇）三八四〇
FAX　〇三（五九七〇）三八四七
装幀　SDR（新書館デザイン室）
印刷・製本　図書印刷

Printed in Japan ISBN 4-403-23100-4